TRAITÉ
DE LA
FABRICATION DE LA BIÈRE

PAR ROHART
CHIMISTE MANUFACTURIER, ANCIEN BRASSEUR A REIMS

2 beaux volumes in-8 de 1.022 pages, avec 120 gravures

UN PROJET DE BRASSERIE-MODÈLE, UNE TABLE ANALYTIQUE ET ALPHABÉTIQUE

PRIX : 15 FRANCS

A MM. LES BRASSEURS

Messieurs,

Vous connaissez les innombrables difficultés que présente la Fabrication de la Bière, et, comme tous vos confrères, vous avez déploré l'insuffisance des publications qui ont paru jusqu'à ce jour sur les moyens de surmonter ces difficultés. Vous avez plus d'une fois désiré sans doute qu'un homme du métier, initié aux manipulations de la brasserie, vînt vous aider à lever le voile qui couvre le plus souvent les causes des mécomptes que vous avez éprouvés.

Quelques hommes se sont mis courageusement à l'œuvre ; mais, c'est un fait avéré, ils n'ont pas tiré la Brasserie française d'embarras : elle est aujourd'hui ce qu'elle était avant leurs publications. Cela tient à ce que ces auteurs estimables étaient ou des théoriciens sans expérience, ou des praticiens dépourvus des connaissances nécessaires pour remonter des effets aux causes et pour indiquer les moyens de prévenir le mal, au lieu de le pallier. Il fallait, pour atteindre le but, un homme capable de se rendre *scientifiquement* et *pratiquement* raison des faits qu'il voyait se reproduire, et de remonter, par des expériences délicates, aux causes qui avaient déterminé ces faits.

Ce n'est qu'après avoir consulté un grand nombre d'hommes compétents, auxquels nous espérons que vous vous joindrez bientôt, que nous vous annonçons qu'un de vos anciens confrères, M. Rohart, de Reims, a traité et résolu TOUT CE qui se rattache aux questions de succès ou d'insuccès dans la Fabrication de la Bière. Son ouvrage sur *la Fabrication de la Bière* ouvrira de nouvelles voies à la Brasserie française. L'auteur a pris pour épigraphe ces mots caractéristiques : *La pratique est un fait, la théorie n'est qu'un mot ;* et il s'est attaché, dans tout le cours de son ouvrage, de la justifier, car la partie importante de son travail est la partie *pratique*, la science n'ayant été mise à contribution, et dans les termes les plus simples, les plus clairs, que pour éclairer les faits qu'il était impossible d'expliquer sans son secours. Pendant cinq années d'un travail assidu, le chimiste a soumis au creuset de l'analyse les observations journalières que recueillait l'ouvrier, et le livre que nous annonçons est le résultat de ces laborieuses recherches.

Nous donnons ci-après la table des matières de l'ouvrage. On verra que TOUTES

1857

les questions qui se rattachent à la Fabrication de la Bière y sont traitées à fond ; nous ajouterons, avec un des journaux qui ont rendu compte de l'ouvrage, qu'il forme un *Cours complet d'économie pratique* à l'usage des Brasseurs.

Outre le procédé de *Fabrication du rouge végétal* et les moyens indiqués pour apprécier le rendement de toutes les matières premières, nous vous signalons le *nouveau mode de Fabrication de la Bière* que M. Robart a soigneusement expliqué vers la fin de son livre.

Le *Traité théorique et pratique de la Fabrication de la Bière* forme deux beaux volumes in-8° de 1,022 pages ; il contient, outre 120 gravures sur bois, un *projet de Brasserie modèle*, gravé sur acier, dont les éléments, fournis par l'auteur, ont été coordonnés par M. l'ingénieur A. Riche.

Agréez l'expression de ma respectueuse considération.

M. MERCIER

Libraire approuvé de la Maison rustique, rue Jacob, 26

TABLE DES MATIÈRES

Je soussigné

demeurant à

bureau de poste à ______ *département d*______

déclare souscrire pour un exemplaire du **TRAITÉ THÉORIQUE ET PRATIQUE DE LA FABRICATION DE LA BIÈRE**, *par* ROUART, *deux volumes in-8° avec plans et gravures, moyennant* QUINZE FRANCS, *que je m'engage à payer à présentation en recevant l'ouvrage non affranchi.*

Le ______ 185

LE GÉRANT,

EXTRAIT DU CATALOGUE DE LA LIBRAIRIE AGRICOLE

AGRICULTURE (Cours d'), par DE GASPARIN, cinq vol. in-18 et 253 gravures. 37 50
ALGÉRIE (agriculture et colonisation), par MOLL, 2 vol. in-18 et 100 gravures. 7 50
AMENDEMENTS (Traité des), par POVIS, 1 vol. in-12 de 750 pages. . . . . . . 5 »
BON JARDINIER (Le), almanach pour 1857, par MM. POITEAU, VILMORIN, BOSSIN, NAUDIN,
 NEUMANN, PÉPIN, 1 vol. in-12 de 1,644 pages. . . . . 7 »
CACTÉES (Iconographie des), par LEMAIRE, gravures coloriées et texte. . . . . . . 59 »
CACTÉES (Monographie et culture des), par LABOURET, 1 vol. in-12 de 732 pages. . . 7 50
CAMÉLIA (Monographie et culture du), par BERLÈSE, 1 vol. in-18 et 7 planches. . . 5 »
CAMÉLIAS LES PLUS BEAUX (Iconographie des), par l'abbé BERLÈSE, 150 livraisons
 in-folio avec 300 magnifiques gravures coloriées. . . . . 375 »
CHIMIE AGRICOLE, par le docteur SACC, 2ᵉ édition, 1 vol. in-12 de 480 pages. . . 3 50
CONSEILS AUX AGRICULTEURS, par DEZEIMERIS, 1 vol. in-12 de 651 pages. . . . 3 50
CONSTRUCTIONS RURALES (Manuel des), par DUVINAGE, 2ᵉ édit., 472 pages, 181 grav. 3 50
DAHLIA (Traité spécial du), par PIROLLE, 2 vol. in-12. . . . . 4 25
DICTIONNAIRE D'AGRICULTURE PRATIQUE, par JOIGNEAUX, 2 vol. grand in-8. . . . 18 »
DRAINAGE DES TERRES ARABLES, par BARRAL, 3 vol. in-12, 500 grav. 10 planches. 15 »
DRAINAGE, par LECLERC, 1 vol. in-12 de 364 pages et 127 gravures. 3 50
FLORE DES JARDINS ET DES CHAMPS, par LEMAOUT et DECAISNE, 2 vol. in-8. . . 9 »
HORTICULTEUR UNIVERSEL, par COMPET, JACQUES, NEUMANN, LEMAIRE, Pépin et Poi-
 TEAU, 7 beaux vol. grand in-8 et 300 planches coloriées. . . . . 150 »
HORTICULTURE (Encyclopédie d'), 2ᵉ édition, 1 vol. in-4ᵉ de 500 pages avec 500 gra-
 vures (forme le tome V de la *Maison rustique*). . . . . 9 »
HORTICULTURE, par LINDLEY, 1 vol. grand in-8 de 450 pages et 57 gravures. . . 3 50
IRRIGATEUR (Manuel de l'), et *Code*, par VILLEROY, 384 pages in-8 et 121 gravures. 5 »
IRRIGATION DES PRAIRIES, par KRÆGER, 1 vol. texte et 1 vol. atlas cartonné in-8. 9 »
JARDINIER DES FENÊTRES et des petits jardins, par Mᵐᵉ MILLET-ROBINET, 1 vol. 1 75
JOURNAL D'AGRICULTURE PRATIQUE, par BARRAL, 2 numéros par mois, et 20
 gravures. Un an. . . . . 16 »
MAISON RUSTIQUE DES DAMES, par Mᵐᵉ MILLET, 2 vol. in-12 et 252 gravures. . . 7 50
MAISON RUSTIQUE DU 19ᵉ SIÈCLE, cinq vol. in-4ᵉ et 2,500 gravures. 39 50
MANUEL GÉNÉRAL DES PLANTES, ARBRES ET ARBUSTES. Description, culture
 de 25,000 plantes indigènes ou de serre, quatre vol. petit in-8 à 2 colonnes. . 56 »
MÛRIERS (Manuel du cultivateur du), par CHARRET, 1 vol. in-8. . . . . . 1 75
ORCHIDÉES (Culture des) et liste descriptive de 550 espèces, par MOREL, 1 vol. in-8. 5 »
PÉLARGINIUM, Calcéolaires, Verveines, par CHAUVIÈRE, in-12 de 150 pages. . . 2 50
ROSES (Choix des plus belles), 1 beau volume in-folio et 90 planches coloriées. . 40 »
VERS A SOIE (L'Éducateur des), par ROBINET, 1 vol. in-8 et 51 gravures. . . 3 50
VIGNERON (Manuel du), par ODART, 1 vol. in-12 de 472 pages. 3 50

BIBLIOTHÈQUE DU CULTIVATEUR, publiée avec le concours du Ministre de l'Agriculture.
EN VENTE : 17 VOLUMES IN-12, A 1 FR. 25 LE VOLUME, SAVOIR :

Travaux des Champs, Éléments d'Agriculture, par BOSSIN, 250 pages et 130 gravures. . 1 25
Fermage (estimation, plans d'améliorations, bail), par DE GASPARIN, 3ᵉ édit., 384 pages. 1 25
Métayage (contrats, effets, améliorations), par DE GASPARIN, 2ᵉ édition, 166 pages. . 1 25
L'Éleveur de Bêtes à Cornes, par VILLEROY, 3ᵉ édition, 458 pages et 60 gravures. . 1 25
Choix des Vaches laitières, par MAGNE, 2ᵉ édition, 120 pages et 8 planches. . . 1 25
Animaux domestiques (zootechnie, hygiène, etc.), par LEROUX, 180 pages et 85 gravures. 1 25
Animaux domestiques (entretien, élevage, etc.), par LEROUX, 220 pages et 89 gravures. 1 25
Basse-cour et Lapins, par Mᵐᵉ MILLET-ROBINET, 3ᵉ édition, 180 pages et 11 gravures. 1 25
Animaux utiles (domestication), par IS. GEOFFROY ST-HILAIRE, 3ᵉ édit., 216 pag. 25 grav. 1 25
Sol et engrais, par LEROUX, inspecteur général de l'agriculture, 204 pages et 36 gravures. 1 25
Noir animal, par BOBIERRE, 156 pages et 7 gravures. 1 25
Géométrie agricole (dessin linéaire, métrage, etc.), par LEFOUR, 216 pages et 130 grav. 1 25
Arithmétique et Comptabilité agricoles, par LEFOUR, 224 pages et 12 gravures. . 1 25
Économie domestique, par Mᵐᵉ MILLET-ROBINET, 254 pages et 21 gravures. . . . 1 25
Conservation des fruits, par Mᵐᵉ MILLET-ROBINET, 144 pages. 1 25
Houblon, par EMATH, traduit de l'allemand par NICKLÈS, 427 pages et 22 gravures. . 1 25
Jardin du cultivateur, par NAUDIN, 300 pages et gravures. 1 25

Total. 21 25

BIBLIOTHÈQUE DU JARDINIER, publiée avec le concours du Ministre de l'Agriculture.
EN VENTE : 12 VOLUMES IN-12, A 1 FR. 25 LE VOLUME, SAVOIR :

Arbres fruitiers (taille et mise à fruit), par POVIS, 2ᵉ édition, 220 pages. . . . 1 25
Arbres fruitiers (maladies et guérison), par RIVIÈRE, 152 pages. 1 25
Greffe, par NOISETTE, 2ᵉ édition, 250 pages et 6 planches. 1 25
Pépinières, par CARRIÈRE, 144 pages et 16 gravures. 1 25
Asperge (culture naturelle et artificielle), par LOISEL, 2ᵉ édition, 108 pages et 6 gravures. 1 25
Melon (culture sous cloche, sur butte et sur couche), par LOISEL, 3ᵉ édit., 112 pag. et 5 grav. 1 25
Plantes potagères (culture ordinaire et forcée), par VICTOR PAQUET, 402 pages. . . 1 25
Dahlias, par PÉPIN, 2ᵉ édition, 156 pages et 36 gravures. 1 25
Œillet, par le baron DE POSCOUR, 2ᵉ édition, 196 pages et 1 planche. 1 25
Pélargonium, par THIBAULT, 108 pages et 10 gravures. 1 25
Plantes bulbeuses, par CH. LEMAIRE, 392 pages. 1 25
Chimie et Physique horticoles, par DEHÉRAIN, 120 pages et 11 gravures. . . . 1 25

Total. 15 »

PARIS. — IMP. SIMON RAÇON ET COMP., RUE D'ERFURTH, 1.

TRAITÉ

THÉORIQUE ET PRATIQUE

DE LA FABRICATION

DE LA BIÈRE

IMPRIMERIE D'E. DUVERGER,

Rue de Verneuil, n° 4.

TRAITÉ

THÉORIQUE ET PRATIQUE

DE LA FABRICATION

DE LA BIÈRE

Par F. ROHART,

CHIMISTE MANUFACTURIER, ANCIEN BRASSEUR.

TOME PREMIER

PARIS

LIBRAIRIE AGRICOLE DE LA MAISON RUSTIQUE

RUE JACOB, 26

Et chez tous les libraires de la France et de l'Étranger.

1848

1849

A MON COMPATRIOTE

M. Ad. DAVID

Deus et veritas.

A vous, dont le cœur est si plein de sympathies pour tous ceux qui souffrent, à vous l'hommage de ce livre.

A vous, zélateur du travail, cette oblation pieuse qui vous était acquise le jour où vous m'avez aimé pour la première fois. Puisse le souvenir qui s'y rattache vous être aussi cher que le fut à mon âme la chaleur vivifiante de vos paroles et l'enseignement salutaire de vos généreuses leçons.

Puisse cette consécration, la plus sainte de toutes celles que je pourrai jamais faire de ma vie peut-être, vivre éternellement dans votre pensée, comme un profond témoignage d'admiration, de respect, de dévouement et de reconnaissance.

F. ROBART.

Paris, 16 août 1847.

INTRODUCTION.

« Il est très peu de professions mécaniques ou
d'états nourriciers que l'on ne puisse baser sur des
règles fondamentales qui s'appliqueraient utilement à tous les cas ; mais quant à l'art du brasseur, il est tellement au-dessus des capacités
routinières, qu'il ne faut s'attendre à aucune
amélioration sensible que quand les sciences, per-
fectionnées, se seront humanisées et rendues vulgaires, pour lui communiquer leur salutaire influence. »

JUSSA, *Mémoire sur l'Économie domestique.*

L'idée de cette publication ne me serait jamais venue
à la pensée, si dans ma conviction il eût existé un travail
vraiment complet, ou seulement spécial au fond, et
traitant la question de la brasserie sous son véritable
point de vue.

J'ai cru voir une lacune immense, j'ai essayé de la
combler. Si je n'ai pu faire une œuvre scientifique,
j'aurai au moins présenté un travail consciencieux.

Je n'ai pas la prétention d'élever un monument im-
périssable, mais seulement une chose utile, sinon à tous,
du moins à quelques-uns.

Offrir à chacun ma part de butin, apporter à tous
ma part de travail, voilà mon but ; *utile si je puis,* voilà
ma devise. Puisse le fait être à la hauteur de l'intention,
et je serai mille fois heureux.

Ce que j'offre au lecteur, c'est le fruit de mes nombreuses veilles, c'est le résultat de tous mes loisirs pendant cinq années d'un travail opiniâtre et après une période double d'études sérieuses, car ce que j'ai appris, je le dois moins aux hommes qu'au temps et à l'expérience.

La brasserie est une des industries qui offrent le plus de ressources à l'exploration de l'intelligence ; il y en a peu où les observations se présentent sous des variétés de formes plus distinctes, qui se multiplient et se subdivisent en autant de phénomènes remarquables, en théories aussi riches, en applications aussi positives, en transformations aussi pleines d'intérêt pour l'homme appelé à expliquer chacune des réactions qui s'opèrent sous ses yeux. En un mot, c'est tout un système de chimie organique vivant dans une usine.

En effet, les plus belles transformations de la chimie organique s'y produisent tous les jours, car tous les jours s'opère la conversion de l'amidon des céréales en sucre dans l'acte de la germination, et par le contact de la diastase dans les infusions. Plus tard, le gluten et l'albumine végétale se séparent et s'isolent par l'action du feu pendant la cuisson de la bière, et plus tard encore le ferment opère la conversion du sucre en gaz acide carbonique et en alcool, que le temps convertit en acide acétique sous les influences de l'air, et que la science peut transformer en éthers, propres à être convertis eux-mêmes en carbone et en eau, en oxygène et en hydrogène, etc., etc.

Et cette admirable reproduction du ferment pendant

la transformation du sucre en alcool, l'action de ce
même agent sur toutes les matières sucrées, ses caractères si différents, ses propriétés si diverses, son histoire, son étude et sa composition, n'y a-t-il pas dans
tous ces beaux phénomènes un véhicule suffisamment
attractif pour une imagination avide d'instruction et
dominée surtout par la noble pensée de jeter quelque
lumière sur une question enveloppée jusqu'ici de profondes ténèbres?

C'est donc en vue d'accomplir un devoir comme
homme, d'acquitter une dette comme citoyen, et parce
que j'ai senti en moi une conviction profonde, que je
me suis imposé une tâche dont je ne me suis dissimulé
ni l'importance ni l'étendue, et que j'ai cru au moins
utile à la cause de la vérité.

Si la brasserie est riche de faits intéressants et nouveaux au point de vue de la science et de l'application,
c'est en outre une industrie considérable au point de
vue des intérêts privés qui y sont engagés, et des intérêts
généraux qui s'y rattachent *directement* par l'hygiène et
la salubrité publique; aussi la question doit-elle être
traitée d'une manière complète, sans restriction et sans
réserve.

Nous nous sommes borné à l'énonciation des faits
généraux et particuliers que nous avons observés, des
applications que nous avons pu faire.

Ce que nous avons à dire n'en sera pas moins positif
pour être simplement exprimé, et l'autorité des chiffres
et des faits suppléera au besoin à l'élégance de l'expression.

La brasserie tient une large place dans la production
des substances alimentaires: il est temps enfin qu'une
aussi riche et aussi belle industrie sorte des limbes où
l'ont enfouie l'ignorance et la vanité des uns, la coupable
apathie des autres.

Malgré le haut intérêt que présentent les faits qui se
rattachent à l'exercice de cette profession, ces questions
sont encore neuves aujourd'hui, et nous le prouverons
en démontrant que pas un homme vraiment spécial
n'en a fait jusqu'ici l'objet d'études sérieuses; malheureusement la brasserie n'est pas un art qu'on étudie,
c'est un métier qu'on exploite; il n'en est pas qui soit
demeuré aussi stationnaire dans ses applications, et si
les jeunes hommes qui lui ont consacré leur vie tout
entière, et aux mains desquels elle est livrée, ne sont
pas assez forts pour la régénérer et s'affranchir des
vieilles routines et des anomalies de toute espèce qu'elle
renferme, elle échappera aux mains de ceux qui l'exercent
aujourd'hui, pour retomber plus tard dans celles des
exploiteurs et des monopoliseurs; car tel est le sort que
l'avenir réserve à toutes les grandes industries qui tendent vers le monopole et l'exploitation exercés par quelques-uns au détriment de tous.

Pour l'industrie qui nous occupe, des applications
d'un intérêt réel et immense, des découvertes précien-
ses, dont nous sommes redevables à la science, ont été
signalées depuis tantôt un siècle: chose incroyable! les
plus évidentes n'ont pas franchi le seuil du laboratoire
qui les a vues naître; nous croyons les avoir examinées
toutes, nous les avons étudiées, appliquées, la plupart

sont exactes en tout point, et l'application n'en a été faite nulle part. Quelles en ont été les causes? L'ignorance et la routine.

S'il y a imprudence à accepter trop légèrement soit un système nouveau, soit une théorie nouvelle, il y a à nos yeux une culpabilité toujours équivoque à repousser l'un ou l'autre sans les avoir appréciés dans leurs plus intimes détails, et nous ajoutons que, dans ce cas, il n'y a qu'une incapacité notoire qui puisse expliquer l'étourderie des uns, l'indifférence des autres, dans laquelle se reconnaît malgré eux le sentiment de leur apathique insouciance.

Disons-le une fois seulement, mais disons-le de manière à ce qu'on s'en souvienne : si nous récriminons aussi haut, si nous sommes souvent obligé de le faire, c'est positivement parce que les indifférents sont trop nombreux, et que nous serons forcément obligé de les aiguillonner en passant afin de les réveiller un peu. Quand le prédicateur monte dans sa chaire, il est indispensable qu'il connaisse la physionomie de son auditoire, qu'il sache bien à quel public il s'adresse, comme il est non moins indispensable de lui en tenir compte au besoin.

La brasserie est une question épuisée, disent les plus téméraires ; épuisée quant aux effets, nous voulons bien ne pas le nier, mais nous maintenons que c'est une question neuve quant aux causes. C'est beaucoup, sans doute, que de connaître les effets produits, mais il est bien plus grave et surtout plus utile, à notre sens, de connaître les causes qui les ont déterminés.

La plupart de ceux qui ont décrit la fabrication de la bière dans les ouvrages de chimie industrielle ou élémentaire que nous connaissons, en sont restés aux généralités, à l'ensemble, sans examen ni contrôle. Cela se conçoit à peine pour les ouvrages destinés aux gens du monde, et nous en donnerons les raisons plus tard; mais nous ne comprenons pas que dans les publications éminemment scientifiques, on ne se soit pas donné la peine d'étudier la question; aussi, les uns ne sont-ils que des compilations ou des reproductions littérales des autres. On a *raconté* la fabrication de la bière avec une confiance telle qu'il semblerait en vérité que tout est au mieux dans la préparation de l'antique *cervoise*; aussi avons-nous trouvé beaucoup de *conteurs* et peu de savants.

Soit dit en passant, c'est un peu le défaut inhérent à la plupart des ouvrages concernant les arts chimiques, où, dans les questions industrielles de quelque importance, on s'est tout simplement contenté d'énoncer sur quels principes elles étaient fondées dans l'application, mais sans rechercher si elles sont vicieuses ou non, de façon que le public s'approprie les erreurs aussi bien que les procédés rationnels; et il y est bien obligé, puisqu'il n'y trouve ni opinions, ni observations, ni discussions fondées sur la comparaison. Une telle manière de procéder est vicieuse, on en conviendra, en ce sens qu'elle accrédite des erreurs sur lesquelles, à défaut de spécialité, les écrivains ont passé sans s'en apercevoir, et plus tard la tâche devient très difficile pour ceux qui viennent combattre ces mêmes erreurs, parce que déjà elles ont dans l'esprit des masses des racines profondes.

Aussi, combien n'en voyons-nous pas s'accréditer tous les jours; que de vieux et détestables préjugés sont encore debout! Aussi, les abus et tout leur bagage de succession se transmettent-ils de génération en génération, et comme héritages, pour attester de l'indifférence et de l'ignorance des masses, capables pourtant d'efforts prodigieux quand arrive la nécessité.

Dans d'autres ouvrages, mis soi-disant à la portée de tout le monde, on emploie *ex abrupto* et sans préambule des locutions ignorées ou peu connues, sans les expliquer; or, c'est là un défaut de plus, qui tend à autoriser les gens du monde à se servir d'expressions dont ils ne connaissent ni la signification, ni la valeur, ni l'application qui leur est propre et spéciale; d'autant plus qu'assez souvent chaque auteur fait abus de synonymie à sa manière.

C'est donc afin d'éviter cet écueil que, comme base fondamentale, nous avons dû entrer forcément dans des considérations scientifiques quelque peu élémentaires, dont nos lecteurs comprendront bien l'utilité à mesure que nous entrerons dans des vues d'un ordre plus élevé.

Voilà surtout le but vers lequel tendent tous nos efforts, où viennent converger toutes nos idées; et nous n'aurions fait que répéter ce qui a été dit par les quelques auteurs qui nous ont précédé sur ce terrain, si nous ne nous étions surtout attaché à rechercher les causes qui peuvent provoquer l'insuccès, celles enfin qui amènent si souvent avec elles de cruelles déceptions.

C'est qu'en effet il est impossible d'apporter un remède efficace à un mal que l'on ne connaît pas, et d'en déterminer la cause sans invoquer les lumières de la science, sans faire un appel constant à leur puissant concours. Les citations ne nous manqueront malheureusement pas.

Voilà ce que nous avons fait, et praticien dévoué à la cause du travail que nous embrassions, nous avons d'abord marché sans tenir compte des données scientifiques ; mais plus tard, guidé dans l'observation des faits par les observations de la science, nous les avons coordonnées pour en faire l'application dans des circonstances difficiles ; alors seulement nous avons compris toute l'étendue de leur puissance, en les associant aux faits acquis par l'expérience, et il en est résulté pour nous l'évidence la plus complète.

Nous avons donc demandé à l'étude des sciences physiques et chimiques de suppléer aux connaissances purement pratiques que nous avait imposées une sage mais aveugle prévoyance dont nous avons eu à subir l'impuissance, nous plus que personne. En les associant les unes aux autres, nous avons trouvé dans les éléments qu'elles nous offraient, non-seulement des découvertes nouvelles, mais des auxiliaires puissants qui nous ont permis de nous placer dans des conditions de production beaucoup plus normales.

L'application des vues scientifiques dans les arts industriels a surtout pour objet d'amener des manipulations plus abrégées, et par conséquent plus rationnelles et plus certaines. C'est qu'en matière d'industrie, et en matière de brasserie surtout, il y a de ces riens que l'œil de la routine ne peut apercevoir, mais qui sont autant d'obstacles à vaincre, car ils s'enchaînent les uns aux autres et peuvent compromettre à toujours par leur nombre l'avenir d'un établissement.

En effet, est-ce un métier ordinaire, une profession routinière et qui n'exige aucun fonds de connaissances spéciales que celle dans laquelle la plus petite imprévoyance peut devenir une très grande faute, où la plus petite faute peut déterminer des résultats ruineux, des conséquences terribles enfin, car nous prouverons qu'il n'y a rien d'exagéré dans cette opinion, et nous la justifierons par des faits patents?

Le travail que nous offrons à une nombreuse et intéressante famille de travailleurs doit, avant tout et par-dessus tout, être utile et complet; il n'aura dépendu ni de notre persévérance, ni de l'énergie de notre volonté qu'il en soit autrement, car nous avons dépensé en recherches et en applications tout ce que le temps et les circonstances nous ont permis de faire, non-seulement dans l'intérêt de ceux qui exploitent et dans l'intérêt de la fabrication elle-même, mais encore, nous le répétons, comme question d'hygiène et de salubrité pour les masses, comme garantie pour les consommateurs aussi bien que pour tous ces malheureux ouvriers, saintes victimes du travail dont la vie est trop souvent mise en péril et la santé compromise sans compensation aucune.

Chacun de ces motifs nous a déterminé à traiter toutes les questions qui se rattachent à l'exercice de la brassérie sous le point de vue le plus large, le plus complet, souvent même le plus minutieux.

Pour atteindre ce but, nous invoquerons l'opinion des hommes les plus éminents dans les sciences exactes, ceux dont les travaux ont le plus contribué au développement de toutes les industries.

Nous désignerons chacun des savants illustres qui auront fourni carrière à nos recherches et dont les noms seuls sont une gloire pour la société ; nous le ferons par devoir, pour que nos lecteurs sachent bien à quels hommes ils sont redevables de reconnaissance ; nous le ferons dans le but d'offrir personnellement à ces savants un témoignage éclatant de la sympathie qu'ils ont su éveiller en nous, par le nombre infini de travaux dont ils ont doté la science et l'humanité.

Nous accepterons, et au besoin nous abriterons sous notre responsabilité toutes les appréciations, théories, observations ou discussions que les faits nous auront permis de mentionner, comme étant les nôtres, comme ayant été consignées d'après nos propres expériences.

S'il devait nous en revenir quelques éloges, nous les revendiquerions tous au profit d'un homme de bien, d'un honorable et savant professeur, M. Bergouhnioux[1], qui méritait mieux que la froide indifférence d'une population ingrate.

Pendant quatre ans qu'il nous dirigea, enfant, sur les bancs d'une école gratuite, nous avons apprécié tous les généreux bienfaits de ses paternelles leçons ; et, plus tard, aidé de la bienveillance de ses conseils dans la

____

(1) Professeur de chimie à l'École municipale de Reims.

carrière industrielle que nous avons commencé à parcourir, nous avons puisé l'enseignement si fécond et si salutaire de ses douces paroles et de sa profonde sagesse.

Il nous a enseigné, par l'exemple, que la dette de la reconnaissance est le plus saint de tous les devoirs; c'est à la justesse de ses préceptes, et surtout à son amour de la vérité, que nous devons le bonheur de lui renouveler ici l'expression de notre éternelle gratitude.

Quelques-uns des auteurs scientifiques que nous rencontrerons sur notre chemin, et auxquels nous n'adressons que le seul reproche d'être trop savants et trop peu spéciaux, ont indiqué des théories devant lesquelles l'application est demeurée souvent impuissante; on n'en doit pas moins à chacun d'eux une très large part d'admiration pour avoir facilité l'étude de toutes les industries, pour avoir traité des questions neuves qui ont au moins eu le mérite d'imprimer une impulsion favorable en éveillant l'amour de l'étude et des recherches, pour avoir signalé des résultats qui tournent toujours au profit de la science, quelle que soit la nature à laquelle ils appartiennent.

A ceux-là donc nous accorderons volontiers notre estime et notre reconnaissance; mais, en revanche, nous livrerons au mépris public tous ces vendeurs de procédés dont l'exploitation éhontée est trop souvent favorisée par l'ignorance des masses.

Aussi de tous les abus que nous rencontrerons, et nous parlons surtout des abus qui touchent à l'hygiène publique, pas un seul ne saurait trouver grâce devant nous ; nous les frapperons au cœur et sans pitié, nous ne céderons à aucune considération d'intérêts privés pour ceux qui s'en sont rendus coupables, parce qu'il y va de l'intérêt général. Nous leur infligerons sans crainte la fustigation qu'ils ont si bien méritée en hâtant dans l'esprit public, par leurs coupables manœuvres, le discrédit et peut-être la ruine d'une immense et belle industrie qu'ils ont exploitée ou qu'ils exploitent indignement.

Ils n'échapperont pas plus au châtiment que leurs ténébreux secrets ne sauraient échapper à la publicité. Nous ne procéderons pas par accusations vagues, par hypothèses douteuses, mais pièces et preuves en main, que nous tiendrons à la disposition de tout le monde.

Il faut que les brasseurs sachent bien quelle est la source des alarmes répandues sur la qualité de leurs produits et des causes qui les ont motivées, afin de s'opposer à la propagation d'une prévention enracinée plus fortement qu'on ne le pense et qui compromettrait peut-être à jamais la cause de la brasserie. Nous voulons avant tout que la bière soit une boisson salutaire et bienfaisante, et non une préparation dangereuse.

Nous poursuivrons le charlatanisme scientifique autant que les abus, car il est indigne de la science de s'abaisser chaque jour au niveau de l'enseigne, et de servir de prospectus. Il faut que l'homme qui respecte le sacerdoce de la science soit seul respecté. Donc, sous quelque forme que se présenteront devant nous les charlatans et les dupeurs, nous les prendrons à partie pour leur faire publiquement leur procès.

« La science ne devient tout à fait utile qu'en devenant vulgaire. »

Certes, voilà un des plus beaux et des plus vrais aphorismes que nous connaissions ; nous considérons que sa réalisation serait l'un des plus grands bienfaits que pourrait accomplir notre société moderne, et, pour notre part, nous allons apporter une pierre de plus à l'édification de cette grande œuvre régénératrice qui va bientôt s'accomplir. Pour y arriver, nous serons dans l'impérieuse obligation d'employer le langage scientifique usité, qu'un assez grand nombre de nos lecteurs ignorent ; quelques-uns même pourront nous reprocher d'avoir fait du purisme en employant les expressions techniques ; que ceux-là se rassurent, nous savons bien que nous ne parlons pas à des savants, mais à des travailleurs qui ont l'amour de leur métier, à des hommes intelligents qui auront à cœur de nous comprendre, qui savent bien que sous les efforts de l'impulsion imprimée à notre siècle par une première et glorieuse révolution, l'immobilité permanente serait non-seulement un contre-sens, un tort grave, une culpabilité morale dans le présent, mais un danger réel, un péril imminent dans l'avenir.

A ceux donc qui croient et espèrent nous suivre, de marcher avec nous ; et, s'ils veulent bien nous prêter la bienveillante attention dont nous avons surtout besoin, les différences de langage disparaîtront bientôt en présence de l'émulation à laquelle ils céderont, de l'énergique volonté qui les animera, mais surtout en face du danger qui les menace.

Nous ferons de cette dernière assertion un fait évident pour tous, et par opposition à la manière dont on procède assez généralement quand on veut s'épargner les difficultés de comparaison, d'étude et de recherches, nous argumenterons d'abord, nous prendrons nos conclusions ensuite.

Pour traiter la question d'une manière spéciale, complète, nous devrons examiner avec soin tout ce qui y est relatif : Appareils, — Procédés de toute nature, — Opinions de toute espèce, — Théories fausses et théories vraies. Publications obscures d'auteurs inconnus, ou publications plus généralement répandues, tout devra être examiné, apprécié, analysé par nous. Nous ne le ferons pas pour user d'un droit commun à tous, ni au bénéfice d'une discussion oiseuse, car cette seule considération aurait pu nous en dispenser, mais bien parce que nous savons quelle influence morale peuvent exercer des *livres de recettes*, des publications de la nature de celles que nous avons à examiner.

Pour atteindre ce but et suivre invariablement le plan que nous nous sommes tracé, nous rencontrerons sur notre passage des noms et des hommes honorables dont il nous faudra quelquefois discuter les opinions ; nous nous efforcerons de le faire avec toute la réserve que doit comporter une critique sage quoique sévère, avec tout le ménagement que commandent des citoyens respectés et respectables à plus d'un titre.

Signaler à leurs auteurs les erreurs qu'ils ont pu commettre, c'est leur offrir par ce moyen la possibilité de la réfutation ou de la discussion, en présence des mêmes spectateurs au profit desquels la lutte doit se terminer, et pour la cause des idées vraies et le triomphe de la vérité.

Ce n'est pas seulement obéir à une conviction, c'est céder aux exigences d'une situation obligée, que de signaler des erreurs à la gravité desquelles on attache une importance d'autant plus grande qu'elles émanent d'hommes dont le profond savoir est un mobile puissant dans l'esprit des masses.

Les indications de la science ne peuvent être, dans aucun cas, des choses de convention; elles doivent être basées sur des données certaines ou disparaître complétement, et céder la place aux faits acquis par l'application dans les arts industriels.

Donc, si légitime que soit notre hésitation, si contraire que soit à nos principes la guerre d'opinions que nous aurons à provoquer, nous en aurons le courage en présence d'un intérêt bien autrement puissant que le nôtre, de ces questions d'amélioration et de progrès qu'il est temps enfin de produire au grand jour : nous en aurons le courage parce que notre conviction est loyale, sincère, et que nous aimerions mieux briser notre plume que de sacrifier une conviction honnête à la vanité d'un seul homme et souvent d'une seule cause, celle de l'erreur, et par conséquent celle du mensonge.

Nous n'aurons qu'un seul droit : la justice ; nous n'aurons qu'une seule loi : la vérité.

Pour nous résumer en quelques mots, ou plutôt pour justifier d'un seul coup l'opportunité de cette publication, il nous suffira de poser quelques questions et d'énoncer quelques faits.

Est-il vrai que depuis quelques années la consommation de la bière décroît sensiblement ? — Oui.

Est-il vrai que cette décroissance a lieu tous les ans à mesure que la température ambiante s'élève davantage ? — Oui.

Est-il vrai que pendant les cinq années précédentes, même en exceptant celle de 1846-47, le prix des matières premières s'est accru de 40 pour 100 ? — Oui.

Est-il vrai que de tous les États européens, la France soit celui dans lequel on fabrique les plus mauvaises bières ? — Oui.

Est-il vrai que tous les consommateurs se plaignent de la fabrication actuelle. ? — Oui.

Est-il vrai qu'il y a possibilité de dépenser moins en faisant mieux ? — Oui.

Oui ! la brasserie en France est dans un état pitoyable, et ses intérêts sont très gravement compromis dans l'avenir. Ces faits ne peuvent être niés ; les chiffres sont là, et les statistiques répondront victorieusement pour nous.

Voilà surtout les motifs qui ont éveillé notre attention, voilà pourquoi nous avons recherché chacune des causes avec le plus grand soin, et nous sommes fermement convaincu de les avoir indiquées toutes.

Sachez-le bien, votre système d'exploitation et l'organisation de vos usines sont en tout point... vicieux, pour ne pas nous servir d'une expression beaucoup plus dure, mais beaucoup plus vraie ; et tous, vous en conviendrez avec nous, lorsque nous serons arrivés au terme du voyage et que vous aurez vu se dérouler sous vos yeux le tableau analytique de toutes ces myriades de

petites causes qui ont si souvent fait votre désespoir.
Nous vous montrerons comment vous dépensez trois et
quatre fois plus de forces de locomotion que cela n'est
rigoureusement nécessaire dans des exploitations de cette
nature; et les faits sauront bien vous obliger à reconnaître comment vous absorbez le plus précieux de votre
travail, et comment l'avenir va vous échapper si vous
n'y prenez garde.

Depuis bien longtemps on vous l'a dit, et tous les
jours on vous le répète à satiété, « l'exploitation morcelée des matières premières emploie cent bras pour un
et produit quatre fois moins en dépensant huit fois
plus, absorbe une immense quantité de forces physiques
et intellectuelles; l'exploitation en grand permet des
économies énormes; pour un prix moindre, elle met
l'abondance où était la disette, elle substitue le luxe à la
misère. Les capitalistes l'ont bien compris, et partout
déjà surgit, à côté de la propriété morcelée, la propriété
actionnaire, c'est-à-dire individuelle et collective à la
fois; l'industrie a commencé; l'agriculture entre, ti-
midement encore pourtant, dans cette même voie de
transformation au bout de laquelle sont des prodiges
de luxe et d'abondance. »

Comprenez-vous maintenant quels dangers vous menacent, à quels désastres vous êtes exposés? Il n'y a
pas à nier aujourd'hui; ces assertions n'ont rien d'exagéré, elles sont de tout point exactes, et c'est là ce qui
nous a préoccupé, ce qui nous préoccupe encore aujourd'hui; car, on ne peut se le dissimuler, la question
est jugée; les nombreuses applications qui viennent

d'être faites dans ces derniers temps le prouvent surabondamment, et les effets produits ont été tels que, dans un avenir plus ou moins rapproché, la centralisation des intérêts aura infailliblement amené la centralisation des grandes industries. C'est une impulsion nouvelle que notre siècle vient de recevoir; il doit la subir, il la subira, nous vous l'attestons pour notre part.

Et maintenant, croyez-vous que la brasserie ne puisse être centralisée avec succès aussi bien dans les grandes villes que dans les bourgs les plus obscurs? Oui, évidemment; c'est déjà fait, le signal est donné, et les résultats obtenus ont dépassé toutes les prévisions.

C'est donc sous l'empire de ces appréhensions et en face d'un danger réel que nous avons été amené à vous présenter sur leur véritable terrain toutes les questions concernant l'exercice et l'avenir de la brasserie. C'est ce que nous allons faire avec tout le soin possible; nous ne réclamons de vous qu'un peu d'attention et beaucoup de bienveillance.

Si nous pouvons être assez heureux pour devenir utile à une nombreuse et intéressante famille de travailleurs, à une classe laborieuse que nous défendons et à laquelle nous offrons tout notre dévouement, nous aurons obtenu la seule et éternelle satisfaction que puisse envier un homme de cœur, celle d'avoir coopéré à l'enseignement d'un progrès important, à la réalisation d'une amélioration réelle, d'une grande vérité, à l'accomplissement d'une réforme utile.

F. R.

TABLE ANALYTIQUE

E

FIN DE LA TABLE ANALYTIQUE.

TRAITÉ

THÉORIQUE ET PRATIQUE

DE LA FABRICATION

DE LA BIÈRE

La pratique est un fait; la théorie n'est qu'un mot.

PREMIÈRE PARTIE

HISTORIQUE

CHAPITRE I.

Origine de la fabrication de la bière. Son Importance.

« Un fait qu'il est impossible de méconnaître aujourd'hui, et qui cause la joie des hommes sincèrement attachés à leur pays, c'est la marche rapide de l'industrie manufacturière et son influence puissante sur le bien-être général. Mais ce bienfait n'a pu être réalisé que par un échange des découvertes et des travaux des amis de l'humanité. Ce concours fécond appelle tous ceux qui, foulant aux pieds de mesquines individualités, s'élancent dans l'arène et viennent apporter le tribut de leurs veilles, quelque faible qu'il puisse être. La publicité, sauvegarde des libertés, répand au loin ces germes puissants qui trouvent entre les mains des industriels une heureuse application. Appuyons donc de toutes nos forces les tentatives de publicité, quelle que soit la main qui tienne son brillant flambeau, si, en versant la lumière sur tous les points accessibles à son influence, elle répand avec elle la richesse et le bonheur. »

HOUZEAU-MUIRON.

§ 1. Origine de la fabrication.

La découverte de la bière remonte aux temps fabuleux. Tous les historiens qui en ont parlé s'accordent à dire que son invention est due aux Égyptiens et aux

Phéniciens, qui, privés de la vigne, excellaient dans l'art d'imiter le vin par la fermentation du sucre des céréales. Quelques écrivains, Hérodote principalement, en attribuent la découverte à Isis, femme d'Osiris; d'autres à Osiris lui-même; d'autres enfin à Cérès, qui en dota les peuples dont les terres étaient impropres à la culture de la vigne.

C'est sur les bords du Nil, à Péluse, dit-on, que se préparait la meilleure bière, à laquelle on donna d'abord, par ce motif, le nom de *boisson pélusienne*. On l'appelait aussi *cervoise* (*cervitia*[1]), du nom de Cérès, déesse des moissons et des céréales qui servaient à la confection de la bière. Aristote et Théophraste font mention de l'ivresse occasionnée par le vin d'orge que les Espagnols servaient à leurs rois dans des coupes d'or.

Plus tard, les Égyptiens firent le *zithum* et le *carmi*, qui différaient par la couleur, la saveur et la manière dont on les préparait. C'était alors la boisson ordinaire de la plus grande partie de l'Égypte. Elle parvint bientôt sous ces deux dénominations jusque dans les Gaules et dans la Germanie, où elle fut pendant longtemps la boisson préférée. L'empereur Julien, gouverneur des Gaules, en fait mention dans une épigramme.

Certaines lois des anciens ont puissamment contribué à répandre l'usage de la bière; l'une de ces lois prohibait à Carthage l'usage du vin pendant la guerre; Platon interdit le vin aux jeunes gens au-dessous de vingt-deux ans, Aristote aux enfants et aux nourrices;

---

(1) *Cerevisia, ceria, cervitia, cervisiarius*, expressions de Pline pour signifier *cervoise*, bière, ou *boisson faite de grains*; brasseur.

et Palmarius nous apprend que les lois de Rome ne per-
mettaient aux prêtres et aux sacrificateurs que trois
petits verres de vin par repas.

L'ivresse était, dans l'antiquité, l'objet d'un tel mépris que Lycurgue, pour en inspirer l'horreur à la jeu-
nesse de Lacédémone, lui offrait en spectacle des escla-
ves ivres.

Des Germains, la fabrication de la bière passa aux
Anglo-Saxons, aux Danois et à la plupart des nations
du Nord, qui en firent bientôt leur boisson favorite.
Tacite raconte qu'avant leur conversion au christia-
nisme presque tous ces peuples attribuaient aux *boissons
de malt fermenté* la joie et le bonheur que goûtaient
après leur mort, dans le palais d'Odin, les héros de
leur temps.

Plus tard encore, à l'époque où vivait Strabon, cette
boisson se répandit en Flandre et en Angleterre, sous la
dénomination de *cervoise*, qu'elle conserva même au
moyen âge.

Selon Théophraste, Athénée et Dioscoride, l'usage
de la bière pénétra en Grèce, en Italie et jusque dans
les contrées dont les terrains étaient les plus favorables
à la culture de la vigne.

Buchan, dans son histoire d'Écosse, désigne sous le
nom de *vinum ex frugibus corruptis* une boisson dont
l'usage dans cette contrée remontait aux temps les plus
éloignés.

Vers 1500 on connaissait la bière de *convent* ou
covent, ainsi nommée par opposition à la bière forte,
qu'on appelait *bière des Pères*; celle-là était légère et

brassée pour les couvents de femmes ; celle-ci, fortement alcoolisée, était brassée pour les moines (*Pères*).

L'intrépide et infortuné Mungo-Park introduisit la fabrication de la bière dans l'intérieur de l'Afrique, où il apprit aux Nègres à tirer des semences du *holcus spicatus* (espèce d'orge sauvage) le produit que nous obtenons de notre orge.

La fabrication et l'usage de la bière se répandirent promptement ; quelques siècles plus tard elle avait envahi toute la surface du globe ; elle conservera, nous l'espérons, sa conquête, sinon à cause de sa supériorité sur toutes les autres boissons, au moins en raison des qualités réelles qu'elle possède, sans y joindre, comme beaucoup d'autres, des propriétés malfaisantes.

§ 2. Origine du mot *bière*.

Selon Clavereus, le mot *bière* aurait une origine celtique. Vossius le fait dériver du verbe latin *bibere* ; il croit que son origine est due à une habitude prise par le peuple et les soldats romains de répéter fort souvent : *Da bibere*, d'où, par abréviation, ils auraient fait *biber*, que les Italiens auraient changé en *biera*, quoiqu'ils eussent précédemment employé *cervogia*. A leur tour les Anglais l'auraient appelée *beer*, les habitants du pays de Galles *bir*, les Allemands *bier* et *gerstenbier*, les Hollandais *bier* ; d'où le mot *bière* en français.

Les Danois appellent la bière *oll* ou *olt*, les Suédois *öl*, les Espagnols *cerveza*, les Portugais *cerveja*, les Russes et les Polonais *piwo*, *kwas*.

Il serait fort difficile, comme on le voit, de se prononcer sur la valeur des opinions émises sur l'origine du mot *bière*.

Nous trouvons la même confusion sur l'origine du mot *brasser*. Pline parle d'un grain que l'on cultivait dans les Gaules sous le nom de *brace*; il servait à la préparation de la bière, comme l'orge aujourd'hui. Plusieurs auteurs et d'anciens titres rapportés par Ducange font aussi mention de ce grain; ces auteurs prétendent que de son nom et de ses usages sont dérivés les mots *brasser*, *brasseur*, *brasserie*; ce dernier mot a deux significations: par la première, que le Dictionnaire de l'Académie a oubliée, on désigne l'art du brasseur; par la seconde on indique le local où la bière se prépare.

Selon d'autres écrivains, le mot *brasser* viendrait de *mélanger* A FORCE DE BRAS. Cette opinion nous paraît mieux fondée, car le mot *brasser* s'emploie plus spécialement pour exprimer la manœuvre que les brasseurs exécutent dans la cuve-matière, où s'opère intimement le mélange d'orge et d'eau, à l'aide d'une espèce de trident, appelé *vague*, que l'on dirige dans la cuve à force de bras.

Le mot *brasser* a passé dans les arts; ainsi on dit: *Brasser les métaux*, les mélanger pour en faire un alliage lorsqu'ils sont en fusion. *Brasser les cuirs*, en terme de tannerie, signifie remuer les cuirs, renouveler les surfaces. En terme de marine, on dit: *Brasser les vergues; — brasser les voiles sur le mât; — brasse au vent*. En terme de pêche, *brasser* signifie aussi: *agiter et troubler l'eau avec le bouloir pour effrayer le poisson et l'obliger à abandonner momentanément sa retraite.*

Ces dénominations identiques, appliquées à des choses, à des opérations toutes différentes, nous font regretter les mots *cervoise* et *cervoisier*, que nous eussions préférés aux mots *bière* et *brasseur*, si le temps ne les eût mis avec tant d'autres, hélas! au nombre de ceux qui ne sont plus compris.

On peut dire que l'usage de la bière est aujourd'hui devenu une nécessité, car, quelle que soit la partie du globe qui se présente à la pensée, on la trouve partout; les procédés de fabrication sont plus ou moins rationnels, et les substances employées varient; mais au fond c'est le même caractère; les règles et les principes fondamentaux sur lesquels repose l'ensemble des opérations ne permettent pas de se méprendre. Le *bulla* des Nègres, le *cachiri* des Caraïbes, la *chicha* des Péruviens, sont autant de boissons fermentées dans lesquelles le principe sucré des céréales a été converti en alcool par la fermentation; seulement, à défaut de houblon, les indigènes emploient les fleurs, les feuilles, les tiges, les racines aromatiques que leur offre leur pays, pour relever le goût ou pour dissimuler la saveur fade que pourraient avoir leurs boissons.

Les Allemands du Nord paraissent être les premiers peuples modernes qui se soient occupés activement de la fabrication de la bière; aujourd'hui encore, c'est chez euxque se fabrique la meilleure bière de l'Europe. Disons toutefois qu'ils doivent cette supériorité à la nature de leurs terrains, aussi peu propice à la culture de la vigne qu'elle est éminemment propre à la culture du houblon. Il en est pour ainsi dire de même des Anglais, des Hollandais et des Belges.

Les Anglais ont deux espèces de bière, l'*ale* et le *porter*. La première, légère et d'une facile digestion, de couleur paille, peu houblonnée, d'une saveur douceâtre, est d'une conservation de courte durée quoiqu'elle soit assez riche en alcool (environ 7,50 p. 100). L'*ale* était connu de *Galien* et de *Dioscoride*, qui en font mention. Sous Édouard le Confesseur, il en fut, dit-on, servi avec quelque apparat dans un banquet royal.

Le *porter* est lourd et d'une digestion laborieuse pour ceux qui n'y sont pas habitués ; il est rouge purpurin, très houblonné, et d'une amertume telle qu'on s'y accoutume difficilement ; sa saveur aromatique plus que prononcée était due jadis à la présence du *gingembre*. La quantité d'alcool qu'il renferme (environ 12 p. 100) permet de le transporter au loin ; on en exporte à Bourbon, à Cayenne, à Rio-Janeiro, aux Indes orientales, etc., dans des bouteilles fermées par des capsules, comme l'étaient les vins de Champagne il y a quelques années ; dans cet état, les indigènes le vendent 2 fr. la bouteille.

Le *mum* de Brunswick est exporté avec un égal succès. Le *moll* ou *blanquette*, préparé par les Hollandais et les Flamands, quoique moins riche en alcool que le *porter* et l'*ale*, entre lesquels il tient le milieu, est de tout point préférable à ces boissons.

§ 3. Principaux lieux de fabrication de la bière.

Pour mettre nos lecteurs à même d'apprécier l'*importance de la fabrication de la bière en Europe*, nous croyons devoir leur offrir, dans cette partie de notre travail, un aperçu rempli d'intérêt, que nous empruntons au *Dictionnaire du Commerce et des Marchandises*, l'un des ouvrages les plus complets et les plus consciencieux que nous connaissions.

« Dans la ville d'Aarhus, en Danemark, on prépare de grandes quantités de drèche (orge maltée) [1], et on y fait une bière qui a la réputation de se bien conserver sur mer ; les brasseries y sont nombreuses.

« Celle de la ville d'Altona est aussi réputée. Celle d'Annaberg, dans la Haute-Saxe, ne jouit pas d'une moindre réputation.

« La bière est, à Archangel, en Russie, un objet de grande importance, et sa qualité est fort bonne. Dans cet État despotique, tout le commerce de bière se fait au profit de la couronne.

« La bière forte, faite avec partie de froment et partie d'orge, qui se fabrique à Arnstadt, ville d'Allemagne dans le cercle de Schwartzbourg, jouit d'une grande réputation. On y fait aussi de la petite bière.

« Les villes de Tuppin, de Brandebourg, de Cothas, de Crossen et de Bernau, en Prusse, envoient annuelle-

---

(1) Dans la plupart des publications *savantes*, nous le disons à regret, on emploie continuellement l'un pour l'autre le mot *malt* et le mot *drèche*, qui ont cependant une signification bien différente ; car le mot *malt* indique l'orge germée et touraillée, disposée pour la fabrication de la bière, tandis que le mot *drèche* désigne le malt dépouillé de ses principes sucrés par le moyen des *infusions* ou *trempes*.

ment à Berlin au delà de cinquante mille tonnes de
bière.

« Celle de Bernau surtout est fort estimée, à cause
de l'excellent houblon qu'on récolte sur le territoire de
cette ville.

« La bière qui se brasse à Brême, et qui est connue
et fort réputée sous le nom de cette ville, convient parfaitement pour les navigateurs au long cours, et il s'en
exporte de grandes quantités jusqu'aux Indes.

« C'est à Brunswick, dans le duché de ce nom, que
se prépare le fameux *mum*, bière extrêmement alcoolique et houblonnée, qui s'exporte au loin par la voie
de mer.

« Les brasseries de Carinthie sont en réputation.

« On doit citer, au nombre des bières réputées excellentes, celle qui se brasse à Cobourg, dans la Haute-
Saxe, sur le territoire de laquelle ville il y a une immense culture de houblon.

« La bière double brassée à Dantzick, et connue
sous le nom de *Pruissing*, est très forte et est regardée
comme extrêmement salutaire et sudorifique.

« La ville de Delft, en Hollande, possède de vastes
brasseries dont les produits sont très estimés.

« Dans la forêt Noire (en allemand *Schwarzwald*),
c'est l'*épeautre* qui est employé pour la bière, et il en
donne d'excellente, surtout une bière blanche fort réputée. Les étrangers viennent de loin s'approvisionner
de la bière de qualité supérieure qui se brasse à Ferg-
berg, grande ville de la Misnie.

« Les immenses houblonnières du territoire de Gar-

deleben, belle ville dans la vieille marche de Brandebourg, y permettent la fabrication d'une énorme quantité de fort bonne bière, connue dans toute l'Allemagne
sous le nom de *garley*.

« On distingue aussi la bière moitié froment et moitié orge des brasseries de Gorlitz, dans la Haute-Lusace. Celle de Goslar, en Saxe, est encore plus réputée ; il s'en exporte en divers pays. Dans la ville de
Gouda ou Tergow, en Hollande, on compte trois cent
cinquante brasseries, dont les produits s'écoulent dans
tout le royaume. Le *brégon* est une bière d'un goût
délicieux, que les brasseurs préparent à Halberstadt,
dans la Basse-Saxe.

« La bière de Hambourg jouit d'une réputation méritée. Il y en a de deux sortes : celle dite *ordinaire*, qui
est fort saine et d'un goût agréable, et celle appelée
junkernbier. Il s'en exporte de grandes quantités.

« Les bières de Kabsdorf, Kaisertad, Lentschen,
Presbourg et Neusohl, dans la Hongrie, jouissent d'une
grande réputation, ainsi que celle de Kaisermack.

« Le *duckstein*, dont on fait tant de cas en Allemagne, est une bière excellente qui se brasse dans la petite
ville de Kœnigslutter. On assure que l'eau qui sert à
cette préparation n'acquiert les qualités requises pour
la fabrication de la bière qu'après avoir traversé la ville
sur des tufs qui la purifient [1].

« La bière blanche de Minden, ville capitale de la

______

(1) C'est une question que nous examinerons et que nous traiterons
spécialement, en parlant de l'eau considérée au point de vue de la
fabrication de la bière.

principauté de ce nom, passe pour être la meilleure de toute la Westphalie.

« Cette sorte de bière blanche si forte, appelée *ambok*, et qui imite parfaitement, pour le goût, l'*ale* anglais, est brassée à Munich au printemps, jusqu'en juin.

« La ville de Hunsterberg, en Silésie, entourée de houblonnières, est le siége d'une brasserie considérable dont les produits sont réputés.

« La bière de Naumbourg, ville de Saxe, doit, dit-on, ses excellentes qualités à la pureté de l'eau qui sert à sa fabrication. On cite encore la bière de Nimègue, en Hollande. La meilleure bière du Danemark se fabrique à Odensée.

« La principale industrie des habitants de la ville de Prague (Bohême) consiste dans la fabrication de la bière, qui y est excellente.

« En Prusse et en Pologne, la bière de Rastenbourg, ville de Prusse, jouit de beaucoup de faveur.

« A Teschen, ville d'Allemagne, dans la Silésie, il se fait un grand commerce de fort bonne bière, brassée avec du froment et de l'orge. Cette bière est connue sous le nom de *matzmatz*.

« Mais quelque étendues que soient toutes les fabrications de bière que nous venons de citer, elles n'approchent pas, du moins pour les quantités produites, de la brasserie anglaise. Ici la production est vraiment gigantesque.

« D'après Anderson, l'usage de la bière et l'établissement des cabarets où on en vend, en Angleterre, datent de bien loin. Les lois promulguées par Ina, roi de Wessex, en font mention.

« En Angleterre, on distingue deux sortes de bière, la bière forte et la bière douce, et ces deux sortes se subdivisent chacune en plusieurs variétés. Toutes ne diffèrent entre elles principalement que par la quantité de malt employée dans la fabrication et par la durée qu'on accorde à la fermentation. Dans le langage de l'*excise*, perception du droit, la première sorte comprend toutes les bières dont le prix est au-dessus de 6 shillings par baril, et la seconde toutes les bières inférieures à ce prix.

« La consommation de la bière en Angleterre est immense, et les droits dont cette boisson est frappée produisent à l'État un revenu dont le chiffre est effrayant[1].

« La bière se vend en Angleterre et paie l'impôt par baril ou par galon ; le baril de bière forte est de trente-six galons, et celui de bière douce est de trente-deux galons ; le galon équivaut environ à quatre pintes de Paris.

« Il est défendu de mêler de la bière forte à de la petite bière après que les jaugeurs jurés ont pris la contenance des barils.

« Les lois de l'excise sont extrêmement gênantes et de la dernière rigueur. Cependant les personnes qui veulent brasser chez elles, et pour leur propre consommation, jouissent de quelque adoucissement à ces lois, sont admises à composer avec les officiers de l'excise, et contractent des abonnements.

« On sait que le malt, que nous appelons en français

[1] On l'a porté, je crois, en 1820, à 5,997,216 liv. sterl., correspondant à 143,933,184 fr.

la drèche, est le grain germé, séché à la touraille et grossièrement moulu. Cette matière première de la bière est l'objet d'un immense commerce en Angleterre.

« On estime que dans ce pays il s'emploie pour la petite bière, laquelle se brasse chez les particuliers pour leur usage, environ douze millions de boisseaux de grain ; et dans toute l'Angleterre, pour la fabrication de la bière forte, au delà de vingt-cinq millions de boisseaux.

« Le malt, imposé à l'art et indépendamment de sa fabrication, est aussi une branche importante du revenu public ; on l'estime à plus de 15 millions de francs.

« Le houblon est aussi passible d'un droit considérable, et les licences pour la culture de cette plante imposent de grandes gênes.

« Le *porter* de Londres, la *bière forte* de Bristol et l'*ale* de Burton jouissent partout d'une grande réputation.

« La brasserie de Paris est considérable. Ce sont les brasseurs qui y vendent la bière en gros..... Le détail de consommation journalière se fait par les limonadiers, les fruitiers, etc. »

En France, les départements septentrionaux, le Pas-de-Calais, le Nord, la Somme et les Ardennes, sont ceux où il se fabrique le plus de bière. Dans les départements de l'Est, qui viennent ensuite, on peut faire figurer en première ligne le Haut et le Bas-Rhin. Dans tous ces départements, la bière est réellement la boisson naturelle du pays.

Dans la plupart des départements du centre, de l'Ouest et du Midi, on peut, dans certains cas et dans certaines localités, la considérer comme boisson auxiliaire ; aussi

la consommation y est-elle moins importante que partout ailleurs. Nous ne parlons pas des grands centres
manufacturiers, où la bière est devenue une nécessité
pour la classe ouvrière.

Les brasseries les plus en renom pour la qualité de
leurs produits sont sans contredit celles de Strasbourg
et de Lyon, quoique depuis quelques années Strasbourg
ait généralement compromis sa réputation par diverses
causes que nous examinerons successivement, et surtout
par un esprit fâcheux d'imitation ; il en est de même
d'une foule d'autres localités.

Nous devons nous empresser d'ajouter qu'il n'y a pas
eu, en général, coopération volontaire des brasseurs
dans ce mouvement rétrograde ; ils n'y ont participé
qu'indirectement ; en un mot, c'est le torrent qui les a
emportés, et nous le prouverons. Nous ferons voir au
public que c'est à lui, à lui seul, qu'il doit s'en prendre
de la mauvaise qualité de la bière dans certains pays.

Si la brasserie de Lyon s'est un peu ressentie des
changements opérés au nom d'un prétendu progrès,
ajoutons toutefois que c'est elle qui a le plus dignement
soutenu sa réputation.

La brasserie de Paris, longtemps, et tout récemment
encore, calomniée par des adversaires malveillants dont
nous aurons à apprécier les opinions et les motifs de
rivalité, est loin d'être ce que l'on a voulu la faire,
surtout depuis la fabrication de ses *bières blanches*,
dites *de Strasbourg*, que nous avons préparées nous-
même et spécialement étudiées depuis. Nous y reviendrons donc avec quelques détails.

Nous voudrions qu'il nous fût permis de ne parler des *bières du Nord* que pour mémoire, mais l'importance de leur consommation ne nous permet pas de nous taire. Elles ont une certaine réputation, et pourtant nous ne connaissons pas de boisson qui, plus que celle-là, soit faite contre les règles de l'art, de l'hygiène et du sens commun.

Nous regrettons, et pour les amateurs et pour les brasseurs eux-mêmes, d'être obligé de nous exprimer aussi sévèrement, mais nous fournirons des preuves, et des preuves concluantes, de ce que nous avançons. Cependant nulle part en France la brasserie n'a pris un développement aussi considérable que dans les contrées septentrionales. Du reste, les brasseurs du Nord se sont trouvés dans une position analogue à celle des brasseurs du reste de la France, c'est-à-dire qu'ils ont eu à subir la volonté des uns, les caprices des autres, et qu'ils ont été forcés d'accepter, comme conditions de fabrication, celles que l'habitude avait suggérées à leurs consommateurs; car, dans le Nord comme ailleurs, la brasserie compte des hommes intelligents, dont le savoir, restreint par certains usages, reste forcément renfermé dans des applications routinières, et cela au grand regret des plus éclairés et des plus instruits.

La plupart des bières qui se fabriquent dans les départements du centre se ressemblent à peu près toutes et ne présentent que des variétés de goût dont les nuances sont généralement peu senties; elles sont loin toutefois d'être ce qu'elles pourraient, ce qu'elles devraient être.

Nous traiterons de chacune des espèces de bière en parlant de leurs propriétés organoleptiques et des caractères généraux qui les distinguent.

Pour nous résumer, qu'il nous suffise de dire que l'importance de la fabrication de la bière en France est telle aujourd'hui qu'il n'est pour ainsi dire pas d'arrondissement qui ne possède une ou plusieurs brasseries, à l'exception pourtant de quelques contrées du Midi[1]. Cette industrie est devenue l'objet d'une exploitation tellement importante qu'elle compte aujourd'hui plus de dix mille chefs d'usine ou brasseurs, qui paient au Trésor et aux octrois 20 à 25 millions de francs par année; elle est en outre la source d'un commerce considérable, pouvant représenter annuellement 2 à 500 millions environ.

Nous ne pouvions terminer la partie historique de notre travail sans mettre sous les yeux de nos lecteurs les anciens statuts des brasseurs de Paris; c'est un document qui ne manque pas d'originalité et auquel nous conservons son caractère.

Sous saint Louis, en 1268, la brasserie de Paris était régie, comme la plupart des corporations de ce temps-là, par des règlements à l'observation desquels chaque

[1] « Il est une autre explication de l'état de souffrance dans lequel se trouve actuellement la culture de la vigne : c'est l'extension énorme qu'a acquise, aux dépens du vin, la consommation de la bière.

« La consommation de la bière augmente considérablement chaque année, et la plupart des cantons de la Suisse possèdent aujourd'hui des brasseries. »

(J. DE VROÏL. *Étud. d'écon. politiq.; Aperçu de la situation économique de la Suisse.*)

membre se faisait un devoir de veiller, pour en assurer l'exécution pleine et entière.

Voici le texte de ces règlements :

« Art. 1. Nul ne brassera et ne charriera ou fera charrier bière les dimanches, les fêtes solennelles et celles de la Vierge.

« Art. 2. Nul ne pourra lever brasserie sans avoir fait cinq ans d'apprentissage et trois ans de compagnonnage, *avec chef-d'œuvre*.

« Art. 3. Il n'entrera dans la bière que bons grains et houblons bien tenus, bien nettoyés, sans y mêler sarrasin, ivraie[1], etc. Pour cet effet, les houblons seront visités par les jurés, afin qu'ils ne soient employés échauffés, moisis, gâtés, mouillés, etc.

« Art. 4. Il ne sera colporté par la ville aucune levûre, mais elle sera toute vendue dans la brasserie aux boulangers et pâtissiers, et non à d'autres.

« Art. 5. Les levûres de bière apportées par les forains seront visitées par les jurés avant que d'être exposées en vente.

« Art. 6. Aucun brasseur ne pourra tenir dans la brasserie bœufs, vaches, porcs, oiseaux, canes, volailles, comme contraires à la netteté.

« Art. 7. Il ne sera fait dans une brasserie qu'*un brassin par jour*, de quinze setiers de farine au plus.

« Art. 8. Les caques, barils et autres vaisseaux à contenir bière seront marqués de la marque du bras-

---

(1) L'ivraie (*lolium temulentum*) était principalement rejetée à cause de ses propriétés vireuses et enivrantes.

seur, laquelle marque sera frappée en présence des jurés.

« Art. 9. Aucun maître n'emportera des maisons qu'il fournit de bière que les vaisseaux qui lui appartiendront par convention.

« Art. 10. Nul ne pourra s'associer dans le commerce d'autre qu'un maître du métier.

« Art. 11. Ceux qui vendent en détail seront soumis à la visite des jurés.

« Art. 12. Aucun maître n'aura qu'un apprenti à la fois, et cet apprenti ne pourra être transporté sans le consentement des jurés. Il y a exception à la première partie de cet article pour la dernière année. On peut avoir deux apprentis, dont l'un commence sa première année et l'autre sa cinquième.

« Art. 13. Tout fils de maître pourra tenir ouvrier en faisant *chef-d'œuvre*.

« Art. 14. Nul ne recevra pour compagnon celui qui aura quitté son maître contre le gré de ce maître.

« Art. 15. Une veuve pourra avoir serviteurs et faire brasser, mais non prendre apprenti.

« Art. 16. Les maîtres ne se soustrairont ni ouvriers ni apprentis les uns des autres.

« Art. 17. On élira trois maîtres pour être juré et gardes; deux desquels se changeront de deux ans en deux ans.

« Art. 18. Les jurés et gardes auront droit de visite dans la ville, les faubourgs et banlieues.

« La bière est sujette à des droits, et, pour que le roi n'en soit point frustré, le brasseur est obligé, à chaque brassin, d'avertir le commis du jour et de l'heure qu'il met le feu sous les chaudières, sous peine d'amende et de confiscation. »

Ces statuts furent remis en vigueur en 1489, par suite de quelques abus qui consistaient principalement dans l'introduction de diverses substances dans les bières de ce temps-là. Sous Louis XII, en 1515, il y eut de nouveaux statuts, qui n'étaient guère qu'un remaniement de ceux-ci.

Louis XIII en accorda de nouveaux par lettres patentes du mois de février 1650. Elles furent confirmées par Louis XIV en septembre 1686 ; seulement il y fut ajouté dix articles nouveaux.

La brasserie de Paris comptait alors soixante-dix-huit brasseurs (maîtres brasseurs).

Par un édit du mois d'août 1776, la corporation des brasseurs de Paris fut érigée en communauté. Les droits de réception étaient fixés à 600 livres.

Il ne fallait rien moins que les idées aristocratiques de ce temps-là pour enfanter de semblables merveilles. Remercions le ciel de ce que notre glorieuse révolution, dont les principes sont impérissables, nous a débarrassés à jamais des jurandes et des maîtrises.

CHAPITRE II.

Généralités.

§ 1. Définitions pratiques.

La *bière* est une boisson alcoolique obtenue par la fermentation du sucre des céréales et aromatisée avec le houblon.

La fabrication, qui semble se réduire à quatre opérations principales : la *germination* ou *maltage*, le *brassage*, la *cuisson*, la *fermentation*, exige en réalité quinze opérations différentes, toutes également indispensables.

Ainsi la *germination* ou *maltage* comprend cinq manipulations distinctes, savoir : le *mouillage*, la *germination* proprement dite, la *dessiccation*, la *séparation des radicelles* (*germes*, *touraillons*), la *mouture*.

Le *brassage* demande deux opérations, qui sont la *trempe préparatoire* (*salade*), et les *infusions* proprement dites (*trempes*.)

La *cuisson* en compte quatre : la *séparation du gluten* (*écumes*), la *coction du houblon*, la *coloration*, le *refroidissement* [1].

(1) Si nous faisons figurer la coloration dans la cuisson, c'est surtout parce qu'elle se complète dans cette opération ; mais, comme nous le verrons plus tard, elle dépend beaucoup des opérations précédentes.

Nous avons passé sous silence, dans notre énumération, certaines conditions essentielles, que nous retrouverons d'ailleurs dans le cours de cet ouvrage, parce que, sans constituer proprement des manipulations, elles dépendent surtout des soins que ces manipulations exigent.

La *fermentation* en renferme quatre : la *mise en fer-mentation* (*en levain*), la *fermentation* proprement dite (*guillage*), le *soutirage*, la *clarification*.

C'est quand la bière a passé successivement par chacune de ces périodes qu'on peut la livrer au commerce. Jusque-là, rien ne paraît plus simple, plus facile que cette fabrication, qui peut s'exposer en quelques mots, qui semble se réduire à quelques opérations de peu d'importance. Mais quand il s'agit de mettre en pratique ces manipulations si simples, si faciles, d'une conduite toute routinière, les choses changent bien de face; et celui qui met la main à l'œuvre s'aperçoit bientôt qu'il ne suffit pas de l'œil du maître, comme on est trop généralement porté à le croire; car il est nécessaire qu'il possède une habileté, un savoir réel, outre que sa surveillance et son travail sont de tous les jours, de toutes les heures, de toutes les minutes.

Non, la brasserie n'est pas simplement un métier manuel et routinier qui dispense de toute conception, où la force musculaire peut avantageusement suppléer aux forces de l'intelligence; nous allons bientôt montrer que celui qui veut se placer dans les conditions les plus favorables doit dérober à la nature le secret de certaines transformations qu'elle seule sait opérer et qu'il faut suivre attentivement si on veut les seconder avec art, parce que les causes les plus mobiles et les plus multiples peuvent en changer l'équilibre, en modifier ou même en détruire les résultats.

Au contraire, l'esprit d'observation et de comparaison est une qualité essentielle pour un brasseur; sans elle tout succès devient douteux, car les éventualités sont nombreuses, et celui qui marche au hasard doit s'attendre à voir ses espérances souvent déçues.

Si les procédés de fabrication sont rationnels, s'ils on été observés avec intérêt, suivis avec zèle, étudiés avec amour, dirigés avec l'assurance que donne une connaissance approfondie des ressources de l'art, la réussite peut être considérée comme certaine.

Nous savons bien que le succès n'est pas toujours la récompense d'un travail assidu, d'une existence honnête et laborieuse, toute de fatigues, de privations, de périls et de peines ; mais cela tient à des considérations d'un autre ordre, auxquelles nous nous arrêterons pour les examiner attentivement, lorsqu'elles se rencontreront sur le chemin que nous avons à parcourir. Disons cependant qu'il nous semble que la plupart des mécomptes sont une seule et même cause, et cette cause, c'est l'*incapérience*.

§ 2. Classification des bières.

Nous venons d'énumérer les opérations à l'aide desquelles on peut transformer le sucre des céréales en une boisson alcoolique bienfaisante ; nous allons maintenant examiner les caractères principaux et quelques-unes des diverses nuances que la différence de fabrication lui imprime dans certaines localités ; puis nous passerons aux descriptions et aux applications théoriques et pratiques[1].

(1) Nous avons pensé qu'il ne serait pas sans importance d'exposer la manière dont se comportent certaines variétés de bière, au point

On fabrique en France trois espèces de bière bien distinctes : les *bières amères*, les *bières douces* ou *sucrées*, et les *bières acides*.

Les premières, généralement blanches et peu colorées, sont surtout celles qui se préparent sur la frontière de l'Est et dans toute l'Alsace, à Strasbourg, par exemple, et depuis les Vosges jusqu'à la forêt Noire.

Les secondes, que l'on pourrait considérer comme demi-brunes, quoique présentant partout des variétés assez nombreuses, se fabriquent dans la plupart des départements du centre.

Les troisièmes, qui, comparativement aux précédentes, sont, en général, des bières brunes, ne se trouvent guère que dans la partie septentrionale de la France, comme à Lille, Arras, Douai, Cambrai, Valenciennes, et Dunkerque jusqu'à Luxembourg, en suivant la ligne frontière. Les bières de Charleville, Sedan, et de quelques autres villes, ne sont que des variétés de celles-là.

Les *bières amères*, c'est-à-dire celles dans lesquelles le parfum du houblon domine un peu, sont incontestablement les meilleures et les plus agréables au goût ; elles sont les meilleures, non-seulement par rapport aux propriétés bienfaisantes du houblon, mais encore parce qu'elles ne sont livrées à la consommation que lors-

de vue de leurs propriétés hygiéniques considérées dans des conditions données ; car nous croyons que ceux qui fabriquent et qui livrent chaque jour à la consommation des quantités de boissons considérables doivent en connaître les avantages aussi bien que les inconvénients.

qu'une partie du sucre qu'elles renferment toujours,
même après la fermentation, a été presque complète-
ment convertie en alcool par le temps. En un mot, ce
sont les plus légères, celles que les estomacs faibles
s'assimilent le plus facilement et qui s'éliminent ensuite sans fatiguer les voies urinaires. De toutes les
bières de France, ce sont celles qui approchent le plus
des premières bières du monde, c'est-à-dire des *bières
de Bavière*.

Les *bières douces* ou *sucrées* devraient être impitoyablement proscrites, et on va comprendre les motifs de
notre réprobation : la plupart contiennent par hectolitre
jusqu'à 5 et 6 kilogr. de sucre à l'état libre, comme celles
de Reims, par exemple, dans lesquelles la consommation du *glucose* (sucre de fécule, d'amidon, ou de pommes
de terre, etc., etc.) figure pour le chiffre effrayant de
CENT MILLE KILOGRAMMES chaque année.

Dans cet état elles sont lourdes; leur digestion, toujours pénible, ne s'opère qu'au détriment des fonctions digestives, et cela par une raison bien simple :
c'est qu'avant d'arriver dans les voies urinaires la
portion de sucre qu'elles contiennent doit nécessairement passer par l'estomac; or, pour opérer la conversion de ce sucre en alcool, il faut qu'il s'établisse une
fermentation active, quelquefois violente. Il en résulte
pour les matières alimentaires qui occupent la région
gastrique un état d'ébullition, d'effervescence, qui
réagit sur tout le tube intestinal et détermine toujours
un relâchement momentané. Cet effet souvent reproduit
est capable d'amener à son tour dans l'organisme de

graves désordres, tels que l'inflammation du tube digestif, la dyssenterie chronique, etc., etc.

Les bières sucrées ont encore l'inconvénient d'altérer beaucoup plus que les autres ; cela résulte du surcroît de travail imposé à l'estomac pour opérer l'assimilation de cette espèce de bière ; les efforts qu'il est obligé de faire y déterminent une augmentation de chaleur qui non-seulement provoque une abondante transpiration cutanée, mais encore détruit bientôt l'effet que l'on voulait obtenir en y introduisant une boisson fraiche, ou, pour mieux dire, elle produit un effet inverse. Une expérience constante prouve que l'usage de cette boisson rend la soif plus intense au lieu de la calmer, et que ceux qui en abusent en ressentent des effets d'autant plus pernicieux qu'elle contient une plus grande quantité de sucre de fécule à l'état libre.

Fort souvent encore les bières sucrées déterminent les affections bronchiques ; un verre suffit quelquefois pour les provoquer de nouveau quand elles ont disparu depuis un temps assez long.

Il est facile de comprendre pourquoi la fermentation de ces espèces de bière s'établit promptement dans les régions abdominales ; c'est qu'elles y trouvent réunies toutes les conditions nécessaires pour fermenter d'une manière active : une température constante de 56°, de l'eau en abondance, enfin de nombreuses substances en voie de décomposition, qui empruntent une nouvelle énergie à l'action des matières fermentescibles qu'on introduit dans l'économie animale.

C'est surtout dans de telles circonstances qu'une pareille boisson peut déterminer dans les intestins un effet analogue à celui qu'excite ordinairement le *vin doux*; mais ici l'action est beaucoup plus énergique, parce que la plupart de ces bières contiennent un excès de *levûre*, ou que cet excès se produit toujours lorsque la fermentation se développe de nouveau.

Pour appuyer nos propres observations, nous citerons, dans le cours de ce chapitre, quelques exemples que nous empruntons au *Dictionnaire des Sciences médicales*, où nous lisons :

« C'est à ces espèces qu'il faut le plus ordinairement rapporter la plupart des reproches qu'on a faits à la bière d'une manière trop générale ; ce sont elles qui déterminent, surtout lorsqu'elles sont nouvelles, des coliques, des gonflements gazeux, de l'ischurie, des blennorrhagies même et des rétentions d'urine, etc.

« Chez ceux qui en boivent avec excès, ces effets paraissent dépendre principalement de la présence d'une certaine portion de *levûre* suspendue ou divisée dans la liqueur, et qui ne s'est point encore suffisamment assimilée. On sait, en effet, que *la levûre est un irritant très actif; Roscinstein* l'employait en pilules comme purgatif; et l'exemple d'un homme dont parle M. Wauters, qui périt d'un flux dyssentérique pour avoir bu de la bière dans laquelle on avait imprudemment délayé de la levûre, confirme encore cette vérité.

« Un autre inconvénient de ces boissons, même pour ceux qui les digèrent bien, c'est de favoriser le relâchement des organes abdominaux et de disposer à des engorgements des viscères ou à un développement excessif du tissu cellulaire graisseux, d'où résulte une obésité incommode. »

Tout concourt donc à faire des bières sucrées une boisson toujours mauvaise, quelquefois dangereuse, qu'une police sanitaire bien entendue devrait impitoyablement repousser, non-seulement dans l'intérêt des masses, mais encore dans celui des brasseurs eux-mêmes ; car chaque jour voit augmenter le discrédit dont est frappée une boisson saine, d'une utilité incontestable, et cela par la faute d'une certaine classe de consommateurs qui *exigent*, dans les produits qu'on leur livre, des conditions qui ne sont propres qu'à les rendre malsains.

Les bières de Lyon ne ressemblent que de loin à l'espèce dont nous venons d'entretenir nos lecteurs. Cependant, quoiqu'elles soient fort agréables au goût et que nous leur reconnaissions toutes les qualités d'une très bonne boisson, on ne peut, dans une classification générale, les considérer que comme une variété des bières sucrées.

Nous les aurions même classées avant les bières d'Alsace si elles n'avaient le désavantage d'être plus lourdes et d'une digestion plus difficile que celles-ci pour les estomacs qui n'y sont pas habitués depuis longtemps. De toutes les bières de France, les bières de Lyon sont certainement celles qui ont le plus d'analogie avec le *porter* des Anglais, mais elles n'en ont pas les défauts.

Les *bières acides* ne doivent le peu d'agrément qu'elles offrent au goût qu'à un commencement de fermentation acide [1]. Dès que cette fermentation a commencé, chaque jour amène, par la décomposition des principes constituants, des transformations nouvelles ; et l'alcool que contiennent les bières diminue en raison directe du progrès de l'acidification.

Elles ont sur les précédentes une propriété qui leur fait donner quelquefois la préférence : c'est de rafraîchir plus efficacement les papilles et les glandes salivaires, tout en provoquant la salivation.

Les bières acides sont d'une digestion beaucoup plus facile que les bières sucrées ; le temps, en les vieillissant, a opéré l'action décomposante que les autres éprouvent dans l'estomac, et dès-lors celui-ci a une moins grande somme de force à dépenser pour se les assimiler d'une manière complète.

Elles n'ont pas, comme les bières sucrées, l'inconvénient d'agir à la manière d'un laxatif énergique, mais elles déterminent quelquefois des aigreurs chez les sujets d'un tempérament délicat.

En résumé, on peut regarder les bières amères comme une boisson confortable et réellement bienfaisante, capable de remplacer le vin pour les jeunes gens et fort souvent pour certains vieillards, si nous en jugeons par ces paroles que nous adressait, il y a peu de temps, un des débris de notre ancienne gloire : « La bière est, à mon avis, pour tous les tempéraments, quels

---

(1) On désigne par *fermentation acide* la réaction qui détermine la transformation de l'alcool contenu dans la bière en *acide acétique* (vinaigre). Nous donnerons dans un chapitre spécial toutes les explications que demande cette importante question.

que soient l'âge ou le sexe, la boisson la plus saine, la plus bienfaisante ; c'est à elle que je dois d'être encore, à soixante-dix ans, aussi fort, aussi jeune et aussi alerte que vous. »

Les bières sucrées ne sont qu'une véritable boisson de convention, à laquelle on conserve, à tort, selon nous, une dénomination qui ne saurait leur être propre.

Enfin, les bières acides peuvent être considérées comme une boisson rafraîchissante seulement. Malheureusement il n'en est pas toujours ainsi de leurs propriétés désaltérantes ; nous en examinerons la cause en nous occupant de la *Coloration*.

Dans quelques cantons du département du Nord, les cabaretiers, fermiers, propriétaires, ont l'habitude de louer, pour le temps nécessaire à la fabrication d'un brassin, un établissement auquel on donne avec une prétention assez outrecuidante le nom de brasserie. Nous ne saurions nous élever avec trop de force contre les procédés de fabrication ordinairement en usage dans ces établissements, où les gens les plus ignorants des lois de la fabrication préparent des liquides malsains qu'ils imposent ensuite à leurs domestiques ou à leurs ouvriers.

Nous n'avons jamais bu, nous pouvons le dire en toute humilité, rien qui ressemble moins à de la bière que cette boisson-là. A coup sûr, la *cervoise*, même à son origine, lui était infiniment supérieure.

Généralement les bières d'Alsace et du Nord se livrent non mousseuses, et dans des vases de grès, ou simplement de verre, appelés *pots*, *cannettes*, etc. La plupart des autres au contraire, particulièrement celles

du Midi, sont livrées à la consommation dans des bouteilles ou dans des cruchons, et dans ce cas elles sont
mousseuses.

Cependant on fait aujourd'hui dans la plupart des
départements du centre des bières façon de Strasbourg,
dont la vente s'opère de la même manière; mais ce
qu'elles offrent de plus remarquable, dans quelques localités, c'est le titre qu'on leur donne; car elles ne ressemblent en rien à celles dont on usurpe bien illégale-
ment le nom.

On a dit que toutes les espèces et variétés de bière
pouvaient, par un usage abusif, sinon provoquer l'o-
bésité, au moins en hâter le développement d'une
manière sensible chez les individus qui y ont quelque
prédisposition naturelle; tout en admettant cette opinion
pour un instant, nous pensons que les bières du Nord
doivent agir en ce sens avec moins d'énergie que les autres, par suite de leur état presque constant d'acidité.

Quant à l'état d'embonpoint de la plupart des ouvriers brasseurs et des brasseurs eux-mêmes, nous pensons que, si l'usage fréquent de la bière y entre pour
quelque chose, la cause en est bien plus au développe-
pement que prennent les membres par suite de l'activité des travaux; en un mot, nous croyons que l'as-
siduité et la régularité du travail jouent, dans ce cas,
un rôle beaucoup plus actif que la bière elle-même[1].

(1) N'en déplaise au savant et spirituel auteur de la *Physiologie du
Goût* qui professe, à l'égard de la bière, une certaine pruderie gas-
tronomique et des craintes qu'il serait dangereux pour le Trésor de
voir partager à la majorité des Français.

La vieille médecine a été longtemps divisée sur la question de savoir si la bière pouvait être considérée comme une boisson salutaire. L'école de Galien, de Dioscoride, l'avait frappée d'un discrédit complet en disant « qu'elle engendrait de mauvais sucs, offensait les nerfs, attaquait le cerveau, occasionnait des vents, déterminait les rétentions d'urine, produisait la lèpre, et qu'enfin un breuvage qui naît de la corruption[1] ne peut jamais avoir que de mauvais effets, etc., etc., etc. »

Nous avons d'abord partagé quelques-unes de ces idées, mais d'une manière restrictive et par rapport à certaines bières seulement; il est fâcheux que les savants des temps anciens les aient généralisées d'une manière aussi absolue. Nous y reviendrons en parlant des propriétés hygiéniques du houblon.

Le temps, heureusement, a fait justice de ces opinions, ou au moins de l'absolutisme doctoral qui les avait enfantées; et les médecins de l'école moderne diffèrent complétement de leurs illustres devanciers.

Il suffit, au surplus, de se rappeler la constitution physique des peuples chez lesquels la bière est la boisson naturelle, comme les Anglais, les Allemands, les Flamands, pour s'apercevoir bientôt que, comparativement à certains autres Européens, ils sont tout à la fois les plus beaux en couleur, les plus forts, les plus robustes et les plus sains.

Nous maintenons donc que la bière, faite avec soin

---

(1) Le mot *corruption* était alors employé, outre son acception actuelle, dans le sens de *fermentation, décomposition, transformation.*

et dans des conditions que nous indiquerons avec tous
les détails possibles, est, après le vin, la boisson la plus
saine et la plus salutaire. Rafraîchissante et tout à la
fois antiseptique, diurétique, apéritive, soporative, dé-
purative, elle possède les qualités hygiéniques les plus
précieuses, et nous semble appelée à rendre d'éminents
services aux pauvres gens qu'une condition malheureuse prive de l'usage du vin.

On a considéré pendant longtemps et on considère
encore aujourd'hui la bière comme douée de propriétés
nutritives ; mais ce fait n'est pas suffisamment constaté.
On en est encore à se demander si l'embonpoint dont
jouissent ceux qui en font usage peut suffire pour résoudre la question dans le sens de l'affirmative, ou si
elle n'agit qu'en imprimant aux organes une action sti-
mulante qui place l'économie dans des conditions telles
que le mouvement nutritif y devient plus actif.

Tels sont les termes de la question posée par le *Dictionnaire des Sciences médicales,* avec lequel nous partageons le doute et l'incertitude, quoiqu'un grand nombre de faits laissent croire aux propriétés nutritives de la
bière.

Nous emprunterons à l'un des savants les plus distingués de l'Allemagne, M. Liébig, une importante citation
sur cette question. Ses *Lettres sur la Chimie,* qui ont
fourni carrière à nos études et à nos recherches, vont
nous donner l'appréciation raisonnée des vues de l'auteur.

« Un des faits les plus remarquables et les plus importants de notre époque, dit M. Liébig, c'est l'alliance

qui s'est opérée entre la chimie et la physiologie, alliance qui a jeté une lumière nouvelle et inattendue sur les phénomènes vitaux dont les animaux et les végétaux sont le siége. Grâce à elle, nous savons maintenant à quoi nous en tenir sur la valeur des mots *aliment*, *poison* et *médicament*. Aujourd'hui les idées de faim et de mort ont pour nous une signification claire et précise, et nous ne sommes plus obligés de nous contenter d'une simple description des états que ces mots désignent.

« Nous savons actuellement d'une manière positive que toutes les substances qui servent d'aliments à l'homme doivent se diviser en deux classes : la première comprend toutes les substances qui servent à la nutrition proprement dite et à la reproduction; la deuxième comprend celles qui jouent un rôle tout différent dans l'organisme animal. *On peut démontrer mathématiquement que la bière n'est pas nourrissante*, qu'aucun des éléments qui la constituent n'est capable d'entrer dans la composition du sang, de la fibre musculaire ou d'un organe quelconque de l'activité vitale. Une révolution complète s'est opérée dans les idées relativement au rôle que la bière, le sucre, l'amidon, la gomme, etc., jouent dans les phénomènes vitaux, etc.[1] »

On pourrait donc déduire de ce qui précède que, si la bière suspend momentanément la faim, c'est en raison des fonctions purement mécaniques, si on veut bien nous permettre cette locution, que l'estomac remplit pour en opérer la digestion, et non pas parce qu'elle

____

[1] Lettre XVII, page 225.

en opère l'assimilation au profit des organes vitaux.

Sans prétendre que l'opinion que nous émettons ici doive faire autorité, nous avons cru utile de déduire les conséquences qui nous paraissaient le plus d'accord avec la raison.

Quoi qu'il en soit, nous sommes convaincu que la bière détermine une espèce d'anorexie qui n'est particulière à aucune autre boisson au même degré; en effet, si elle n'est pas douée de propriétés nutritives, on ne saurait nier qu'elle dissimule la faim, à la manière de la gomme, des réglisses, des pâtes pectorales de lichen, de guimauve, etc., etc. C'est à cette propriété qu'il faut attribuer l'opinion généralement accréditée aujourd'hui que *la bière est nourrissante*.

Les bières qui sont d'une digestion facile conviennent à tous les estomacs : rafraîchissantes, elles apaisent la soif et tempèrent la chaleur de l'épigastre ; diurétiques, elles facilitent la sécrétion des urines et déterminent une légère transpiration cutanée qui tient la peau fraiche pendant tout le temps que dure l'assimilation, et même au delà ; laxatives, elles relâchent les membranes muqueuses, surtout celles du canal intestinal, et une partie des organes sexuels ; en un mot, elles facilitent toutes les évacuations.

Coupées avec de l'eau, elles peuvent, dans quelques cas de fièvres aiguës, remplacer avantageusement et économiquement les tisanes ordinaires ; *Boerhaave*, *Cullen*, *Stol* les ont souvent administrées dans ce cas, et même dans les affections cutanées, telles que les maladies éruptives. *Sydenham* en conseillait l'emploi dans

la coqueluche, et la goutte dont il était atteint fut longtemps combattue, dit-il, par le même moyen, avec un
succès satisfaisant.

L'école moderne accorde à la bière une certaine efficacité dans les maladies de la moelle épinière et lui
attribue assez généralement la propriété de s'opposer à
la formation des calculs urinaires, graviers, etc. Il paraît que ces dernières maladies sont beaucoup moins
fréquentes dans les contrées où la bière est d'un usage
général que partout ailleurs.

Selon John Sinclair, la gravelle et la pierre sont
extrêmement rares en Écosse, où la bière est la boisson
quotidienne des habitants. On attribue la rareté de
ces maladies à l'action diurétique du houblon sur la
vessie.

Un lithotomiste distingué du quinzième siècle,
Abraham Cyprianus, a constaté que, sur quatorze
cents personnes opérées de la pierre, il ne s'en trouvait
aucune qui fit de la bière sa boisson habituelle. C'est
ce qui a fait dire :

Ne unus quidem cerevisiæ deditus[1].

Les bières légères et peu houblonnées ont produit de
bons effets, dans les affections phthisiques, sur des tempéraments secs et bilieux ou sanguins et irritables ; lorsque la maladie est arrivée à une certaine période, elles
atténuent son caractère inflammatoire, et au début elles
s'opposent à son développement.

----

(1) *Traduction libre :* Et aucun de ceux qui buvaient de la cervoise
n'en était atteint.

On s'accorde en outre à leur attribuer des propriétés adoucissantes et pectorales, qu'elles partagent avec le plus grand nombre des décoctions d'orge, et elles sont d'une digestion beaucoup plus facile que celles-ci ; elles sont aussi moins débilitantes, tant à cause du principe amer du houblon qu'elles renferment que du *gaz acide carbonique* tenu à l'état de dissolution dans toutes les espèces de bières.

Les petites bières de Paris ont été employées avec succès dans certaines inflammations chroniques du poumon et surtout de l'estomac; aussi leur donnait-on la préférence sur toutes les autres boissons, lorsque les gastrites chroniques touchaient à leurs dernières périodes.

Dans les maladies qui ne sont que la conséquence de celles dont nous venons de parler, comme la cardialgie, par exemple, on employait de la bière légèrement mousseuse, et elle agissait alors à la manière de l'eau de Seltz. Nous avons souvent observé que la bière mousseuse, prise dans la proportion de deux verres quelques moments après le repas, ou même vers la fin, facilitait ou activait, chez certaines personnes, la digestion avec autant de succès que l'auraient fait deux verres de vin de Champagne.

Le gaz acide carbonique n'est pas étranger à cette heureuse réaction, et l'emploi de l'eau de Seltz le prouve; toutefois nous pensons qu'il faut tenir compte des principes fermentescibles que la bière entraine toujours avec elle, et qui agissent à leur tour sur les aliments ingérés. Dans ce cas, l'acide carbonique qu'elle renferme, favorisé par la température de l'estomac, se développe lui-même librement, soulève ou plutôt distend les aliments, et les tient dans un état de liquidité, de division, qui doit sans aucun doute en faciliter l'assimilation.

Quelques médecins ont fait de la bière une boisson médicamenteuse en y ajoutant des infusions de *quinquina*, de *centaurée*, de *cresson*, de *raifort*, de *cochléria*, de *beccabunga*, de *scille*, de *colchique*, et différentes racines amères.

Les bières les plus fortes, comme celles de Lyon en France et le *porter* en Angleterre, sont employées dans les fièvres adynamiques, dans certains cas de fièvres ataxiques, et surtout dans le typhus contagieux des hôpitaux et des prisons; il convient dans ce cas qu'elles soient extrêmement fortes.

L'illustre Fourcroy a souvent prescrit la bière légère pour toute boisson dans les fièvres putrides et les fièvres bilieuses, dans la sciatique, le rhumatisme aigu, etc.; seulement il s'assurait personnellement de la qualité de celle qu'il employait comme médicament.

On le voit donc, la bière a rendu, de temps immémorial, des services éminents en thérapeutique.

S'il n'a jamais été facile d'assigner à la bière des propriétés hygiéniques particulières, et d'indiquer, à un point de vue général, des caractères qui lui soient spéciaux, il serait bien plus difficile de le faire aujourd'hui qu'il y a autant d'espèces et de variétés de bières qu'il y a de brasseurs, et que chacune d'elles possède en quelque sorte un mode d'action différent.

Quoi qu'il en soit, la bière convient bien aux tempéraments secs et bilieux, aux personnes dont les organes irritables et la chaleur propre très ardente nécessitent l'ingestion d'une plus grande quantité de liquides rafraichissants ; mais elle convient particulièrement à celles dont les évacuations intestinales sont d'ordinaire sèches et dures.

Comme la plupart des substances fermentées dont l'amidon forme la base essentielle, la bière détermine chez tous les mammifères, et particulièrement chez la femme, une abondante sécrétion de lait. Des observations nombreuses nous ont démontré que cette propriété est plus développée dans la bière nouvelle, et qu'on peut rendre son action plus efficace encore en y ajoutant, après la fermentation, 6 ou 800 grammes de sucre brut (cassonade) par hectolitre. La proportion dépend de la qualité même de la bière, et elle doit être telle que le sucre soit un peu dominant. Mais il faut bien se garder dans ce cas d'employer le *glucose* (sucre de fécule), dont les propriétés éminemment laxatives pourraient, à notre avis, en rendre l'usage funeste, et même produire des effets diamétralement opposés à ceux que l'on veut obtenir. Dans la Bavière et la Bohême, où la bière, la bonne bière, est la boisson usuelle des habitants, les nourrices ont presque toujours assez de lait pour pouvoir allaiter pendant un an deux enfants vigoureux. Ce fait est certainement l'un de ceux qui doivent nous faire croire aux propriétés nutritives de la bière.

On a prétendu et on prétend encore que l'abus de la bière peut déterminer dans les voies urinaires des *écoulements muqueux* ayant tous les caractères de la gonorrhée. Bien que ces affections aient été souvent constatées à la suite d'excès de ce genre, elles n'avaient cependant aucun caractère dangereux ; et il est démontré aujourd'hui qu'elles sont réellement moins fréquentes qu'on ne l'avait cru jusqu'ici.

Il est plus vrai de dire que la bière récemment fabriquée, prise en quantité un peu notable, agit réellement comme somnifère, principalement lorsqu'on s'est servi de *houblons nouveaux*. Cette singulière propriété, que personne avant nous, que nous sachions, n'avait constatée, n'en est pas moins certaine ; car nous en avons maintes fois fait l'épreuve sur nous-même, et nous avons vu souvent le même effet se produire sur des individus d'un tempérament absolument opposé au nôtre.

On a aussi observé que ceux qui font de fréquents abus des bières fortes, du *porter*, par exemple, sont exposés aux affections de cachexie lymphatique.

Prise immodérément, la bière produit les mêmes phénomènes que toutes les autres boissons alcooliques fermentées : elle provoque l'ivresse. Elle ébranle le système nerveux, alourdit les membres, paralyse le jeu des organes vitaux, détermine la faiblesse, et amène à sa suite les vertiges et la somnolence. L'ivresse causée par la bière se traduit souvent par une joie bruyante suivie de fureur ; l'irrégularité des mouvements du corps est accompagnée d'une loquacité niaise, à laquelle succèdent la stupeur et l'ébêtement, à mesure que l'homme disparaît pour faire place à la brute. Bientôt l'estomac suspend ses fonctions ; la véritable existence est arrêtée dans sa marche ; le désordre qui règne dans tout l'organisme est venu absorber l'intelligence, pour ne laisser à nu que l'instinct bestial le plus méprisable chez les uns, le plus digne d'intérêt et de bienveillante sollicitude chez les autres.

Selon M. Dumas, le pouvoir enivrant de l'eau-de-vie, à 55.59, étant représenté par 100, celui de la bière forte sera représenté par 19,98.

« Il est difficile, dit M. Raspail (*Nouveau Système de Chimie organique*, t. III, p. 185), d'expliquer par quel procédé l'eau-de-vie, en petite quantité, guérit de l'ivresse occasionnée par la bière. »

M. Raspail, l'un des plus patients et des plus habiles expérimentateurs que nous connaissions, nous paraît avoir enregistré là un fait fort contestable. Mis en présence, trop souvent peut-être, par notre position, avec des hommes qui avaient la malheureuse habitude de chercher au cabaret, dans de copieuses libations de bière, un soulagement moral que la tempérance réprouve et que la raison défend, nous n'avons jamais vu l'eau-de-vie servir d'antidote à l'ivresse causée par la bière ; et cependant, depuis que nous avons vu ce fait consigné dans les travaux de M. Raspail, nous avons observé attentivement tous les cas de ce genre dont nous avons eu l'occasion d'être témoin.

Nous irons même plus loin, nous dirons que l'ingestion de l'eau-de-vie succédant à une absorption déjà considérable de bière détermine presque toujours l'ivresse, et qu'il n'est pas rare de voir un individu, que huit ou dix litres de bière n'auraient pas enivré, succomber sous l'influence des trois centilitres d'eau-de-vie que représente, à peu de chose près, le classique petit verre.

Mais puisque nous en sommes aux propriétés hygiéniques de l'alcool, nous demandons la permission d'ajouter quelques mots sur cette intéressante question, bien qu'elle nous éloigne un peu de notre sujet.

L'alcool, qui fait la base essentielle de tous les liquides fermentés, constitue le principe actif de l'eau-de-vie. Le mot *alcohol*, d'origine arabe, signifie *corps très subtil, très divisé*. Boerhaave, l'un des médecins les plus distingués des siècles passés, lui donna ce nom parce qu'il le considérait comme le corps inflammable le plus pur et le plus simple. Plus tard on l'a appelé *esprit-de-vin*, dénomination qu'il conserve aujourd'hui, mais à laquelle on supplée par son synonyme *alcool*, en raison de sa brièveté.

Étendu d'eau, c'est-à-dire à l'état d'eau-de-vie et tel qu'on le trouve dans le commerce, il excite momentanément les forces, surtout s'il est pris en minime quantité ; à une dose plus élevée, il les détruit et occasionne l'ivresse. L'usage trop fréquent de l'eau-de-vie, ou de toute autre liqueur spiritueuse, peut produire de graves désordres dans l'économie animale ; car il détermine presque toujours des irritations chroniques et des lésions organiques très dangereuses ; l'abus de ces liqueurs suffit pour déterminer un état de faiblesse musculaire, une sorte d'imbécillité dont il n'est pas rare de voir de tristes exemples chez ceux qui sont adonnés à l'ivrognerie.

Une simple injection d'alcool pur dans les veines peut donner la mort aussi instantanément que le ferait la foudre, et la perturbation générale qui en résulte est occasionnée par la coagulation immédiate du sang.

Il est facile de comprendre, d'après ce que nous avons dit plus haut de la nature de l'alcool, qu'il pénètre dans tous les organes avec une grande rapidité, et c'est à l'imprégnation qui résulte de l'abus des liqueurs spiritueuses qu'il faut attribuer la *combustion spontanée*.

On appelle ainsi la combustion ou l'incinération du corps humain au contact d'un objet en ignition qui dans d'autres circonstances n'aurait déterminé qu'une brûlure ordinaire.

L'état d'abrutissement moral et d'abjection que l'abus de l'eau-de-vie peut produire aurait dû la faire nommer de préférence *eau de mort*; car si on connaissait le nombre exact des victimes que l'alcool fait chaque jour, on frémirait d'épouvante autant qu'on ressentirait de dégoût.

Mais il est temps de revenir aux propriétés enivrantes de la bière. Un grand nombre d'auteurs prétendent que l'ivresse qu'elle engendre est plus tenace, plus insupportable, quelques-uns ajoutent même plus dangereuse que celle occasionnée par le vin. Bien que nous n'ayons pas d'exemple à citer pour appuyer notre opinion, nous sommes tout disposé à regarder ce fait comme exact dans certains cas.

Parmi les moyens de la combattre, on a recommandé

particulièrement l'éther sulfurique. Nous avons souvent
vu employer avec succès les pastilles de Vichy, la magnésie, ou une cuiller à café d'ammoniaque liquide
dans un verre d'eau sucrée ; mais on n'administre
l'ammoniaque à cette dose que pour des constitu-
tions robustes, comme celles de garçons brasseurs, par
exemple. L'ammoniaque et la magnésie ont pour effet
saturer une partie des divers acides, liquides ou gazeux, contenus dans la région de l'estomac, et cette sa-
turation s'opère avec une promptitude et une efficacité
telles qu'elle détermine des vomissements abondants ;
lorsque les évacuations paraissent terminées, une tasse
de thé suffit quelquefois pour faire cesser complétement les symptômes de l'ivresse, et pour amener
un calme réparateur dont on a tant besoin après de
semblables indispositions.

La plupart des boissons, et particulièrement le vin,
pour peu qu'on veuille apprécier la finesse de leur saveur, demandent à être bues dans des limites de température peu étendues ; la bière ne fait pas exception à
cette règle : au-dessous de 6 degrés de chaleur et au-
dessus de 12, elle perd une partie de son goût ; au-
dessous du point de liquéfaction de la glace, c'est-à-dire
à 0°, les qualités qui distinguent une bonne bière deviennent difficilement appréciables pour le palais ; soumise à un froid plus intense, elle se trouble un peu
avant sa solidification, et non-seulement alors elle n'est
plus bonne, mais elle devient tellement méconnaissable
qu'il est presque impossible de dire quel est le détestable breuvage que l'on cherche à qualifier. Au-dessus

de 12 ou de 15 degrés au plus, sa saveur primitive
disparaît ; on n'y retrouve plus l'amertume, le bouquet, le parfum du houblon ; tout cela est remplacé
par une saveur âcre à laquelle on ne peut s'habituer.
Si la température est poussée à un degré plus élevé,
il ne reste plus rien qu'une mauvaise tisane, ce qu'en
termes vulgaires on appelle une médecine.

Parmi les causes surprenantes qui modifient la saveur de la bière, nous devons mentionner spécialement
le camionnage, en d'autres termes le transport au
moyen de voitures. Ce fait, tout inexplicable qu'il soit,
n'en est pas moins certain, et on peut affirmer qu'une
bière voiturée, toutes conditions de limpidité étant égales, n'a plus la saveur que présente la même bière
tenue dans l'immobilité après la fermentation. Cette
différence se fait tellement sentir dans certains cas qu'il
est impossible de reconnaître le lendemain la bière
dégustée la veille à la brasserie. Cette modification
peut-elle être raisonnablement attribuée à la perte d'une
certaine quantité de *gaz acide carbonique* que la bière
abandonnerait par l'agitation ? Nous ne le pensons pas ;
car la saveur primitive tendrait à reparaître à mesure
que, par les dernières périodes de fermentation, la
quantité d'acide carbonique augmenterait dans le liquide ; or ce dégagement ne modifie en rien les nouvelles
conditions dans lesquelles se trouve la bière. Est-ce
au contraire le résultat d'une absorption d'air ? Nous
craindrions de nous tromper en nous prononçant sans
réserve pour l'affirmative, mais, jusqu'à preuve contraire, nous estimons que telle est la véritable cause

dont nous recherchons l'origine. Quoi qu'il en soit, on peut dire que cette saveur si délicate, si recherchée par les amateurs de bière et surtout par les Allemands, s'est modifiée au point de faire perdre à la bière un quart de sa qualité.

Ainsi s'explique la légitime préférence que les Strasbourgeois accordent à la bière qu'ils boivent dans les brasseries mêmes sur celle qu'ils pourraient avoir dans leur propre demeure.

Nous avons dit plus haut que la bière ne devrait jamais être livrée à la consommation qu'autant qu'elle ne renferme plus de sucre, au moins en quantité facilement appréciable ; toutefois on doit préférer les bières qui sont légèrement sucrées à celles qui ont une saveur acide, car la quantité d'acide acétique produit représente, et au delà, la quantité d'alcool détruit.

L'école de Salerne émettait l'opinion suivante sur les qualités que doit posséder la bière au moment où elle peut être bue :

> *Non acidum sapiat cerevisia ; sit bene clara,*
> *Et granis sit cocta bonis ; satis ac veterata* [1].

La même école apprécie ses effets de la manière suivante : *Crassos humores nutrit cerevisia, vires præstat, et augmentat carnem, generatque cruorem* [2].

Pour compléter ce que nous avons dit des caractères

----

[1] Que la cervoise n'ait point de goût acide ; qu'elle soit bien claire, faite avec de bons grains; de plus, qu'elle ait assez vieilli.

[2] La cervoise entretient les humeurs épaisses, donne des forces, et augmente l'éclat de la chair en y produisant le sang.

généraux, des propriétés caractéristiques de la bière et de ses divers usages, il nous reste à parler de quelques-uns de ses emplois gastronomiques ; nous en connaissons deux : le *birambrot* et le *punch à la bière*. Par le premier on désignait autrefois un potage préparé avec de la bière un peu acide, à laquelle on ajoutait comme condiment un mélange de sucre et de muscade, afin d'aromatiser le tout d'une manière agréable. Aujourd'hui encore, sur les frontières septentrionales de la France, on fait de *la soupe à la bière*, de la manière que nous venons d'indiquer, en ajoutant quelques tranches de pain au mélange, lorsqu'il est à une température voisine de l'ébullition ; ce n'est, à proprement parler, qu'une variété du *birambrot*.

Le *punch à la bière* n'est guère connu que des peuples du midi de l'Europe, et particulièrement des Espagnols et des Portugais ; il s'obtient en opérant le mélange suivant :

Deux bouteilles de bière mousseuse ;

Un demi-litre de limonade sucrée au citron ;

Six centilitres de rhum.

Le tout doit être mélangé promptement et dans les plus grandes conditions de fraîcheur possible ; on obtient ainsi une boisson non moins agréable que rafraîchissante.

Il s'en faisait jadis une consommation très importante à Madrid et dans plusieurs provinces de l'Espagne où le *punch à la bière* est encore aujourd'hui d'un usage très général.

§ 3. Des bières particulièrement résineuses.

Nous empruntons au *Dictionnaire des Sciences médicales* les paragraphes suivants, qui nous ont paru rentrer parfaitement dans notre sujet, et qui compléteront la partie historique de ce travail.

« Ces bières sont faites avec de fortes décoctions de pin ou de sapin, et ont été nommées, par cette raison, *bières épinettes* ou *sapinettes*. On emploie pour cet objet, au Canada, trois espèces de sapins désignés dans l'ouvrage de M. Lambert sous les noms d'*abies alba*, *nigra* et *rubra*. Les habitants font bouillir les branches et les feuilles de ces arbres avec des copeaux, quelques fruits et des graines céréales grillées ; ils mettent ensuite dans ce moût du sirop et de la levûre au moment de la fermentation, et au bout de vingt-quatre heures la bière est potable.

« Le procédé que M. Duhamel a donné dans son *Traité des Arbres* (t. I, p. 47) diffère peu de celui-ci. Il ajoute seulement du pain ou du biscuit grillé, ce qui augmente la quantité du corps muqueux, et par conséquent les propriétés nutritives de la bière. Les Hollandais fabriquent au Canada cette boisson d'une manière beaucoup plus simple. Ils font bouillir les feuilles et les tiges de sapin hachées, et mettent ensuite dans la décoction du sucre et de la levûre. Cette bière, qui contient autant d'acide carbonique et d'alcool que la précédente, est plus légère et peu nutritive.

« A la Nouvelle-Zélande, Cook a préparé, à peu près de la même manière, une espèce de bière, en mêlant à la décoction d'un pin du pays du jus épaissi de moût de bière et de la mélasse. Dans le nord de l'Europe, M. Faxe a fait les mêmes essais avec le *pinus sylvestris* de Linné, et il a retiré des jeunes rameaux et des feuilles de cet arbre un extrait résineux qui, suivant ce qu'il rapporte dans les *Nouveaux Mémoires de l'Académie des Sciences de Stockholm* (t. 1, année 1780), peut se garder plusieurs années sans s'altérer, et supporter les voyages de mer ; il sert à faire une très bonne bière, et, suivant l'auteur, en le mêlant même à celle qu'on transporte sur les vaisseaux, il l'empêche de s'aigrir. Les Anglais connaissent depuis longtemps l'extrait de sapin, qu'ils nomment *essence de spruce*, et s'ils n'en sont point les inventeurs, ils n'en ont pas moins tiré un parti avantageux pour préparer aussi une espèce de bière, et même, suivant quelques journaux, comme moyen préservatif de la fièvre jaune. Thomas Wilson a obtenu de la *sapinette noire* une essence avec laquelle il fait de la bière, en y ajoutant de la mélasse. John Sinclair a décrit ce procédé très simple, qui est en usage, à ce qu'il paraît, sur les bâtiments britanniques ; car M. Keraudren a adressé, en 1807, à la Faculté de Médecine de Paris, plusieurs pots de cette essence de spruce qui avaient été pris sur *le Wodbine*, échoué sur la côte de Boulogne. Cette substance était en fermentation et très altérée, ce qui ne semble pas confirmer ce que M. Faxe dit de son extrait de pin. Il paraît nécessaire, en effet, pour que cette décoction rapprochée puisse se conserver, qu'elle soit très cuite et presque desséchée ; tant que le mucilage et la matière sucrée de la séve seront un peu

abondants, ils tendront nécessairement à se décomposer,
et lorsque cette substance est bien sèche, ce n'est plus
qu'un mélange d'extrait et de résine. Il semble donc
qu'il serait facile d'y suppléer, soit avec la térébenthine,
comme l'avait déjà proposé M. Duhamel, soit avec le
goudron ou quelques autres substances résineuses. Toutes ces bières sapinettes ne diffèrent, en effet, des autres
que par leur extractif résineux, qui remplace le houblon;
la liqueur fermentée est due au sucre, à la mélasse, au
grain, à la drèche, etc., ou, quand on emploie des tiges
et des branches, aux sucs propres et séreux qui sont susceptibles par eux-mêmes de fermentation ; les principes
nutritifs de ces boissons sont également fournis par les
matières sucrées et mucilagineuses, comme dans les autres espèces de bières, et l'extractif résineux, réuni à l'a-
cide carbonique et à l'alcool, les rend plus ou moins
spiritueuses, stimulantes et toniques.

« Quant aux propriétés antiscorbutiques qu'on attribue, particulièrement aux sapinettes qui sont employées sous ce point de vue médical sur les bâtiments,
et dont on fait un grand usage, surtout à Terre-Neuve
et au Canada, je ne me permettrai pas de prononcer,
n'ayant par moi-même aucune expérience décisive; je
ferai seulement observer que toutes les bonnes bières, que
toutes les décoctions végétales un peu stimulantes, que
tous les sucs frais d'un grand nombre de végétaux,
jouissent de propriétés également antiscorbutiques ; et
avant d'accorder une si grande prééminence aux bières
résineuses, je demanderai si des expériences comparatives bien faites et multipliées ont pu justifier cette pré-

rogative. Consultons les écrits des voyageurs et des médecins sur ce point, et partout nous trouverons que le
scorbut de mer cesse en général assez promptement
dès que les malades peuvent être portés à terre et faire
usage d'aliments frais et de boissons préparées avec de
bonne eau et des sucs de végétaux récents. Je suis donc
loin d'être convaincu que les sapinettes aient dans cette
circonstance un avantage très marqué sur les autres
espèces de bières ordinaires pures, ou sur celles qui
sont préparées avec des plantes dites antiscorbutiques,
ou mélangées, comme le faisait *Lind*, avec de l'eau-de-
vie, du vinaigre et du sucre. »

§ 4. Bières médicamenteuses.

« La plupart des espèces de bières dont nous avons
parlé jusqu'ici ont été souvent employées comme des
moyens très utiles dans beaucoup de maladies, quoiqu'elles servent d'ailleurs de boissons habituelles ; mais
on a donné particulièrement le nom de *bières médicamenteuses* à celles qui sont préparées uniquement pour
les besoins de la thérapeutique, et dans l'intention particulière de produire telle ou telle médication.

« On distinguait autrefois, en pharmacie, deux sortes
de bières médicamenteuses : celles qui étaient préparées
en ajoutant le médicament à la décoction du malt, et
celles qu'on obtenait par une simple macération.

« Les premières sont avec raison entièrement aban-
données, parce que la fermentation détruit le plus
souvent toutes les propriétés qui ont pu échapper d'a-
bord à la décoction.

« Les bières par macération sont les seules qui puissent être en usage, et encore supportent-elles difficilement sans se décomposer les sucs des plantes très aqueuses. Les bières un peu alcooliques et peu houblonnées, comme certains *ales* anglais, sont celles qu'on doit choisir de préférence pour les préparations pharmaceutiques, parce que plus la liqueur est épaisse et chargée de mucilage et de matière extractive, moins elle est susceptible de dissoudre de nouveaux principes: aussi les vins conviennent-ils mieux, en général, pour la dissolution des médicaments, et sont-ils plus actifs à moins forte dose.

« La bière dans laquelle on a fait macérer du lierre terrestre, et que les Anglais nomment *gill-ale*, et celles qui sont préparées avec les racines de raifort, de cochléaria et d'autres plantes crucifères, sont regardées comme très antiscorbutiques. On estimait autrefois, comme diurétiques et utiles dans les néphrites calculeuses, celles qui étaient préparées avec le bouleau et les graines de carotte sauvage. Enfin, on compose aussi des bières toniques et stomachiques avec le quinquina, la gentiane, etc., et des bières purgatives avec l'aloès, la rhubarbe, le séné et plusieurs autres substances. Sydenham et Morton se servaient surtout de ces remèdes évacuants chez les goutteux.

« On conçoit très bien que les bières toniques et fortifiantes de genièvre, de quinquina, de bardane, etc., sont absolument nécessaires dans les pays où il est difficile de se procurer de bon vin; et même, dans certains cas, chez quelques individus sur lesquels le vin produit une irritation particulière, ces bières médicamenteuses doivent toujours être employées de préférence. Mais quels peuvent être les avantages de la bière dans les potions purgatives recommandées par les médecins anglais? A-t-on pu s'assurer que cette liqueur, qui servait simplement de véhicule, ait été pour quelque chose dans les résultats qu'on a obtenus avec un remède d'ailleurs très composé? Cette préparation bizarre a donc besoin d'être soumise de nouveau à une expérience scrupuleuse, et sera sans doute par la suite retranchée de la thérapeutique.

« Guidé par les principes qui ont dirigé M. Parmentier dans la réforme des vins médicinaux, nous proposerons de remplacer les bières médicamenteuses toniques en ajoutant à de bonnes espèces d'*ales* une suffisante quantité de teintures alcooliques de gentiane, de quinquina, etc. M. Keraudren avait déjà conseillé, pour suppléer à l'extrait de sapin de Thomas Wilson, de se servir de teintures de houblon, de genièvre ; et par ce moyen on pourrait, avec de la drèche sèche et de la levûre, se procurer facilement et en peu de temps une bonne bière pour l'usage de la marine. Ce procédé, appliqué aux bières médicamenteuses, me paraît devoir être utile dans beaucoup de cas ; mais je ne pense pas qu'il puisse toujours remplacer les bières par macération ; car je suis convaincu, par ma propre expérience, que les mélanges des teintures amères avec les liqueurs fermentées n'agissent pas toujours de même que les vins médicinaux obtenus, comme on le faisait autrefois, par une simple macération.

« Je terminerai cet article par quelques mots sur l'application extérieure de la bière ; les effets qu'on obtient de ces applications topiques se rapprochent jusqu'à un certain point de ceux du vin, et sont d'ailleurs plus ou moins énergiques selon que la bière est elle-même plus ou moins forte. On l'emploie tantôt seule, tantôt unie à d'autres substances qui en modifient les vertus ; c'est ainsi que les *lotions* faites avec un mélange de bière et de beurre frais produisent les effets les plus avantageux dans les engorgements inflammatoires qui se manifestent aux parties extérieures de la génération, après les accouchements laborieux ; on peut même faire infuser quelques plantes aromatiques dans la bière, afin de la rendre plus résolutive, lorsque la douleur commence à se dissiper. Les fomentations chaudes de ce même mélange sont également très utiles, si l'on en croit Blenk, pour résoudre les engorgements laiteux des mamelles. »

Enfin, M. Bouchardat, dont les nombreux et utiles travaux enrichissent chaque année la science, mentionne dans son *Annuaire de Thérapeutique*, pour 1847, une espèce de bière préparée avec les feuilles de *hachisch*; mais l'auteur ajoute que les effets en sont si violents qu'il lui paraît impossible qu'ils ne fassent pas courir quelque danger à ceux qui en feraient usage.

On a beaucoup vanté dans ces derniers temps les effets merveilleux du *hachisch* sur l'économie animale. Nous avons voulu goûter aussi les délices de cette *fantasia* si estimée, dit-on, des Orientaux, et deux fois nous avons été soumis aux influences de la graine de chanvre indien (*cannabis indica*), sans éprouver autre chose que des impressions fatigantes.

L'état dans lequel nous nous sommes trouvé ressemblait à une ivresse naissante, ou plutôt à ce milieu transitoire qui sépare l'état de veille du sommeil, mais qui approche davantage de ce dernier. Pendant tout le temps que dura l'action du hachisch, il ne nous fut pas plus possible d'imprimer une direction fixe à nos idées que d'analyser, à mesure qu'elles se produisaient, les sensations que nous éprouvâmes. En un mot, nous pensons que le désordre occasionné par le hachisch dans toute l'organisation doit imposer aux amateurs du *merveilleux* une très grande circonspection ; car nous sommes fermement convaincu que son action se porte principalement sur le cerveau, et, dans notre opinion, cette action est assez énergique, assez violente, pour amener des accidents chez les sujets dont le moral n'est pas solidement constitué.

§ 5. Observations concernant les évaluations et les indications thermométriques [1].

Comme nous avons pris pour base de nos évaluations thermométriques le *thermomètre centigrade*, nous

(1) Nous demandons à nos lecteurs la permission de relater un fait qui trouve naturellement ici sa place, et qu'aucun physicien, que nous sachions, n'a constaté, au moins de manière à fixer l'attention des savants. Bien qu'il ait peu d'importance pour des hommes pratiques, il peut offrir quelque intérêt à ceux qui étudient les phénomènes qui sont du ressort des sciences positives.

Toutes les fois qu'on fait passer un thermomètre d'une température quelconque à une température supérieure, le mercure qu'il renferme, augmentant de volume, passe successivement par chacun des avons pensé qu'il serait utile de mettre en regard des degrés de celui-ci une échelle graduée sur le *thermomètre de Réaumur*, afin que les comparaisons pussent s'établir facilement et sans qu'il fût nécessaire de faire aucune recherche. C'est dans cette intention que nous donnons (*figure* 4) un thermomètre dont la graduation a été opérée sur

degrés intermédiaires compris entre ces deux points, jusqu'à ce qu'enfin il s'arrête à la température maximum du milieu dans lequel il se trouve. Or nous avons souvent remarqué que, lorsque le thermomètre reçoit brusquement l'action de la chaleur, il s'opère dans la colonne de mercure un mouvement de contraction qui fait descendre celle-ci d'un demi-degré, quelquefois même d'un degré, avant que la dilatation se manifeste et lui imprime un mouvement ascensionnel.

Supposons un thermomètre à mercure placé dans un milieu indiquant une température de + 10°, par exemple, et plongé rapidement dans de l'eau à + 90°; aussitôt que le réservoir à mercure en reçoit le contact, il s'opère dans la colonne qui occupe le tube une contraction qui permet au thermomètre de descendre à + 9°, tandis qu'il indiquait auparavant + 10°. Ce fait, dont nous attestons l'exactitude, s'est passé fréquemment sous nos yeux; mais il faut l'examiner avec une attention toute particulière pour le constater avec quelque succès, car la réaction s'opère avec une telle promptitude qu'il n'est possible de l'observer que pendant un moment fort court.

Nous pensons que ce phénomène doit être attribué à l'action exercée par le calorique sur les molécules du verre; très probablement, la dilatation opérée d'abord sur la surface du réservoir à mercure augmente momentanément sa capacité; ce qui oblige par conséquent la colonne de mercure à descendre.

chacune de ces deux échelles; de cette manière un coup d'œil suffira pour arriver au but.

Le signe + (plus) indique les degrés au-dessus de 0, c'est-à-dire depuis ce point jusqu'au sommet de l'échelle indicative; ainsi, + 30° correspond à 30 degrés de chaleur. Le signe — (moins) indique les degrés au-dessous de 0°, c'est-à-dire à partir de ce point jusqu'au bas de l'échelle indicative; ainsi, — 10° correspond à 10 degrés de froid.

DEUXIÈME PARTIE

PARTIE PROFESSIONNELLE

Ire OPÉRATION : MALTAGE

SECTION PREMIÈRE. — PRÉLIMINAIRES SUR LA GERMINATION.

§ 1. Théorie de la germination.

« Les connaissances chimiques doivent être familières au
brasseur pour diriger convenablement les opérations multiples qui constituent sa fabrication. »

(Encyclopédie des Gens du Monde.)

La germination est l'acte par lequel les graines fé-
condes se développent pour donner naissance à de nouvelles graines qui leur sont complétement identiques.
C'est aussi, dit M. Raspail, la végétation qui se réveille
et reçoit une impulsion de développement. Voilà pour
la désignation rigoureuse et purement scientifique du
mot *germination*.

Pour le brasseur, pour l'homme pratique, la germination est une opération qui a pour objet de développer,
dans les céréales employées à la fabrication de la bière,

3.

la plus grande quantité possible de principes sucrés et de diastase[1].

La germination est la clef de voûte de l'art du brasseur ; elle forme la base de toutes les autres opérations ; en un mot, elle est la condition essentielle et primordiale du succès.

Pour bien comprendre la théorie de la germination, il est extrêmement important de connaître les différentes parties dont le grain est formé ; nous allons d'abord nous livrer à cet examen ; nous nous occuperons ensuite des opérations pratiques qui doivent précéder la germination ; car ici rien ne doit être négligé ; il faut posséder à fond son sujet, et nous ne craindrons pas d'entrer dans quelques développements pour en assurer la connaissance parfaite.

Comme nous voulons circonscrire les limites d'une description qui tendrait à nous éloigner de notre but, nous nous bornerons à dire que la graine (*fig.* 2) pré-

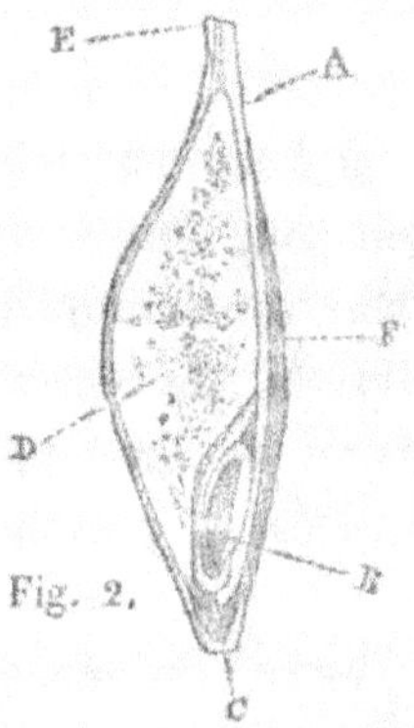

Fig. 2.

Coupe longitudinale d'un grain d'orge.

(1) Nous expliquerons bientôt ce que l'on entend par *diastase*.

sente à sa surface une peau A, plus ou moins épaisse, que l'on désigne par le nom de *test* ou de *pellicule extérieure*. Sous cette enveloppe se trouve l'amande B (*périsperme*), partie farineuse ordinairement blanchâtre, et qui forme la presque totalité de la graine. L'embryon B est la partie la plus essentielle de celle-ci; c'est lui en effet qui renferme tous les organes destinés à préparer ou à transmettre à la jeune plante les aliments dont elle a besoin; par conséquent, s'il n'existait pas, ou si quelque cause l'avait oblitéré, toute germination deviendrait impossible.

Les conditions les plus favorables pour déterminer la germination sont : une certaine température peu variable, la présence de l'eau, de l'air et d'une lumière diffuse, c'est-à-dire tenant le milieu entre l'ombre et l'obscurité.

La température la plus convenable est comprise entre $+ 5°$ et $+ 45°$; au-dessous de $5'$ la germination est pour ainsi dire suspendue ou s'opère avec beaucoup de lenteur; au-dessus de $45°$ elle devient beaucoup trop active; au-dessous de $0°$ il n'en existe et n'en saurait exister aucune apparence.

En s'abaissant, la température contracte les parties aqueuses que renferme la graine, et produit des tiraillements, des déplacements, qui, dans un tissu auss compacte, ne peuvent s'opérer sans déterminer des modifications brusques dont le principal effet est de fatiguer l'embryon. Donc, un abaissement de quelques degrés au-dessous de $0°$ suffit pour désorganiser l'embryon, pour provoquer une perturbation générale dans toute la graine, et pour suspendre la marche de la germination au point de ne pouvoir ensuite lui imprimer aucune activité nouvelle.

Ce fait trouve son explication dans la loi d'après laquelle un corps, quel qu'il soit, mû par une force quelconque, ne perd son activité, représentée ici par les fonctions germinatives, qu'en vertu d'une résistance supérieure à la force qui le meut; de même qu'un corps à l'état de repos ne sort de son immobilité, de sa léthargie, que lorsqu'une cause extérieure, une force vitale enfin, vient agir sur lui et lui communiquer une impulsion nouvelle.

On peut se rendre compte de la désorganisation qu'opère sur l'embryon un certain abaissement de température en se rappelant que, dans les hivers rigoureux, on voit quelquefois des troncs d'arbres crever avec explosion, comme le feraient des vases remplis d'eau et exposés à la gelée.

Une température trop élevée donne des résultats qui ne sont pas moins désastreux; elle dessèche la graine, brûle les tissus, imprime à chacun des organes une activité dévorante à laquelle ne peut suffire la circulation normale. En résumé, elle peut faire éprouver à l'embryon, mais dans un sens inverse de la congélation, une métamorphose, un nouveau groupement d'atomes, dont le dernier terme amène toujours la décomposition partielle ou totale.

Personne n'ignore que l'eau est le véhicule complémentaire, nous devrions dire essentiel, de tous les actes de la végétation; sans eau donc point de germination, puisque ses éléments, ses principes constitutifs, sont les auxiliaires indispensables des mouvements qui s'opèrent dans l'intérieur de la graine pour amener son développement.

Il est vrai que la sécheresse n'a pas toujours pour effet de désorganiser les tissus végétaux ; mais si nous admettons qu'elle suspend les fonctions végétatives d'une manière indéfinie, comme nous aurons l'occasion de le démontrer tout à l'heure, il s'ensuit nécessairement que la germination doit s'arrêter aussitôt que l'humidité manque aux graines qu'on veut amener à cet état.

Les fonctions de l'eau dans l'acte de la germination sont multiples; leur énumération en fera ressortir l'importance. En pénétrant dans l'intérieur de la graine, l'eau ramollit les téguments et les dispose à se rompre sans effort ; elle délaie les parties solubles, gonfle les parties charnues et facilite l'action de l'air; elle dispose la graine à l'assimilation des corps qu'on lui présente, et qu'elle-même se charge de conduire jusqu'à l'embryon, auquel ils arrivent dans un état de division parfait par des vaisseaux particuliers, par des espèces de viscères qui vont de la *radicule* à la *plumule*[1]. L'eau, pour tout dire en un mot, est ici l'agent immédiat de

(1) La *radicule* est la partie charnue attachée à l'embryon, que celui-ci féconde et que la germination développe. Les brasseurs l'appellent assez communément *germe*. Elle n'est visible pour le brasseur qu'au moment où la germination commence à se développer; elle a alors la forme d'une proéminence blanchâtre qui traverse le *hile* ou *point d'attache* en C (*fig.* 2), et qui plus tard se divise en deux, trois, quatre et même six *radicelles*.

La *plumule* est aussi un des organes charnus attachés à l'embryon;

toute circulation, puisqu'en rendant facile la fluidification du périsperme elle imprime aux évolutions et aux
décompositions qui s'accomplissent la marche la plus
propice au développement de la plumule et de la radicule.

Quoique l'air soit d'une nécessité moins rigoureuse
que l'eau dans l'acte de la *germination*, son importance comme auxiliaire ne saurait faire l'objet d'aucun doute. Les végétaux, pas plus que les animaux,
ne sauraient vivre longtemps sans le secours de l'air
atmosphérique. La vie des uns et des autres s'éteint
également dans le vide; d'où l'on pourrait inférer que
les végétaux ont, eux aussi, des organes respiratoires,
puisqu'ils peuvent périr par asphyxie.

M. Raspail, auquel nous avons déjà emprunté quelques citations, et dont le profond savoir doit nous inspirer toute confiance, dit :

«L'air atmosphérique pénètre les végétaux et les animaux jusqu'à ce que la portion absorbée soit mise en
équilibre avec la portion ambiante ; toutes leurs cavités
en sont remplies; dans leurs cellules et leurs interstices,
dans leurs fruits vésiculeux, tout ce qui n'est pas liquide
est de l'air, que l'on peut recueillir par la pression ou en
faisant le vide. »

Où trouver en effet les éléments nécessaires à la ger-

---

elle n'apparaît ordinairement que lorsque la germination est complète, et après avoir traversé la graine dans toute sa longueur, dans
une direction opposée à la radicule, pour sortir en E par les *valvules
calcinales*. C'est à la plumule que, dans toute la France, et même dans
une grande partie de l'Allemagne, les brasseurs donnent la dénomination de *hussard*, probablement en raison de sa configuration, qui
présente quelquefois l'aspect d'un sabre en miniature.

mination des graines, telle qu'elle s'opère sur le dallage de nos germoirs? où la germination les puise-t-elle, si ce n'est dans l'air qui environne le grain et dans l'eau que nous avons fait absorber à ce dernier pendant le *mouillage?*

Au surplus, l'influence de l'air sur la végétation est un fait depuis longtemps acquis à la science; des expériences nombreuses et délicates, auxquelles se sont livrés des hommes de talent, ont démontré que c'est dans la couche atmosphérique que les végétaux vont chercher l'oxygène [1] nécessaire à leur existence comme à l'accroissement de chacun des organes soumis aux lois de la germination.

MM. Sennebier et Th. de Saussure ont surtout démontré de quelle importance était le rôle de l'air dans la germination. La science leur est redevable d'une foule d'expériences comparatives du plus haut intérêt.

La lumière a aussi son action directe sur chacune des phases de la germination; trop intense, elle détermine dans l'intérieur de la graine un accroissement de température toujours nuisible, en ce sens qu'elle stimule chacun des organes si délicats, si faibles, qui sortent de l'embryon, et leur imprime une activité intempestive à laquelle il est essentiel de s'opposer. Il faut donc ménager la lumière avec soin pour éviter les accidents dont nous avons parlé en signalant les inconvénients

---

(1) Le gaz oxygène est l'un des principes constituants de l'air; l'atmosphère dans laquelle nous vivons en contient 21 parties sur 100. Sans la présence de l'oxygène, il ne saurait y avoir ni respiration, ni végétation, ni combustion, ni germination, ni fermentation, etc., etc.

d'une chaleur trop forte. La connaissance de ce fait est due à **M. de Saussure**; il fit arriver sur des graines en germination, à travers un verre coloré, les rayons solaires qui jusqu'alors leur étaient parvenus directement; la puissance calorifique des rayons solaires se trouva ainsi absorbée, et les graines en voie de germination, placées dans des conditions plus normales et plus favorables, reprirent bientôt la marche lente et progressive que les rayons directs avaient trop accélérée.

L'obscurité doit donc être considérée comme nécessaire à l'élaboration de la graine et aux transformations qu'elle subit pendant la germination.

§ 2. Transformations des céréales par la germination.

Maintenant que nous connaissons les conditions nécessaires au mécanisme de la germination, nous pouvons nous occuper de la composition de l'orge, avant et après la germination; nous aurons ainsi, au moyen d'une étude simple, rendue facile par le rapprochement des chiffres, la théorie des transformations par lesquelles s'opère la production de la matière sucrée spéciale qui forme la base de l'industrie du brasseur. Nous examinerons en dernier lieu quelles sont les réactions chimiques qui accompagnent chacune de ces mystérieuses décompositions, dont la science elle-même ne possède peut-être pas encore tous les secrets.

Suivant Einhoff, 100 parties d'orge se composent de :

Eau	11, 20
Son	18, 75
Farine	70, 05
	100, 00

L'analyse chimique de 100 parties de farine d'orge, que ce même auteur a faite, lui a donné pour résultats :

Eau.	9, 37
Amidon et gluten réunis.	67, 18
Fibre mêlée à du gluten et à de l'amidon. .	7, 29
Albumine coagulée par la chaleur. . . .	1, 15
Gluten dissous.	3, 52
Sucre.	5, 21
Gomme.	4, 62
Phosphate de chaux.	0, 21
Perte.	1, 42
	100, 00

Les analyses faites par M. *Proust* sur de l'orge non germée lui ont donné sur 100 parties :

Résine.	1
Gomme[1]	4
Sucre.	5
Gluten.	3
Amidon soluble et insoluble. . .	87
	100

Pour nous, la composition de la graine peut se réduire à deux substances, l'*amidon* et le *gluten*, à l'étude desquelles nous nous livrerons bientôt. Toutes deux, en effet, font la base essentielle de l'amande, de la partie farineuse du grain. Il est donc extrêmement

(1) À l'époque où M. Proust fit ses analyses, on n'avait pas encore découvert la dextrine et la diastase. Nous pensons donc qu'il faut substituer ici le mot *dextrine* au mot *gomme*. Quant à la diastase, elle représente environ les 2 ou 3 millièmes du poids de l'orge germée.

important de considérer avec soin le rôle que joue chacun de ces corps dans l'acte de la germination, de connaître les modifications qu'il subit, les produits nouveaux auxquels il donne naissance; car, nous ne saurions le répéter trop souvent, de la connaissance parfaite des lois en vertu desquelles s'opèrent ces transformations dépend le succès des opérations suivantes. Sans cette connaissance préalable, on se trouve dans l'impossibilité d'utiliser, dans la suite, chacun des produits nouveaux qui en sont le résultat, et de mettre à profit la manière dont ils se comportent envers ceux avec lesquels on les met en contact.

Nous avons entendu dire quelquefois : « Que m'importe la manière dont se produit le sucre dans la germination des céréales? Dès l'instant que je sais le développer, cela me suffit. » Non! cela ne suffit plus aujourd'hui, en présence des dangers sérieux qui vous menacent dans l'avenir. Non! cela ne suffit pas ; car, quelles que puissent être les prétentions des hommes dont nous rapportons les tristes paroles , comment lutteront-ils contre un accident imprévu, contre un dérangement dans l'équilibre des corps auxquels ils ont affaire ; comment, enfin, remédieront-ils à une perturbation générale ou partielle, aux causes qui l'ont déterminée, aux circonstances qui l'ont accompagnée, si des effets ils ne peuvent remonter à ces causes elles-mêmes? Non, ce ne sont pas des hommes sérieux et réfléchis, des praticiens éclairés et intelligents qui repousseront la lumière, quand elle peut les guider sûrement, et les conduire par le chemin de la vérité à la so-

lution des plus importantes questions d'économie pratique, de toutes celles enfin qui se rattachent directement
à l'industrie qu'ils exercent.

Mais laissons là les réflexions que nous inspirent l'apathie des uns, l'ignorance des autres, et reprenons le fond de notre examen. L'amidon et le gluten nous occuperont d'une manière particulière; car les autres produits n'ont pour nous qu'une importance secondaire.

En effet, c'est à l'amidon que nous allons emprunter la quantité de sucre dont nous aurons besoin pour constituer la richesse de nos moûts; c'est lui que plus tard, et après sa conversion en sucre, la fermentation transformera en alcool, le principe, l'agent conservateur le plus efficace, lorsqu'il est développé abondamment dans les produits que nous fabriquons.

Le gluten, que nous allons étudier, a son mode d'action spécial dans la conservation de la bière; agissant à l'inverse de l'alcool, il accélère l'acidification; il est donc indispensable d'examiner comment il se comporte pendant la germination, quelles modifications il subit, et comment il est aisé, à une époque déterminée, de rendre son élimination facile, c'est-à-dire d'en séparer la plus grande quantité lors de la *cuisson*.

Dans son savant *Système de Physiologie végétale et de Botanique*, M. Raspail a émis une opinion qui nous paraît des plus rationnelles, en disant que la germination ne se développe pas seulement à l'époque où la radicule apparaît, mais bien « dès le moment où le mouvement de la vie se manifeste dans les organes élaborants, et où les agents favorables à la germination ont pénétré dans les divers organes ; dès l'instant où l'élaboration commence en chacun d'eux, où la radicule s'allonge, où les enveloppes crèvent sous l'effort de l'accroissement successif, heure par heure, de la plumule et de la radicule, sous l'influence de telle température et de telles ou telles circonstances météorologiques. »

A ce moment donc les premiers phénomènes de la germination s'accomplissent ; à peine se sont-ils développés dans l'intérieur de la graine que le périsperme D (*fig.* 2) se liquéfie et prend l'aspect d'un suc laiteux ; il y a production d'acide acétique (vinaigre), et dès lors aussi le gluten perd sa consistance.

Dans les premières périodes de la germination, la perte n'est que peu ou point sensible, et les phénomènes accomplis sont peu appréciables ; tout est sain, excepté le test A qui recouvre le périsperme D, et l'embryon, qui non-seulement a perdu le goût de noisette qu'on lui trouve dans certaines céréales, mais qui a même contracté un goût amer et nauséabond.

« La germination tend de jour en jour et de proche en proche à faire éclater les grains d'amidon et à transformer le gluten et l'amidon en sucre ; à chaque heure, à chaque instant qui s'écoulera, la graine renfermera un plus grand nombre de grains de fécule éclatés, par conséquent une plus grande quantité de substance soluble de la fécule, une plus grande quantité de sucre et une plus grande quantité d'acides acétique et carbonique propres à rendre soluble le restant du gluten.» (Raspail.)

Une partie du *périsperme* est donc décomposée par

le travail de *l'embryon*, d'où résultent la germination et le développement d'une matière sucrée; diverses substances concourent à ce développement, et la diastase, qui est un produit de la germination, y contribue dans une proportion considérable; sous son influence l'amidon subit d'abord une transformation en dextrine, puis en sucre.

« Dans le traitement de la fécule par la diastase, dit **M. Dumas**, la fécule se convertit en dextrine. La solution de diastase en présence de la dextrine convertit à son tour et complétement cette dernière en sucre. »

« Sous l'influence de la diastase, l'amidon passe d'abord à l'état de dextrine avant de se transformer en sucre. » (Thenard.)

M. Liebig partage l'opinion de M. Thenard sur ce point, et s'exprime ainsi : « On obtient toujours la dextrine comme premier produit qui précède la formation du sucre, quand on fait réagir la diastase sur l'amidon. »

Ce qui vient d'être dit prouve suffisamment que les produits développés par la germination ont eu surtout pour effet utile de déterminer la rupture des grains de fécule, et, par l'action de la diastase, d'opérer la conversion de cette fécule d'abord en dextrine, puis en sucre. Peu à peu le périsperme ne renferme plus que du gluten dissous par l'acide acétique, et un liquide laiteux charriant dans tous les sens les téguments vides de la substance amylacée soluble qu'ils contenaient dans leur premier état.

Pendant la germination, la graine absorbe l'oxygène de l'air et expire de l'acide carbonique; la somme d'oxygène absorbé est égale à la somme d'acide carbonique produit. C'est de cette absorption que résulte l'élévation de température qui favorise l'action de la diastase sur l'amidon et détermine sa conversion en sucre, tout en servant au développement des radicelles.

Nous avons dit précédemment que l'eau et l'air étaient les agents indispensables de la germination ; en effet, l'amidon, le sucre et le gluten ne peuvent prendre une part active à la fécondation des radicelles que par le concours de ces deux corps, dont l'un fournit l'oxygène nécessaire, tandis que l'autre, les tenant à l'état fluide, facilite à l'embryon l'assimilation des substances que réclame le développement de ses organes de nutrition.

L'amidon, en se transformant en sucre, et le gluten, rendu soluble par la présence de l'acide acétique, acquièrent la faculté de se prêter à toutes les exigences de la graine, et tous deux concourent, jusqu'à leur complète transformation, à la production des radicelles. Si l'une ou l'autre de ces deux substances se trouvait en excès, sa présence deviendrait absolument inutile.

Reprenons maintenant les analyses de M. Proust, et comparons leurs résultats avant et après la germination.

100 parties d'orge, avant la germination, étaient composées de :

<pre>
Résine   1
Gomme.   4
Sucre.   5
Gluten.   3
Amidon soluble et insoluble. 87
                                   ————
                                    100
</pre>

100 parties d'orge, analysées après la germination, ont donné :

<pre>
Résine.   1
Gomme.   15
Sucre.   15
Gluten.   1
Amidon soluble et insoluble. 68
                                   ————
                                    100
</pre>

Nous trouvons l'analyse qualitative suivante parmi celles qui ont été faites depuis les travaux de M. Proust et depuis la découverte de la dextrine et de la diastase :

<pre>
Dextrine.   Albumine.
Diastase.   Huile essentielle à odeur désagréable.
Amidon.   Acide acétique.
Gluten.   Acide lactique.
Gomme.   Divers sels.
</pre>

Tous ces résultats justifient pleinement l'opinion que nous avons émise au commencement de ce chapitre, que, pour le brasseur, la germination a pour objet de développer, dans les céréales employées à la fabrication de la bière, la plus grande quantité possible de principes sucrés et de matières capables d'en produire encore pendant les autres opérations de la fabrication.

Les chiffres que nous venons de fournir à l'appui de cette énonciation en sont une preuve irréfragable ; d'une part, 19 parties d'amidon, sur 87, ont complétement disparu ; la quantité de sucre s'est accrue dans le rapport de 5 à 15, et, d'autre part, 4 parties d'une matière gommeuse ont été remplacées par 15 parties de dextrine, susceptible elle-même de se convertir en sucre, comme nous allons bientôt le démontrer. Encore ne parlons-nous pas de la diastase, appelée à jouer un rôle si important dans les infusions, et dont, au point de vue de l'économie pratique, on peut tirer un si grand parti dans les opérations subséquentes.

Le gluten lui-même, dont nous aurons l'occasion d'apprécier l'importance en parlant de la maladie appelée *graisse*, a en partie disparu pendant les transformations que la nature opère dans la graine à l'époque de la germination.

Nous terminerons par l'étude de la diastase, de la dextrine et du gluten, ce que nous avions à dire sur la théorie de la germination. La connaissance approfondie de leurs propriétés nous est nécessaire pour bien comprendre la signification des mots que nous emploierons en décrivant la manière dont se comporte chacune d'elles dans les opérations pratiques qui vont suivre.

§ 3. De la diastase.

La *diastase* est un produit de la nature dont la découverte récente (1833) est due à MM. Payen et Persoz.

Sa propriété la plus remarquable est de convertir l'amidon en dextrine et celle-ci en sucre, sous l'in-

lluence de l'eau et d'une température que nous déterminerons quand nous nous occuperons du *brassage.*
Elle se développe principalement par la germination
dans plusieurs espèces de céréales, telles que l'orge,
l'avoine et le froment. On la trouve aussi dans les
pommes de terre, mais après la germination seulement. Dans les céréales elle prend naissance près des
germes, et non pas dans les radicelles, comme quelques brasseurs le pensent; dans les pommes de terre
elle ne se trouve que dans le tubercule, autour de leur
point d'insertion. De nombreuses analyses ont démontré que la diastase n'existe pas dans ces plantes avant la
germination.

Elle existe aussi sous les bourgeons de l'*ailanthus
glandulosa.*

L'orge germée paraît en fournir la plus forte proportion, et cependant elle ne représente guère, comme
nous l'avons dit, que la 2 ou 3 millième partie de son
poids.

La diastase est une substance solide, blanche, sans
type de cristallisation, d'une saveur encore mal définie,
se dissolvant facilement dans l'eau et peu ou point dans
l'alcool pur.

Abandonnée au contact de l'air, elle s'altère promptement, devient acide, et perd la merveilleuse propriété
de transformer l'amidon en sucre. Son altération est
d'autant plus prompte que le milieu qui l'environne
est plus humide. Une température de + 75° en opère
la décomposition.

Pour que la germination développe dans l'orge la

plus grande somme possible de diastase, il faut qu'elle soit poussée à ses dernières limites. On peut, sans craindre de compromettre le succès de l'opération, permettre aux radicelles d'atteindre une fois et demie et même deux fois la longueur du grain ; en d'autres termes, il faut que la plumule, après avoir traversé le grain dans toute sa longueur et dans une direction opposée à la radicule, soit au moment de percer le test pour sortir en E (*fig.* 2) par les *valvules calcinales*. Mais il faut bien se garder d'attendre que la plumule (*le hussard*, si l'on veut) se soit fait jour à travers le test, car alors son accroissement n'aurait lieu qu'aux dépens de tous les principes utiles que la germination a développés dans le grain. Il ne faut pas conclure de ce que nous venons de dire que les soins que l'on donne ordinairement à la couche soient superflus ; il n'en est pas moins nécessaire que les progrès de la germination soient très attentivement suivis. Nous le démontrerons en nous occupant des manipulations et des conditions indispensables au succès de cette importante opération.

Voyons dans quelles proportions peut s'établir la conversion de l'amidon ou de la fécule en sucre, sous l'influence de la diastase. D'après M. Dumas, « elle détermine la dissolution et la conversion en sucre d'une proportion de fécule 60 fois plus considérable que celle opérée dans le même temps par l'acide sulfurique [1]. »

L'orge germée ne contient, comme nous l'avons dit,

---

[1] L'acide sulfurique est le réactif employé dans les fabriques de sucre de fécule (*glucose*) pour convertir l'amidon en sucre. (*Voir* au mot *glucose* pour la fabrication de ce produit.)

que les 2 millièmes de son poids de diastase; il faudra
donc, pour obtenir 1 kilogramme de diastase, opérer sur
2000 kilogrammes d'orge. Mais si, d'après M. Dumas[1],
1 kilogramme d'acide sulfurique convertit 50 kilogrammes de fécule en sucre, 1 kilogr. de diastase,
agissant dans une proportion 60 fois plus considérable, pourra suffire à la conversion en sucre de 3000
kilogrammes de fécule; donc, la quantité d'orge (2000
kilogr.) représentant 1 kilogr. de diastase pourra convertir en sucre 3000 kilogrammes de fécule que l'on
y ajouterait. En réduisant ces chiffres à une expression plus simple, nous trouverons que 100 kilogr. de
farine d'orge pourront supporter une addition de 150
kilogr. de fécule pour utiliser toute la diastase que
la germination aura développée dans ces 100 kilogr.;
en termes généraux, tant que la proportion de fécule
brute ajoutée ne dépassera pas 4 fois le poids de
l'orge employée, elle sera complétement transformée
en sucre par la diastase que la germination aura produite dans cette dernière.

L'opinion de M. Thénard est que «l'orge germée agit
« sur la fécule à la manière de la diastase; 6 à 10 par-
« ties d'orge germée suffisent pour transformer 100
« parties de fécule en dextrine et en sucre. »

M. Dubrunfaut dit que 25 parties d'orge germée en
transforment 90 d'amidon en sucre, et M. Liébig, que
1 partie de diastase (supposons 1 kilogr. produit par la
germination de 2000 kilogr. d'orge) suffit pour 2000
parties de fécule.

(1) *Traité de Chimie appliquée aux arts*, t. VI, p. 283.

On voit qu'il y a dissidence complète d'opinion entre les savants.

M. Dumas admet que l'orge germée peut opérer la saccharification de la fécule dans le rapport de 100 parties de celle-ci et de 150 de celle-là ; M. Liébig dit : parties égales de l'une et de l'autre ; M. Thénard demande en moyenne 8 parties d'orge pour en convertir 100 de fécule en dextrine et en sucre ; M. Dubrunfaut avance qu'il en faut 25 pour en saccharifier 90 ; enfin M. Payen [1] prétend que 20 à 25 kilogr. d'orge germée peuvent opérer la conversion en sucre de 80 ou 85 kilogr. de fécule.

N'est-il pas profondément affligeant de voir ainsi les princes de la science en désaccord complet dans des questions de chiffres qui intéressent aussi vivement l'industrie? En présence d'une pareille diversité d'opinions, il ne peut plus y avoir de place dans l'esprit de l'industriel que pour le doute et l'incertitude. Au lieu d'avancer résolument dans la voie du progrès, il est retenu par un sentiment d'hésitation fort naturel, et s'en tient à des pratiques routinières.

Ne croirait-on pas que chacun des savants que nous venons de citer ait des moyens d'analyse qui lui soient propres et en dehors des règles communes de l'expérimentation? Pourtant les opérations analytiques sont les mêmes pour tous. Aussi nous unissons-nous de toute notre force à l'auteur du *Nouveau système de Physiologie végétale et de Botanique* pour demander « l'u-

(1) *Dictionnaire technologique*, t. XVI, p. 417.

nité dans la science, car l'unité est dans la nature. »

Nous avons, pour notre part, éprouvé un sentiment des plus pénibles en examinant la question qui nous occupe.

Heureusement les divergences d'opinions, les différences de rapports dont nous venons de parler n'influent en rien sur le fait principal et ne peuvent faire mettre en doute sa réalité. La conversion de l'amidon ou de la fécule en sucre par la diastase est pour nous un fait acquis, ayant toute l'autorité de la chose jugée, et dont l'application est du plus haut intérêt pour l'art de la brasserie. Nous le démontrerons d'une manière évidente en examinant les améliorations à introduire dans la fabrication, lorsque nous traiterons des infusions (*trempes*). C'est alors que nous indiquerons, avec tous les développements que comporte l'importance du sujet, comment la diastase peut servir à réaliser l'un des nombreux principes d'économie dont nous avons déjà parlé; car ici nous devions nous borner à la simple énonciation de ses propriétés caractéristiques.

§ 4. De la dextrine.

La *dextrine* est un produit de l'art, résultant de la désorganisation de l'amidon, sous les influences de la diastase et de divers acides.

La dextrine est blanche, sans odeur, d'une saveur fade, insipide, comme celle de la gomme[1], avec laquelle

(1) Nos lecteurs devront donc éviter de confondre la dextrine proprement dite, qui n'est nullement sucrée, avec le sucre de dextrine, qui l'est passablement.

elle présente quelque analogie, au moins en ce qui concerne ses propriétés physiques. Elle offre, lorsqu'elle est dissoute dans l'eau, un aspect gélatineux; desséchée avec soin, elle possède la diaphanéité de la gomme, et se présente comme elle à l'état amorphe; sa cassure est conchoïde et vitreuse. Dans cet état elle est inaltérable à l'air sec, et non moins friable que la gomme.

L'eau la dissout à chaud et à froid; sèche, elle peut supporter une chaleur très forte sans en être altérée. M. Thenard a constaté que sa décomposition ne s'opère qu'à la température de $+125°$.

La dextrine est toujours un produit immédiat de la réaction opérée sur l'amidon par la diastase et par divers autres agents; en un mot, elle est le résultat de la première transformation de l'amidon, avant la conversion de celui-ci en sucre. On peut la considérer, dit M. Raspail, comme la partie soluble de l'amidon, comme la substance gommeuse la plus pure qu'il renferme[1].

Le ferment proprement dit (levure de bière) est sans action sur la dextrine pure. C'est en raison de la facilité avec laquelle la dextrine peut être convertie en sucre que, dans le commerce, le glucose est indifféremment désigné

(1) Il y a bien eu, à propos de la dextrine, de la diastase, etc., etc., création d'une foule de mots des plus savants; mais nous ne voulons toucher en rien à cette logomachie scientifique où la science avait tout à perdre, où chacun semblait disputer à son compétiteur la prééminence d'un grand mot, d'une consonnance bien sonore, plutôt que le mérite et la priorité d'une découverte utile à la science, précieuse à l'humanité. Il y a eu de grands abus et de gros mots, de grandes querelles et de grosses colères dont nous connaissons le triste mobile; et c'est parce que nous le connaissons que nous jetterons sur tout cela un voile que l'on n'aurait jamais dû soulever.

sous les noms de *sucre de dextrine, sucre d'amidon, sucre de fécule, sucre de pomme de terre, glucose*, etc.

Afin d'éviter l'emploi de quatre dénominations qui ne pourraient que fatiguer la mémoire de nos lecteurs, nous nous servirons désormais du nom technique, qui est *glucose*.

C'est à la dextrine qu'appartient la propriété de communiquer à la bière cet aspect gommeux qui rend la mousse persistante quand la fermentation s'établit dans les bouteilles. On le voit donc, elle ne joue pour nous que le rôle d'un épaississant. Cette dernière propriété a valu à la dextrine, dans les arts, de nombreux emplois dont l'examen sortirait de notre cadre. Nous verrons, lorsque nous arriverons à certaines applications, quelle importance elle a dans la fabrication de la bière, et comment on peut la produire à son gré.

§ 5. Du gluten.

Le *gluten* est, comme la dextrine, la diastase et l'amidon, un produit de la nature; associé avec ce dernier dans le périsperme des céréales, il en fait la base essentielle, conjointement avec diverses autres substances. C'est lui que les enfants isolent du froment par la mastication; l'état laiteux qu'offre dans ce cas la salive est dû à la séparation de l'amidon; le gluten reste dans la bouche sous la forme d'un corps pâteux et élastique. On sépare ordinairement le gluten contenu dans la farine des céréales en soumettant celle-ci à l'action constante d'un filet d'eau froide, qui entraîne l'amidon au travers des mailles du tamis sur lequel on opère, tandis

que le gluten reste à la surface; celui-ci se présente
donc sous l'aspect d'un corps membraneux, insoluble
dans l'eau, mou lorsqu'il est uni à elle, cassant quand
il en est privé; son élasticité lui fait tenir le milieu entre le caoutchouc et la glu.

Son odeur est légèrement spermatique, sa couleur
grise ou d'un blanc sale, selon qu'il a été plus ou moins
habilement séparé de la farine des graminées, et particulièrement de celle du froment, à laquelle on donne la
préférence. La proportion de gluten que contient le
froment varie de 10 à 12 pour 100 environ; dans l'orge
elle n'est guère que de 5 pour 100. C'est lui qui communique aux farines une partie de leurs propriétés nutritives.

Les céréales d'une même espèce ne renferment pas
toujours des quantités égales de gluten; la nature du
sol influe considérablement sur la proportion de ce
produit; ainsi l'avoine de telle localité peut donner 5
pour 100 de gluten, tandis que celle d'une autre localité n'en donnera que 4,50; il en est de même de
l'orge, du froment, du sarrasin, du seigle, du maïs, etc.

Le gluten, comme nous l'avons vu en parlant de la
germination, est facilement soluble dans l'acide acétique (vinaigre); lorsqu'il est en dissolution, il communique au liquide qui l'a dissous une viscosité analogue
à celle que lui donnerait une solution de gomme; aussi
est-ce à une quantité indéterminée de gluten dissous
dans l'acide acétique, pendant ou après la fabrication,
qu'il faut attribuer la maladie connue sous le nom de
graisse. Nous donnerons la preuve de cette assertion

dans le cours de notre travail, et nous signalerons chacun des cas dans lesquels cette dissolution peut s'opérer.

M. Liébig pense que, sous l'influence de la germination, le gluten subit dans les céréales une modification qui le rend soluble dans l'eau. Nous n'avons pas à nous étendre ici sur cette opinion; mais un fait bien réel, c'est que, à l'état humide, le gluten s'altère promptement et donne les produits qui caractérisent la fermentation putride, que nous examinerons plus tard.

Selon le célèbre chimiste russe M. Kirschoff, le gluten possède, comme la diastase, la singulière propriété de saccharifier l'amidon.

Uni au sucre, le gluten peut aussi déterminer la fermentation alcoolique, mais toutefois avec moins d'énergie que le ferment lui-même. Cependant M. Berthollet a observé qu'en ajoutant un peu de tartre au gluten, celui-ci acquérait, sous l'influence de la chaleur, des propriétés fermentescibles plus énergiques que le ferment (levûre de bière).

Le gluten en dissolution se coagule à la manière de l'albumine des œufs; cette coagulation commence à s'opérer à + 75°.

L'un des caractères principaux du gluten est d'être soluble indistinctement dans tous les acides et dans la plupart des alcalis, et de pouvoir être isolé de son dissolvant par un alcali, si on a employé un acide, ou par un acide, si on a employé un alcali. L'alcool et le tannin le précipitent également de ses dissolutions.

M. Liébig estime que c'est le gluten modifié qui se sépare à l'état de levûre dans la fabrication de la bière,

En parlant de la fermentation et de la reproduction du ferment, nous aurons à discuter cette théorie, que des faits nombreux ne nous permettent pas de considérer comme exacte.

Le fait le plus important pour nous, celui qui paraît avoir le plus spécialement fixé l'attention du savant chimiste dont nous venons de parler, est que le gluten, en présence de l'alcool, peut s'emparer d'une partie de l'oxygène de celui-ci et le convertir en acide acétique (vinaigre). Nous ne saurions trop recommander ce dernier fait à l'attention de nos lecteurs, car le gluten est pour le brasseur un ennemi formidable qu'il faut souvent combattre.

SECTION II. — DE L'ORGE (*hordeum hexasticum*[1]).

Pour fabriquer de la bière, deux matières premières sont indispensables : l'une est appelée à fournir d'abord le sucre et plus tard la portion d'alcool qui constitue la richesse de la liqueur ; l'autre, la partie aromatique essentielle au goût.

Toutes les céréales, le froment, l'orge, le seigle, l'avoine, le riz, le sarrazin, le maïs, etc., peuvent fournir, par la germination, à cause de l'amidon qu'elles renferment, la quantité de sucre nécessaire pour obtenir, par la fermentation, une boisson alcoolique bienfaisante.

(1) Dans la Picardie on lui donne le nom de *pamelle*, quoique celle-ci ne fût à son origine qu'une variété d'orge que l'on cultivait spécialement dans ce pays ; mais aujourd'hui, pour désigner l'orge proprement dite, on dira, par exemple : De la pamelle de Champagne.

Le principe aromatique est extrait du houblon, dont les propriétés et la composition nous offriront en temps utile la matière d'un examen approfondi.

Quoique toutes les céréales puissent être employées à la fabrication de la bière, l'orge cependant doit plus spécialement fixer notre attention, puisque c'est elle dont l'usage est le plus général en France.

On en compte de nos jours *treize* variétés ; au commencement de ce siècle, les plus riches collections botaniques n'en mentionnaient que *cinq*.

Pline prétend que ce fut la première céréale employée à la nourriture de l'homme. Le pain qu'on en obtient est lourd, et d'une digestion laborieuse pour des estomacs un peu faibles.

On cultive l'orge avec succès dans les terrains calcaires légers ; sous ce rapport, ceux de la Champagne sont assez estimés, et les produits qu'on y récolte servent à l'alimentation des départements limitrophes et de la brasserie de Paris.

Bien que nous ayons pu employer, en 1845, de l'orge dont l'hectolitre pesait 72 kilogr., on peut établir qu'en France

	kilogr.
Le poids moyen d'un hectolitre d'orge est de.	64
— — méteil.	72
— — seigle.	70
— — avoine.	47
— — sarrasin.	65
— — maïs et millet. . .	67
— — légumes secs. . . .	78
— — menus grains. . . .	76

Nous croyons faire plaisir à nos lecteurs en mettant

sous leurs yeux le tableau suivant, qui fait voir d'un
seul coup d'œil l'importance de la production annuelle
de chacune de ces espèces de céréales et l'emploi de leur
produit.

Hectares ensemencés.	Nature des récoltes.	Produit total en hectolitres.	Moyenne par hectare.
			hectolitres.
4,666,400	Froment	47,850,000	10,25
2,619,400	Seigle, ...	22,300,000	8,51
887,200	Méteil.	9,850,000	11,10
1,180,000	Orge.	16,950,000	14,37
572,950	Maïs et millet. . .	5,780,000	10,09
698,000	Sarrazin.	7,140,000	10,23
195,000	Menus grains . . .	2,100,000	10,72
245,200	Légumes secs. . .	2,284,000	9,33
2,473,300	Avoine.	40,822,000	16,47
13,537,450		155,076,000	11,23

EMPLOI DU PRODUIT.

	Hectolitres.
Pour les semences.	24,000,000
Pour la nourriture des animaux de toute espèce.	29,400,000
Pour les distilleries et brasseries.	1,600,000
Pour la nourriture des hommes.	97,000,000
	152,000,000
Excédant des produits sur la consommation.	3,000,000
Total égal au produit.	155,000,000

(Extrait du *Dictionnaire du Commerce et des Marchandises.*)

La récolte de l'orge en France représente donc,
comme on le voit, environ le tiers de celle du froment.

L'orge, que les Anglais appellent *barley*, les Allemands *gerst* et *garst*, les Italiens *arzo*, les Espagnols

cebada, les Portugais *cevada*, les Danois *byg*, les Suédois *biugg*, les Polonais *jecymien* et les Russes *jatschmien*, l'orge, avons-nous dit, présente treize variétés différentes ; celles que l'on cultive en France, quoique d'une assez bonne qualité, sont inférieures à celles que fournissent quelques contrées de l'Allemagne et de l'Angleterre ; ces dernières méritent une mention toute particulière, car, dans les années ordinaires, leur volume l'emporte sur celui de nos plus beaux froments. On donne généralement trop peu de soins à la culture de l'orge, dans notre pays, surtout après le fauchage, dans les années humides, et ce défaut de précaution, joint à la nature du sol dans certaines contrées, doit nécessairement influer sur la qualité des produits. Parmi les divers procédés indiqués comme devant donner les meilleurs résultats, aucun, que nous sachions, n'a été expérimenté jusqu'au bout ; nous nous bornerons donc à insérer ici un article de M. *Ch. Pichat*, professeur de pratique agricole à l'Institut royal de Grignon, qui nous semble renfermer les prescriptions les plus utiles ; publié d'abord par *l'Écho agricole* en 1845, il a été reproduit par *l'Industriel de la Champagne*, toujours empressé de porter à la connaissance de ses lecteurs ce qui peut avoir un intérêt véritable.

« La moisson, cette année, a commencé sous de fâcheux auspices. Le temps, qui pendant toute la saison a été pluvieux ou incertain, ne semble pas vouloir changer de sitôt ; la température est froide ; nous nous croirions déjà en automne ; les céréales, faute de chaleur, restent vertes et ne mûrissent qu'imparfaitement ; battues par les orages, elles se couchent ; de leurs pieds partent de nouvelles tiges ; les mauvaises herbes prennent le dessus : tout, en un mot, nous présage une moisson laborieuse et difficile.

« Voici l'indication de quelques procédés de moissonnage mis en pratique dans les contrées ordinairement humides, et qui pourront être avantageusement imités dans les circonstances présentes. Et d'abord il est utile cette année de commencer à couper les céréales avant complète maturité, surtout si elles sont versées ; de cette manière l'on évitera leur altération et leur germination sur pied, et l'on se donnera la possibilité de profiter de tous les moments favorables pour leur rentrée. Il est reconnu d'ailleurs que, loin de nuire à la qualité du grain, une coupe un peu prématurée lui donne plus de valeur pour la mouture.

« Les localités dans lesquelles la faux est employée pour la moisson auront cette année un grand avantage, sous le rapport de la main-d'œuvre, sur celles où l'on se sert encore de la faucille pour cette opération, puisqu'un faucheur, accompagné de sa ramasseuse, peut faire en une journée l'ouvrage de quatre faucilleurs.

« Parmi les procédés de conservation des récoltes pendant leur séjour dans les champs, nous devons indiquer en premier lieu celui recommandé par *Mathieu de Dombasle* dans les années pluvieuses. Ce procédé consiste dans la construction des *meulons* (petites meules). On place sur un endroit sec et élevé une première javelle repliée en deux, l'épi en dessus, de manière qu'il ne se trouve pas en contact avec le sol. Les autres javelles sont disposées ensuite circulairement, les épis au centre et la base des tiges à la circonférence. Le tas est élevé ainsi à la hauteur d'un mètre à un mètre et demi, et présente à peu près la forme d'un cône; car, à mesure que le *meulon* s'élève, les tiges doivent se croiser d'autant plus. Le tout est recouvert par une gerbe fortement liée près de sa base et renversée en forme de parapluie. L'eau des pluies reste ainsi à la surface et s'écoule le long de la paille, sans jamais pouvoir pénétrer dans l'intérieur.

« Les céréales peuvent ainsi rester en *meulons* jusqu'à ce que le temps et les autres travaux permettent de les rentrer. Elles n'y souffrent d'aucune intempérie; la maturité du grain s'achève très bien, et celui-ci y prend une belle qualité.

« Une autre méthode consiste à lier le blé en très petites gerbes, près de l'épi, et à placer trois, quatre ou cinq de ces gerbes verticalement et appuyées l'une contre l'autre en faisceau, en ayant soin de laisser un vide dans l'intérieur. Ces huttelottes (petites huttes) sont recouvertes de la même manière que les *meulons*. Cette pratique a sur la première l'avantage d'éviter l'échauffement des gerbes, lorsque celles-ci sont garnies d'herbes dans leur intérieur ou qu'elles se trouvent encore un peu vertes et mouillées. La dessiccation de la paille a lieu très rapidement par ce procédé; il suffit pour cela d'un rayon de soleil ou d'un peu de vent.

« Quelle que soit la méthode que l'on adopte pour faire la récolte, activité et célérité seront les conditions indispensables du succès. « Chaque jour de beau temps,

« disait *Mathieu de Dombasle* en parlant de la moisson,
« doit être employé comme si on comptait avec certitude
« sur la pluie pour le lendemain et même pour le soir. »

« Ce principe est surtout applicable cette année. »

La régularité de la germination, condition essentielle du succès des opérations suivantes, paraît tenir à la grosseur des grains d'orge, mais surtout à l'égalité approximative du volume de chacun d'eux; et cette égalité semble dépendre particulièrement des soins apportés à la culture.

Un bon grain se distingue par un test, ou pellicule extérieure, mince, lisse, et par conséquent peu ridé; sa couleur doit être d'un jaune tendre (paille). Le périsperme, blanc, ne doit présenter que peu de cohésion à l'intérieur, sans être mou pourtant. La partie farineuse ne doit pas offrir, par sa séparation sous la dent, une cassure vitreuse. Lorsque la cassure offre ce caractère, on peut, à coup sûr, estimer que l'orge est de mauvaise qualité, bien qu'à la première vue on pût être porté à juger contraire. Dans ce cas, en examinant avec plus de soin, on voit que le périsperme, quoique blanc, est visiblement cotonneux; il présente à la loupe des crevasses assez larges; de plus, il est très friable sous les doigts. A volume égal, les grains les plus denses sont ceux auxquels on doit accorder la préférence; tous doivent tomber au fond de l'eau après avoir été agités avec elle, et, par l'absorption de celle-ci, augmenter de volume dans un rapport de 25 à 30 pour 100. Les orges de la récolte de 1846, qui étaient généralement de bonne qualité, nous ont offert une augmentation de 40 pour 100.

Il paraît démontré aujourd'hui que la composition des engrais n'exerce aucune influence sur la nature chimique des graines; car si l'on incinère un poids égal de grains récoltés sur différents sols, le résultat est toujours environ de 2 pour 100 de cendres, contenant toutes, dans des proportions peu variables, des phosphates de potasse, de silice, de chaux, etc. La couleur rousse indique toujours dans l'orge une récolte mal soignée et un emmagasinage de gerbes encore humides ; celle qui présente cette couleur doit être impitoyablement rejetée, dans les temps chauds particulièrement, car elle moisit promptement au germoir, et peut par cela seul compromettre la réussite d'une *couche* tout entière.

Il faut repousser également celles qui sont restées plus d'une année au contact de l'air, quel que soit le local où elles aient été mises en dépôt; car l'orge s'altère beaucoup plus promptement que le froment et le seigle; aussi perd-elle au bout d'une année une grande partie de sa puissance végétative. Par conséquent la germination se fait avec une irrégularité toujours pernicieuse. Ce dernier inconvénient se manifeste principalement lorsqu'on opère sur des orges de diverses provenances; on trouve l'explication de ce fait dans ce que nous avons dit en faisant l'histoire du gluten : que les céréales d'une même espèce n'en renferment pas toujours des quantités égales. Or il est évident que cette circonstance seule suffit pour modifier les conditions dans lesquelles s'opère la germination. Il ne faut donc pas perdre de vue que, pour obtenir de bons résultats, des résultats égaux, il faut opérer sur des graines pla-

cées dans des conditions égales, et non pas, comme nous
le supposons, sur des graines dont la nature est différente par cela même qu'elles ont été récoltées dans des
terrains qui ne se ressemblent pas. Nous n'ignorons pas
qu'il y a une foule d'autres circonstances qui peuvent
déterminer pendant la germination cette irrégularité
contre laquelle nous voulons prémunir les hommes pratiques; nous les examinerons une à une, et avec tout le
soin que nécessite l'opération délicate qu'elles viennent
troubler.

Cette nécessité d'uniformité dans la nature et dans
la provenance des orges est un grave inconvénient pour
les petits brasseurs, pour ceux qui forment la classe la
plus nombreuse et la plus intéressante, parce qu'elle
renferme, généralement parlant, ceux qui produisent
le plus et qui absorbent le moins. C'est un grave inconvénient en ce sens que, forcés par leur position de fortune
d'avoir recours aux acquisitions partielles, les plus détestables que l'on puisse faire, ils ne peuvent s'approvisionner que sur les marchés et les places publiques, où ils
achètent, pour composer une couche, quinze ou vingt
hectolitres d'orge récoltés peut-être dans dix ou douze
localités différentes.

Nous ne savons comment expliquer la manière d'agir
des brasseurs qui, sous prétexte d'économie, font avec
intention leurs approvisionnements comme sont forcés
de les faire ceux dont nous venons de parler; nous crai-
gnons qu'elle ne provienne d'une apathie qui ne nous
paraît pas excusable. Au moins, le motif d'économie
qu'ils mettent en avant est-il inadmissible; car c'est en

comprendre fort mal l'application que d'exposer une couche à une mauvaise germination, conséquence presque forcée, comme on l'a vu, de la réunion de graines provenant de toutes sortes de terrains.

Quelque régulière que puisse être l'orge, et ne présentât-elle que l'irrégularité qui se rencontre naturellement dans les épis mêmes, dont le centre est formé de grains plus gros que ceux qui occupent les extrémités, particulièrement l'extrémité supérieure, cette circonstance est toujours un obstacle à la simultanéité de la germination ; à plus forte raison en est-il ainsi lorsque de nouvelles causes viennent s'ajouter au défaut naturel de conformité de volume.

Nous avons eu souvent occasion de remarquer que vers la fin de la saison il vaut mieux employer des orges nouvellement battues ou au moins récemment vannées ; elles germent mieux et plus régulièrement que celles qui ont été conservées en tas dans les greniers pendant quelques mois.

L'orge, comme les autres céréales, ne contient que très peu ou même point de sucre à l'état libre ; il faut donc que la germination intervienne pour développer au sein de la graine toute la quantité de sucre que la fermentation est appelée à convertir plus tard en alcool. Or, de chacune des conditions que nous venons de signaler dépendent nécessairement les qualités germinatives du grain ; ce n'est donc qu'en les réunissant autant que possible que la fabrication repose sur des bases solides et rationnelles.

Si l'orge, récoltée mûre et bien sèche, est demeurée

quelque temps sur terre après son fauchage, elle doit pouvoir être conservée à l'air, et principalement dans son épi, pendant au moins une année, sans perte et sans augmentation de poids. Dans cet état elle renferme environ 12 pour 100 d'eau, qu'elle abandonne en grande partie lors de la *dessiccation*.

Comme toutes les céréales, et en général comme toutes les matières organiques, l'orge se conserve fort longtemps, à l'abri du contact de l'air; aussi les anciens conservaient-ils leurs récoltes dans des fosses hermétiquement fermées [1].

Aujourd'hui encore, les Espagnols et les Hongrois conservent pendant plusieurs années, sans craindre qu'elles se détériorent, des graines qu'ils renferment dans des silos très larges, et placés à plus de vingt mètres de profondeur. On conserve aussi d'une manière analogue, en France, les betteraves destinées aux fabriques de sucre indigène, et d'autres racines dont on n'a pas l'emploi immédiat. Les momies d'Égypte offrent la preuve que les matières animales, à l'abri du contact de l'air, peuvent, comme les matières végétales, se conserver également pendant un laps de temps considérable.

Les Hollandais font avec la farine d'orge un pain destiné à leurs matelots; ils lui attribuent la propriété de les préserver du scorbut.

---

(1) Sur les bords de l'Oxus, l'armée d'Alexandre éprouva de grandes privations occasionnées par une disette factice, parce que les habitants de ces contrées conservaient leurs grains dans des fosses souterraines dont la situation n'était connue que de ceux qui les avaient creusées.

(*Quinte-Curce.*)

Les Écossais l'emploient à la préparation d'une liqueur qu'ils désignent sous le nom de *wisky*.

Les indigènes du Thibet la font servir, avec le riz, le froment et la cacalie, à la confection d'une boisson qu'ils appellent *chong*.

Dans quelques parties de l'Europe on fabrique la bière avec un mélange d'orge et de froment. La bière de Gorlitz, dans la Haute-Lusace, et le matzmatz, si recherché, que l'on prépare à Teschen, dans la Silésie, sont faits avec un mélange de ce genre.

L'orge a été pour les Arabes le point de départ, le prototype d'une partie de leur système métrique. « Le doigt (mesure de longueur adoptée par ce peuple) se divisait en six grains d'orge placés sur le dos, l'embryon en dehors; leur grain d'orge équivalait à $0^m,05433$, ce qui est encore la dimension de notre céréale en largeur. La mesure du grain d'orge se divisait en six crins de chameau, qui ont encore aujourd'hui un sixième du grain d'orge [1]. »

Il arrive souvent que des cultivateurs peu soigneux entremêlent dans les granges les gerbes d'orge non battues avec celles de diverses autres espèces de grains, ou qu'ils les laissent en contact avec elles, par couches, dans les champs, après le fauchage. Cette négligence sert trop souvent de prétexte à la fraude pour que nous ne la signalions pas ici, car il en résulte toujours pour l'acheteur une perte réelle qui varie de 7 à 10 pour 100. C'est encore là un des inconvénients des acquisitions partielles

---

[1] *Métrologie ancienne et moderne de Saigey*, p. 78.

dont nous avons déjà parlé, car c'est dans ce cas que les falsifications se présentent le plus fréquemment. Mais il n'y a pas seulement ici préjudice pour l'acheteur à cause de la qualité du produit qu'on lui vend ; il y a, de plus, danger de compromettre le succès de quelques-unes des opérations qu'exige la fabrication de la bière, et particulièrement celui de la germination.

Ainsi, il ne faut pas se borner, dans ses acquisitions, aux caractères que nous avons indiqués comme constituant une orge propre à la fabrication ; il faut, en outre, apporter dans son choix toute l'attention nécessaire pour se prémunir contre ces altérations volontaires ou accidentelles.

« La mesure légale des grains, en France, est l'hectolitre (100 lit.), avec ses subdivisions en demi-hectolitre (50 lit.), double décalitre (20 lit.) et décalitre (10 lit.). Avant l'introduction du système décimal, chaque marché, pour ainsi dire, avait une mesure différente ; malheureusement, nous avons encore beaucoup de marchés où la mesure ancienne a été conservée, non pas comme mesure légale, mais comme mesure commerciale.

« Ainsi, à Marseille, les affaires se concluent à la *charge* de 160 litres ; à Nantes, au *tonneau* de 15 hectolitres ; à Saumur, à la *fourniture* de 27ʰ,69 ; à Meaux, à la *mesure de rivière* de 165 litres ; à Villers-Cotterets, au *sac* de 162 litres ½ ; à Soissons, au *muid* de 15 hectolitres ; à Pont, au *sac* de 186 litres ; à Senlis, au *sac* de 175 litres, etc.

« Il serait à désirer que la mesure fût partout l'hectolitre, ou les subdivisions légales de cette mesure, suivant le système décimal. Peut-être serait-il mieux encore d'adopter le poids de 100 kilogrammes (quintal métrique) comme base des prix. La Guerre et la Marine traitent ainsi depuis plusieurs années. » (*Dictionnaire du Commerce et des Marchandises.*)

Pour compléter ce que nous avions à dire sur l'orge, nous expliquerons en quelques mots, d'après l'*Encyclopédie méthodique* (agriculture), ce que l'on entend par *orge mondé* et *orge perlé*.

« On appelle *orge mondé* celle dont on a simplement enlevé l'enveloppe et l'écorce, et arrondi les deux extrémités ; on en fait peu en France, où elle est remplacée avantageusement par l'*orge perlé*. Voici les procédés qu'on suit en Saxe pour la fabriquer.

« Trois ou quatre cents livres d'orge sont mises à la fois dans la trémie, six ou huit heures après avoir été mouillées le plus également possible.

« Le moulin a des meules de trois pieds et demi de diamètre ; elles sont rayonnées de deux ou trois lignes de profondeur ; elles sont écartées juste de l'épaisseur du grain qu'on veut moudre.

« Les archures qui renferment les meules sont des têtes piquées en râpes ; il y a trois pouces de distance de la râpe à la meule tournante.

« Deux petits balais sont adaptés à la meule, afin de ramasser le grain qui se porte vers le pourtour.

« Les grains mondés tombent dans un crible ou ventilateur, et toutes les pellicules qui s'y trouvent sont rejetées en dehors.

« Ces trois à quatre cents livres d'orge en grain fournissent de deux cent cinquante à trois cent cinquante livres d'orge mondé.

« *L'orge perlé* diffère de *l'orge mondé* en ce que ses grains sont plus petits, demi - transparents, polis comme une perle. Le moulin avec lequel on la fabrique ne diffère pas essentiellement de celui qui vient d'être décrit; seulement ses meules sont de bois, plus profondément cannelées, et elles sont plus rapprochées; les déchets sont par conséquent beaucoup plus considérables, mais ils ne sont pas perdus, puisqu'ils servent à la nourriture des hommes et des animaux. Comme n'offrant que le centre de chaque grain, l'orge perlé est moins âcre que l'orge mondé, et il est par conséquent plus propre à être employé en forme de riz, soit au lait, soit au bouillon, soit autrement. »

§ 1. Mouillage.

Le mouillage a pour objet de faire absorber à la graine la quantité d'eau nécessaire à l'alimentation de l'embryon dans l'acte de la germination, de rendre plus facile l'assimilation des grains de fécule renfermés dans le périsperme, et de les préparer, en distendant leurs téguments, aux diverses transformations qu'ils doivent subir.

Bien que ce soit l'une des opérations les plus simples de la brasserie, elle n'a pas moins son importance, comme toutes les autres, pour un esprit observateur et pour un praticien jaloux d'opérer avec méthode et intelligence.

La cuve dans laquelle s'opère le mouillage s'appelle *cuve mouilloire;* nous lui conserverons religieusement ce nom, qui indique clairement son usage. Sa capacité varie en raison de l'importance des *couches*[1], qui elles-mêmes sont subordonnées à l'étendue des germoirs. Leur forme peut être indistinctement cylindrique, cubique ou elliptique, selon les lieux et les circonstances.

Ce qui nous frappe d'abord dans les cuves mouilloires regarde la position dans laquelle elles doivent être par rapport au sol. Dans le plus grand nombre des brasseries que nous avons pu visiter, leur base se trouve au niveau du sol; c'est là, selon nous, une fâcheuse disposition, qui ne tend à rien moins qu'à augmenter les manipulations et à amener des pertes de temps toujours regrettables. On comprendra facilement que, si les cuves mouilloires se trouvaient élevées à un mètre au-dessus du sol, par exemple, il suffirait de donner issue au grain par une large ouverture ménagée à la base, pour qu'il se répandît sans effort et par son propre poids. Au contraire, par la disposition dont nous venons de parler, il faut employer un ouvrier pour enlever le grain de la cuve, avant de le répandre sur le sol du germoir. Il y aurait donc un avantage incontestable à élever les cuves mouilloires au-dessus du sol; car cette disposition, sans être plus dispendieuse, permettrait d'obtenir à la fois, et la même somme de travail dans un temps plus court, et le même effet utile, sans recourir à une manipulation particulière.

---

(1) On appelle *couche* la quantité de grain, quelle qu'elle soit, que l'on répand uniformément sur le sol du germoir pour y faire développer la germination. On dit dans toutes les localités : retourner une couche (avec la pelle), remonter une couche (pour l'aérer dans les greniers).

Dans d'autres établissements, la *cuve mouilloire* est à une extrémité de l'usine tandis que le germoir est à l'autre. Nous ne pensons pas avoir besoin de relever longuement les inconvénients d'un pareil état de choses ; il suffit de la moindre réflexion pour voir que, plus encore que dans le cas précédent, il y a ici une perte de temps que l'on semble avoir recherchée, et nous devons croire que ceux qui laissent subsister une telle anomalie sont empêchés d'y remédier par quelque obstacle invincible. Cette disposition vicieuse complique le travail et la main-d'œuvre au lieu de les simplifier, et rend, d'un autre côté, la surveillance beaucoup plus difficile.

Dans un assez grand nombre de brasseries on introduit d'abord le grain dans la cuve et on l'immerge ensuite. Cette méthode offre des inconvénients graves, sur lesquels nous devons nous arrêter un moment. En procédant ainsi, on emprisonne les *faux grains* dans la masse, qui pèse sur eux et les empêche de surnager. Ils restent donc forcément mêlés aux autres, et lorsqu'on retire le grain de la cuve pour le mettre au germoir, ils deviennent un obstacle au développement égal de la germination dans la couche et apportent un trouble préjudiciable aux résultats de cette opération. C'est un fait dont nous donnerons bientôt la preuve.

Si, au contraire, l'eau est introduite d'abord et le grain ensuite, il devient très facile de séparer, à l'aide d'une écumoire, les faux grains qui surnagent, et de les réserver pour la nourriture des volailles ou des autres animaux.

Le poids des grains défectueux est, approximativement, de moitié moindre que celui des grains que leur
densité entraîne au fond de l'eau ; en d'autres termes,
ils pèsent, à volume égal, 50 pour 100 de moins.

Nous insisterions moins vivement sur cette séparation
des mauvais grains, si leur présence n'amenait pas toujours à sa suite des mécomptes irréparables ; car, en
admettant un moment que la germination n'en souffre pas, il en résulte toujours une altération dans la
qualité de la bière.

Nous avons dit, en exposant la théorie de la germination, que l'eau et l'air étaient les deux agents indispensables à son libre développement ; nous avons aussi
démontré que les graines se conservent indéfiniment
dans une atmosphère privée d'humidité. Pour compléter ce que nous avions à dire sur ces deux importantes questions, nous ajouterons que la germination
ne saurait se manifester dans le sein d'une graine qui
aurait absorbé de l'eau non saturée d'air. Des expériences
directes l'ont prouvé, et nos lecteurs peuvent les répéter
facilement, puisqu'il ne s'agit que d'immerger quelques
grains d'orge dans de l'eau privée par l'ébullition de
tout l'air qu'elle renfermait primitivement ; si la dessiccation de ces grains n'a pas lieu promptement après
leur complète imbibition, ils se couvriront de moisissures et périront sans avoir donné aucune apparence
extérieure de germination.

S'il y avait un commencement de germination, la
cause en serait due exclusivement à l'air que contenait
la graine elle-même ; mais aussitôt qu'il aura été absorbé

par l'eau, qui en sera devenue avide, ou par l'embryon, qui se l'assimilera, toute fonction végétative sera immédiatement suspendue.

Il est facile de tirer de ce que nous venons de dire une conclusion qui en découle tout naturellement : c'est que la qualité de l'eau dont on se sert pour le mouillage est loin d'être indifférente, et qu'il faut éviter avec un soin particulier celle qui n'est pas saturée d'air.

Quelques auteurs ont prétendu que l'on pouvait suppléer *avec avantage* à ce manque d'air en faisant absorber à l'eau de petites quantités de *chlore,* ou en y faisant dissoudre un peu d'*iode*. Ce fait peut avoir, au point de vue scientifique, une grande importance; mais nous devons avouer qu'il nous paraît si peu justifié par la théorie, et qu'il est d'ailleurs si peu commode à mettre en pratique, que nous n'avons pas cru devoir en tenter l'application, dont les plus simples données de la science ne nous permettent pas d'espérer un bon résultat.

La question importante de *l'eau considérée dans ses emplois en brasserie* devant être l'objet d'un chapitre spécial, nous nous bornerons pour le moment à dire que les eaux de pluie et de rivière sont les plus favorables à l'imbibition de l'orge, parce que, constamment fouettées par la couche atmosphérique, elles absorbent nécessairement la plus grande quantité d'air possible. Elles ne conviennent pas au même degré pour toutes les autres opérations; nous en déduirons les motifs en temps utile.

Assez ordinairement le mouillage se fait au moyen de deux ou trois immersions successives; il serait pré-

ferable que celles-ci fussent opérées par un jet d'eau continu, comme cela se pratique dans quelques brasseries
favorisées par la nature des localités. Lorsqu'on a la
possibilité d'user de ce moyen, on a soin d'introduire
dans la cuve une quantité d'eau suffisante pour qu'elle
s'élève de quelques centimètres au-dessus du niveau du
grain, et on lui ménage un écoulement également continu par une ouverture réservée à la base de celle-ci, et
calculée de manière à ce que la quantité d'eau déversée
soit constamment la même que celle fournie par le jet.
Ce moyen est sans contredit le plus avantageux et le plus
rationnel à la fois ; mais on ne peut guère l'employer
que lorsqu'on dispose d'eaux courantes, et ceux qui
jouissent de cette faveur sont en si petit nombre qu'ils
peuvent se considérer comme de véritables privilégiés.

Revenons donc à ceux qui sont placés dans les conditions ordinaires, et qui forment la grande majorité ;
car nous devons nous occuper de la règle plutôt que
des exceptions.

Le nombre des immersions n'est pas déterminé,
et les conditions dans lesquelles on agit sont d'autant plus favorables qu'elles ont été plus multipliées.
Il est important de faire écouler la première eau
le plus promptement possible, parce que c'est elle
qui tient en dissolution tous les principes extractifs
impurs que contient la graine. Aussi cette eau a-t-elle
ordinairement une teinte dont la couleur rappelle celle
d'une bière demi-brune. Cette coloration donne quelquefois lieu à des méprises assez divertissantes; ainsi,
par exemple, un passant officieux, en voyant ces eaux

écouler dans le ruisseau, s'empresse, dans un mouvement de charité fort louable, de tirer le cordon de votre sonnette, afin de vous prévenir que votre bière se répand sur le pavé. Quelquefois aussi la malveillance sait y trouver un prétexte pour s'attaquer à la capacité de l'industriel ; c'est un fait que nous pouvons malheureusement affirmer.

Un nouveau motif de faire écouler promptement la première eau du mouillage, c'est l'odeur fétide de paille moisie qu'elle répand ; de plus, dans les grandes chaleurs, elle se corrompt en très peu de temps. Le résidu brun foncé qu'elle présente, après une évaporation à siccité, a une odeur nauséabonde et une amertume d'une âpreté insupportable ; elle paraît renfermer principalement une matière résineuse et des combinaisons d'acides azotique et chlorhydrique avec la chaux, qui forment environ 1,50 pour 100 de la quantité de grain employé ; ces diverses substances proviennent probablement du test, ou pellicule extérieure qui sert d'enveloppe à la graine.

Quelques auteurs ont avancé que le mouillage fait augmenter le volume de l'orge de 150 pour 100 ; c'est une erreur qui s'est trop facilement accréditée ; nous pouvons assurer que l'augmentation de volume ne dépasse pas 30 pour 100, et encore faut-il, pour arriver à ce résultat, agir sur des orges de premier choix et prolonger la durée du mouillage. L'orge absorbe environ 40 pour 100 d'eau, c'est-à-dire un peu moins que la moitié de son propre poids.

Ces erreurs de chiffres dans des questions aussi minimes ont peu d'importance sans doute, mais nous en rencontrerons sur notre chemin de beaucoup plus sérieuses, auxquelles nous serons forcé de nous arrêter un instant. Celle qui suit est de ce nombre.

La plupart de ceux qui ont essayé d'écrire l'histoire de la fabrication de la bière ont cru pouvoir assigner un terme à la durée du mouillage. Ce point une fois établi, ils sont arrivés facilement à une précision mathématique, et ils ont indiqué le nombre d'heures que devait durer cette opération ; seulement, ils ne se sont pas aperçus qu'ils n'avaient tenu compte, dans les éléments de leurs calculs, ni de la saison, ni de l'état de la température au moment où elle avait lieu, ni de l'âge du grain employé, ni de sa nature, ni de son essence, ni de sa ductilité, ni de sa friabilité, ni de son état d'humidité ou de sécheresse, ni du terrain qui l'avait produit, ni enfin de la nature de l'eau qui servait à l'imbibition de la graine, en un mot, d'aucune des conditions dont il est indispensable de s'occuper lorsqu'il s'agit de mettre la main à l'œuvre.

Ainsi, par exemple, l'imbibition se fait plus rapidement l'été que l'hiver, parce que l'élévation de température de l'eau facilite son absorption par la graine. Cependant la durée du mouillage doit être plus longue en été, parce que la température ambiante, étant elle-même plus élevée, enlève à la graine, lorsqu'elle est mise en couche, une notable partie de l'eau nécessaire à sa germination. C'est tout le contraire de ce qui a été avancé jusqu'ici par les écrivains qui se sont occupés trop théoriquement de la fabrication de la bière.

Les grains récoltés dans les années chaudes et sèches,

comme ceux que la brasserie a employés pendant le cours de cette année (1847), sont plus compactes et plus durs que ceux récoltés dans les années froides et humides ; leur imbibition s'opère plus lentement, et il en résulte que l'opération du mouillage demande plus de temps.

Dans les années humides, au contraire, le périsperme étant d'une moins grande dureté, ses pores étant plus distendus, l'absorption de l'eau se fait plus promptement, et la durée du mouillage se trouve abrégée en raison même de ces circonstances.

Il en est de même des orges récoltées dans les terrains légers, dont l'imbibition a lieu plus rapidement que celle des orges fournies par des terrains trop forts.

Le contraire arrive lorsque l'on opère sur des orges fraîchement récoltées ; la durée de leur mouillage doit être plus longue que celle des orges d'une année, par exemple, qui absorbent l'eau bien plus avidement que les premières.

La nature de l'eau exerce aussi une influence facilement appréciable sur le mouillage ; c'est pour cela que nous avons conseillé tout à l'heure l'emploi des eaux de pluie ou de rivière de préférence à celles de puits, l'imbibition se faisant mieux et plus promptement avec les unes qu'avec les autres, surtout quand ces dernières tiennent en dissolution une certaine quantité de sels calcaires.

Les observations qui précèdent prouvent suffisamment que le mouillage demande à être fait avec soin pour obtenir tout l'effet utile qu'il peut produire.

Sans établir de règle fixe pour sa durée, on peut dire qu'elle ne varie guère qu'entre trente-six et cinquante-quatre heures ; on dépasse rarement cette limite [1].

Indépendamment des considérations que nous venons de développer sur la durée du mouillage, il en est d'autres qui se rattachent plutôt aux conditions où se trouve le germoir et à la longueur du germe que l'on veut obtenir qu'à la nature du grain lui-même ; nous nous en occuperons en traitant de la germination au point de vue pratique.

Pour bien se convaincre que le mouillage s'est effectué d'une manière complète, on place un grain d'orge dans sa hauteur entre le pouce et l'index, et on appuie progressivement et jusqu'au point de le faire éclater ; si l'imbibition est réellement arrivée à son terme, le grain, pendant tout le temps de cette petite opération, se pliera avec facilité et sans qu'il en résulte aucun craquement. On peut encore placer un grain entre les dents, dans le sens de son épaisseur ; si le mouillage est suffisant, on pourra, au moyen d'une pression ménagée, rapprocher les deux incisives et refouler le périsperme à chaque extrémité de la graine, sans qu'il y ait rupture du test ou enveloppe extérieure.

Il faut éviter avec soin de pousser le mouillage jusqu'à ses dernières limites ; car alors l'embryon surchargé d'eau se trouve en quelque sorte noyé, et cette seule circonstance suffit pour retarder son développe-

----

(1) L'un des plus habiles germeurs que j'aie rencontrés, et qui existe encore, ne mouillait guère son grain chez moi que trente-six heures ; il se nomme Conrad Goldschaldt. Je désire que ce témoignage de sa capacité lui soit aussi utile qu'il le mérite.

ment, ou même pour s'y opposer d'une manière absolue. Dans ce cas, le périsperme est, pour ainsi dire,
liquéfié, et la rupture du grain détermine une exsuda-
tion laiteuse qui indique qu'il s'est opéré une espèce
de combinaison entre l'eau et les principes constituants
de la graine.

Nous trouvons ci une nouvelle occasion de justifier la
condamnation que nous avons prononcée sur les acquisitions partielles d'orge. En effet, l'imbibition ne peut se
faire régulièrement qu'à la condition de soumettre au
mouillage des grains qui présentent une certaine conformité de grosseur et de constitution, et il est évident que ces garanties d'uniformité se rencontreront
bien plutôt dans des graines provenant de la récolte
d'un même terroir que dans celles qui auront été ras-
semblées de divers points de production.

Les cuves dont on se sert le plus généralement pour
le mouillage sont de trois espèces différentes ; les unes
sont en pierre, les autres en bois; enfin les dernières
sont aussi en bois, mais garnies intérieurement de
cuivre, de plomb ou de zinc, afin d'éviter leur détérioration. On ne prend, le plus souvent, cette sage précaution que par mesure d'économie ; par le fait, il s'y
rattache une question de succès dont l'explication
trouvera naturellement sa place dans la partie de notre
ouvrage où nous nous occuperons des *phénomènes de
pourriture*.

Nous nous bornerons, quant à présent, à frapper de
proscription l'usage des cuves mouilloires qui ne seraient pas en pierre, ou plutôt celles en bois non gar-

nies de métal. Nous ne pouvons mieux faire, pour
appuyer notre opinion à l'égard des matières susceptibles de se pourrir et de la manière dont elles se comportent lorsqu'elles entrent en décomposition, que de citer
les paroles de M. Liebig, que nous aimons à consulter souvent, et qui dit que « tous les corps pourrissants sont
capables de provoquer la fermentation dans d'autres
corps, de la même manière que des substances fermentescibles peuvent le faire. » C'est là, à notre avis, une
opinion judicieuse, basée sur des faits faciles à vérifier,
comme nous ne manquerons pas de le faire, et qui nous
prouveront comment le bois, en se décomposant, peut
faire éprouver aux grains d'orge avec lesquels il est en
contact, par exemple, une décomposition semblable à
celle dont il est attaqué.

Que l'écoulement des eaux de mouillage soit inter-
mittent ou continu, il n'en faut pas moins, lorsqu'il a
cessé, laisser l'orge un certain temps dans la cuve avant
de la mettre au germoir, afin que les dernières por-
tions de grains puissent s'égoutter facilement ou absorber l'excès d'eau dont elles sont encore entourées et qui
peut leur être nécessaire.

Le mouillage par intermittence exige au moins trois
immersions; à la dernière, l'eau ne doit plus avoir
d'autre saveur que celle qui lui est propre, ou bien
alors l'opération est incomplète, et il faut avoir recours
à une quatrième immersion.

Dans tous les cas, il est indispensable que le fond de
la cuve ait quelques centimètres d'inclinaison du côté
où se trouve le tuyau de décharge, afin que les eaux

puissent trouver un écoulement facile; autrement, leur
état de stagnation les rend promptement visqueuses, et
leur décomposition putride devient le résultat immédiat de la condition où elles se trouvent.

Pour préserver les cuves mouilloires, qui se font le
plus ordinairement en bois, de l'action pourrissante de
l'humidité et du contact de l'air, il est essentiel de les
revêtir au dehors d'une couche de goudron; celui qui
provient de la carbonisation du bois en vase clos, et
dont on se sert pour goudronner les navires, est le
plus généralement employé, parce qu'il se trouve
à l'état liquide; on peut cependant se servir du goudron des usines à gaz et obtenir les mêmes résultats pour un prix dix fois moindre; il suffit d'ajouter
120 grammes d'essence de térébenthine par kilogramme
de goudron. C'est de cette manière que nous en avons
fait usage, et toujours avec succès.

Ce que nous disons des cuves mouilloires peut s'é-
tendre indistinctement à toutes les autres; cette sage
prévoyance a pour résultat une assez notable économie,
puisqu'elle s'oppose à la pourriture des appareils.

Les poisons végétaux et minéraux exercent, en général, une action désorganisatrice aussi énergique sur les
tissus végétaux que sur les tissus animaux; il serait
donc imprudent d'employer au mouillage des grains
de l'eau qui en contiendrait en dissolution, quelque
minime qu'en fût la quantité.

§ 2. De la germination proprement dite.

Nous avons étudié la *théorie de la germination*; nous

connaissons les réactions qui s'opèrent au sein de la
graine pendant qu'elle se développe et les produits nouveaux auxquels ces réactions donnent naissance. Il nous
reste à examiner le mécanisme pratique et les diverses
conditions à observer pour obtenir les nuances de germination nécessaires à chaque espèce de bière.

Au sortir de la cuve mouilloire, on forme avec le
grain des *couches* dont l'épaisseur est subordonnée à
l'élévation de la température extérieure et de celle du
germoir. Ces couches ont pour objet de développer dans
la masse la quantité de calorique nécessaire pour augmenter les dispositions germinatives de la graine. L'élévation de leur température étant d'autant plus prompte
que l'air ambiant est lui-même plus chaud et la masse
plus considérable, il est inutile et même nuisible, pendant la saison des chaleurs, de réunir en un seul tas les
matières dont on dispose, puisque l'effet que l'on veut
obtenir se trouve déjà, en grande partie, produit par les
circonstances extérieures.

Dans les hivers rigoureux, au contraire, on amoncelle
d'abord la couche en pyramide, et on revêt la masse d'une
toile de bâche ou de plusieurs sacs, pour éviter, d'une part,
l'action de la température extérieure, et, de l'autre, la
déperdition du calorique qui se dégage au sein de la pyramide. Toutes les conditions nécessaires au développement de la *radicule* se trouvant réunies, celle-ci ne tarde
pas à se faire jour à travers le *test* ou pellicule extérieure,
et elle apparaît bientôt, sous la forme d'une proéminence blanchâtre, en C (*fig.* 2, p. 58), au *hile* ou point
d'attache. On dit alors : Le grain pique.

Lorsque chaque grain, ou au moins le plus grand nombre, se trouve dans cet état, et que la température s'est élevée dans le milieu de la masse à + 15° ou 20°, on enlève les toiles et l'on *met en couche*. Il nous est impossible de déterminer par une règle fixe l'épaisseur que l'on doit donner à ces couches pour y maintenir la température que nous venons d'indiquer, puisque cela dépend, comme nous l'avons dit, non-seulement de la nature du germoir, qui peut varier à l'infini, mais encore des variations thermométriques, qui peuvent provenir d'une multitude de causes qu'il n'est donné à personne de prévoir. Ordinairement la température que nous venons d'indiquer se trouve ramenée à + 10° ou 12° après la mise en couche.

C'est donc à l'habileté du germeur et à la connaissance qu'il possède de son germoir qu'appartient le soin d'apprécier les conditions dans lesquelles il est placé ; il faut toutefois que l'épaisseur de la couche soit ménagée de telle façon que la masse ne puisse jamais se refroidir d'une manière sensible, car la germination souffrirait de l'espèce d'engourdissement qui en résulterait pour la graine.

Nous avons une observation à faire aux germeurs à propos de la mise en tas qui précède la mise en couche dans les saisons rigoureuses ; elle est importante, et si quelques-uns la regardent comme indigne de leur attention, nous sommes convaincu que les plus intelligents sauront en faire leur profit. Ordinairement on monte cette pyramide, ce cône de grains, au milieu du germoir, afin de s'éviter quelques coups de pelle quand vient le moment de l'éparpiller également sur le sol. Cette manière d'opérer est vicieuse. En effet, la température de la partie du sol qui porte la pyramide augmente en même temps que celle du tas, et toutes deux finissent par se mettre à peu près en équilibre; si plus tard, lorsqu'on établit la couche, une partie de celle-ci occupe l'espace où a été élevée la pyramide, il en résulte que le sol, échauffé en cet endroit, imprime au grain qui le recouvre une impulsion plus hâtive que celle qu'il reçoit dans les parties froides qui l'environnent; de là une irrégularité dans la germination, et la régularité est la condition *sine qua non* de la réussite de cette opération, aussi bien que des diverses périodes de fabrication qui la suivent, et par conséquent de l'ensemble de la fabrication elle-même.

Ce n'est donc pas au milieu du germoir qu'il convient d'amonceler les tas d'orge, mais dans un des angles les plus reculés, sans pour cela les appuyer contre les murailles (car le remède serait pire que le mal), dans un endroit qu'on ne soit pas obligé de couvrir d'une partie de la couche, ou au moins dont on n'ait besoin que vingt-quatre ou quarante-huit heures plus tard, c'est-à-dire après que le sol se sera suffisamment refroidi.

Une fois l'orge mise en couche, on l'abandonne à elle-même; mais il faut avoir soin de donner à celle-ci une épaisseur plus considérable sur les côtés, qui reçoivent directement l'action de la température ambiante. Cette espèce de cadre a pour objet de développer une plus grande quantité de calorique dans les points où les causes de refroidissement sont plus nombreuses; par une raison inverse, nous avons vu d'habiles germeurs, hommes d'intelligence, amincir la couche vers le centre, c'est-à-dire à l'endroit où la température peut s'élever à un degré trop considérable.

En résumé, l'essentiel est de faire naître au sein de la couche, et le plus uniformément possible, la quantité de calorique nécessaire à l'égal développement de tous les grains.

Avant d'abandonner sa couche, le germeur, le *bierknecht* enfin, car c'est ainsi qu'on nomme l'ouvrier, qu'on a soin de choisir parmi les plus habiles, chargé de diriger cette opération, pose son palon (*fig.* 3) de telle manière que la partie concave soit en contact avec le grain, et par conséquent que la partie convexe se trouve en dessus; et, afin que plus tard il puisse lui servir d'indicateur de la marche de la germination, il le place sur la partie dont la hauteur représente approximativement l'épaisseur moyenne de la couche. Bientôt la température s'élève de nouveau, et elle se développe également dans toute la couche si celle-ci a été convenablement disposée. La radicule, le germe, comme on l'appelle, le *keimme* des Allemands, si l'on veut, apparaît, se développe, se bifurque, et présente au bout de quelque temps deux, trois ou quatre radicelles.

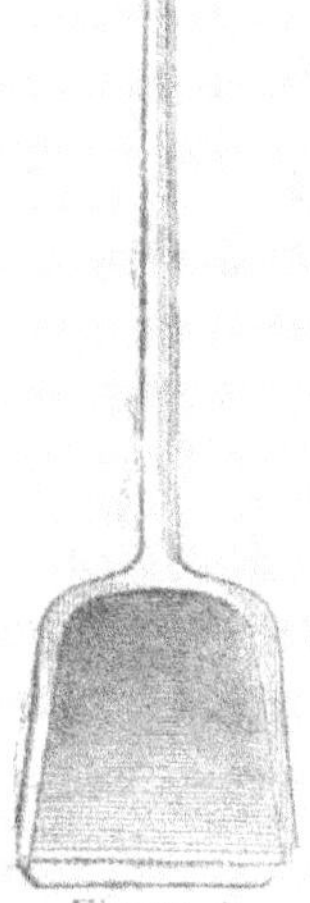

Figure 3.

Alors commence cette *transpiration végétale* qui n'est autre chose que l'évaporation d'une partie de l'eau que renfermait la graine.

« Les végétaux, dit M. *Raspail*, transpirent comme les animaux, car la substance organique qui forme les tissus est aussi perméable chez les uns que chez les autres, et les organes des uns et des autres ne sauraient s'assimiler les molécules d'un liquide nourricier sans être doués de la faculté d'éliminer les liquides superflus, l'une des deux fonctions étant la conséquence nécessaire, le contre-coup de l'autre. »

En parlant de la théorie de la *germination*, nous avons dit qu'il y avait production d'*acide acétique*; c'est un fait qu'il est facile de vérifier lorsque la transpiration végétale est suffisamment développée; il suffit, pour reconnaître les propriétés acides de cette *sueur*, de la mettre en contact avec un morceau de *papier de tournesol*, dont la couleur violette passe immédiatement au rouge. Une portion de cette eau vient se condenser sur la partie concave du palon, dont nous avons indiqué précédemment la position; c'est là un indice certain que la germination s'opère. Si on observe la manière dont se comporte cette eau quand on place le palon verticalement, on s'aperçoit qu'elle présente, sur la surface du bois, un écoulement dont la forme ressemble à celui de l'alcool dans un vase de cristal dont les parois internes en sont recouvertes et le long desquelles le liquide tend à descendre. La diminution de cette condensation est, pour quelques germeurs, l'indication du moment favorable pour *retourner la couche*; d'autres en jugent par la température de la masse, dans laquelle ils plongent leur main à divers endroits; d'autres prennent pour guide les efforts qu'il faut faire pour rompre les radicelles lorsqu'on veut atteindre le fond de la couche ; d'autres encore se basent sur la longueur et la régularité des *radicelles* et sur l'odeur herbacée que les grains exhalent ; enfin, les moins expérimentés attendent, en hiver, que la température de la couche se soit élevée à $+ 15°$ pour la retourner la première fois, et à $+ 22°$ ou $25°$ avant de procéder une seconde fois à cette manœuvre.

Lorsqu'on a atteint le point convenable, on rompt la couche en relevant chacun de ses bords et en projetant à la surface les grains qui en proviennent. On met à nu ceux qui se trouvaient plus avant dans l'intérieur de la couche et qui sont relativement plus avancés que ceux qui recevaient le contact immédiat de l'air. Ensuite on retourne la couche. Il faut, dans cette opération, veiller à ce que la partie qui était d'abord au-dessus se trouve dessous lorsqu'elle est terminée, afin que la chaleur du sol imprime aux *radicelles* toute l'activité nécessaire pour les amener promptement au point où sont parvenues les autres. On ramène à la surface, par le moyen de la pelle, les grains qui sont les plus avancés, et on répartit uniformément dans toute la couche ceux qui en occupaient primitivement le centre. Il est donc essentiel que cette opération soit confiée aux soins d'un seul homme ; la régularité de sa marche en dépend. Chaque germeur a son *coup de pelle ;* les uns retournent la couche sens dessus dessous en trois coups de palon, tandis que les autres en donnent quatre ou cinq ; et, bien que ces modes d'opérer, pris isolément, ne présentent aucun inconvénient réel, ils

deviennent vicieux dès qu'ils sont employés simulta-
nément. Ainsi, que deux germeurs d'une capacité
égale soient appelés à soigner une couche; on peut
assurer d'avance que, si l'un est chargé de commencer la germination et l'autre de la terminer, la couche en souffrira.

C'est dans le Nord, et particulièrement à Lille et à
Douai, que l'abus dont nous venons de parler se présente le plus fréquemment; il n'est pas rare, dans cette
partie de la France, de voir quatre, cinq, six et quelquefois sept garçons brasseurs, armés chacun d'une
pelle, marcher l'un derrière l'autre et exécuter la manœuvre tous ensemble. Sans doute c'est un excellent
moyen d'alléger le travail dans des établissements où
les couches sont formées de 40 et 50 hectolitres d'orge,
car l'opération de la germination est très fatigante, très
pénible; mais nous n'admettons pas que les chances de
réussite doivent devenir moindres parce qu'on opère sur
une plus grande quantité de matières premières, et telle
est cependant, il est facile de le comprendre, la conséquence presque forcée de l'emploi de plusieurs germeurs
pour une même couche. En effet, la négligence ou le
mauvais vouloir d'un seul ouvrier suffit ici pour compromettre le succès de toute une opération, sans qu'il
soit possible de faire retomber la responsabilité sur le
coupable; avec un seul germeur, au contraire, il n'y a
point à craindre d'adresser à tort un reproche d'incurie
ou de maladresse, et, par-dessus tout cela, les garanties
de régularité et d'uniformité sont évidemment beaucoup plus nombreuses.

En général, le premier coup de pelle, celui qui se prend à la surface de la couche, est projeté sur la partie déjà retournée, dans un rayon de 1 mètre à 1^m,50 autour du germeur ; le second et le troisième sont projetés dans un rayon plus étendu, et enfin le quatrième se met au pied, surtout lorsque le sol n'est encore que peu échauffé. Dans le cas contraire, il est indispensable que le grain qui était en contact avec le sol forme le dessus de la couche, afin de ralentir par le contact de l'air la végétation développée par une trop haute température.

Dans certains germoirs, où la nature du sol et le fond du terrain ne permettent pas de donner partout à la couche une égale épaisseur, il est important de varier celle-ci en raison des motifs que nous signalerons en nous occupant du germoir.

La germination s'opérant plus lentement en hiver, il est souvent nécessaire que la couche soit retournée jusqu'à huit ou dix fois de la manière que nous venons d'indiquer ; en été, cinq ou six fois suffisent ordinairement. Au surplus, il faut toujours agir selon les circonstances, et tenir compte de l'état de l'atmosphère, de la nature du grain ou du germoir, ainsi que du développement que l'on veut donner aux radicelles, et de l'espèce de bière que l'on veut produire, etc. Toutefois l'épaisseur de la couche doit diminuer à mesure que la germination avance et que la température ambiante s'élève.

L'opération de la germination exige des soins très assidus, un certain esprit d'observation, une longue

pratique et beaucoup d'activité ; en général les ouvriers
brasseurs possèdent ces deux dernières qualités, mais il
est assez rare de rencontrer des sujets qui réunissent
toutes les conditions désirables. C'est pendant l'été principalement que la germination réclame une intelligente
prévoyance, une attention soutenue, une grande habileté de savoir-faire et la connaissance parfaite du germoir dans lequel on opère. Rien ne doit entraver le
travail d'une couche, et, quel que soit l'homme auquel
elle est confiée, il doit être libre de tous ses instants,
afin de pouvoir observer d'heure en heure, s'il le faut,
les progrès de la germination et de la diriger à sa
guise.

Si l'opération a été conduite avec zèle, si chacune
des périodes a été observée avec soin, si, en un mot, la
germination s'est développée régulièrement, si les radicelles se sont accrues progressivement et sans secousse,
elles doivent être frisées, avoir une tendance à se con-
tourner en spirales, comme nous l'indiquons dans la
figure 4, et offrir cinq, six et quelquefois sept radicelles, fermes sans roideur, souples
sans toutefois se prêter à toutes les
formes.

Si, au contraire, la germination a été
trop active par suite d'un mouillage trop
prolongé, et que le retard qui a été apporté au retournement de la couche ait laissé les radicelles s'enchevêtrer les unes dans les autres, de manière
à ce que les grains se tiennent comme une espèce de
gazon, les radicelles seront peu nombreuses. Si la né-

Figure 4.

gligence date du commencement de l'opération, elles seront roides et dures, et les unes prendront un développement qui pourra atteindre deux ou trois fois la longueur de la graine, tandis qu'à côté de celles-ci il existera d'autres grains qui n'offriront pas la moindre apparence de germination.

Le retard que nous venons de signaler n'est pas la seule cause qui puisse amener le développement subit des radicelles ; c'est aussi l'une des conséquences les plus immédiates de l'*arrosage*, qui ne se pratique ordinairement que lorsque l'une des précédentes opérations a été mal conduite ; ainsi, par exemple, lorsque l'imbibition a été incomplète, ou l'orge trop brusquement refroidie, ou bien encore lorsque la couche a été retournée en temps inopportun ou rompue avant le temps voulu, ce qui peut suffire pour suspendre les fonctions végétatives de la graine, à laquelle on imprime alors une activité nouvelle au moyen d'une aspersion d'eau fraîche en été, d'eau un peu adoucie en hiver. Quand on a recours à ce moyen, toujours mauvais, il faut l'employer avant de retourner la couche dont la marche est momentanément suspendue. L'eau agit alors comme un stimulant énergique ; mais presque toujours cette opération détermine dans la graine une perturbation générale et des mouvements brusques et violents qui la fatiguent.

De là résulte le plus ordinairement l'irrégularité des radicelles, qui alors sont plus droites et plus roides, plus fines, plus déliées ; en un mot, elles ont généralement la forme que représente la figure 5. C'est

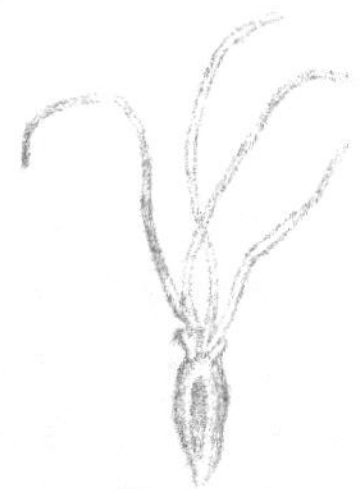

Figure 5.

en parlant de cet accroissement si prompt, si instantané, que les brasseurs disent ordinairement : *Le germe file.* C'est toujours là le résultat d'une imprévoyance ou d'une négligence coupable, qui change totalement la qualité du *malt*, puisque, la germination ayant été irrégulière, il se trouve une partie des grains qui n'a pas même commencé à germer. Toute la portion qui se trouve dans ce cas est à peu près perdue ; car elle ne produit rien d'immédiatement utile, comme nous le verrons en revenant sur les propriétés de la *diastase*.

Si, dans cette circonstance, on s'en rapportait à la longueur des radicelles, la germination paraîtrait complète. Il n'en est rien pourtant, car une grande portion de l'amidon et du gluten a échappé à la décomposition. Toute l'action s'étant portée sur l'embryon, la partie d'amidon transformée en sucre est peu considérable, et le gluten lui-même se retrouve abondamment après cette germination manquée. Il n'y a que peu ou pas de diastase produite, et il en résulte plus tard des *moûts* faibles et peu chargés de principes sucrés.

La marche à donner à la germination dépend encore de l'espèce de bière que l'on veut fabriquer. Ainsi, pour certaines variétés de *bières blanches* dont nous nous occuperons dans le cours de cet ouvrage et qui sont faites uniquement avec de l'orge, le mouillage doit être de courte durée ; la germination doit s'opérer lentement, progressivement et sans secousse ; c'est là du reste une règle sans exception ; mais, indépendamment de cela, il est nécessaire que les radicelles n'atteignent qu'une fois environ la longueur du grain ; il faut donc que les couches soient retournées fréquemment, c'est-à-dire quatre ou cinq fois par jour, non-seulement dans les temps chauds, mais même dans les mois de mars et d'avril. En un mot, il faut, comme on le dit en termes de pratique, *germer à froid*, ce qui signifie qu'il faut retourner la couche autant de fois que sa température semble vouloir dépasser celle de la partie qui reçoit le contact de l'air.

Ordinairement, pour toutes les espèces de bières, on pousse la germination de manière à donner aux radicelles environ une fois un tiers la longueur du grain ; c'est avec quelque raison que l'on considère l'opération comme d'autant mieux réussie que les radicelles se frisent et se contournent davantage, comme on le voit dans la figure 4, et qu'elles sont plus nombreuses.

Dans le cas où la germination de l'orge est destinée à convertir l'amidon en sucre pendant l'opération des trempes, le mouillage doit, toutes conditions égales d'ailleurs, être prolongé de quelques heures. Mais la germination ne doit pas être moins soignée et conduite avec moins de ménagements ; car il est extrêmement important que la croissance des radicelles s'opère le plus uniformément possible, d'une manière lente mais continue, et sans perturbation aucune ; elle exige enfin toute l'habileté d'un germeur capable et dont l'émulation soit vivement stimulée. En un mot, et comme nous l'avons dit en parlant de la *diastase*, il faut que la germination soit poussée jusqu'à sa période la plus élevée, jusqu'à

ce que les radicelles aient une fois et demie et même
deux fois la longueur du grain, c'est-à-dire jusqu'au moment où la *plumule* va percer le *test*. Nous savons qu'en
général les brasseurs, se fondant sur cette opinion erronée
qu'*un trop long germe épuise le grain*, ont une appréhen-
sion assez grande, une espèce d'aversion préconçue pour
ce mode de germination. Certains germeurs (il en est que
nous pourrions nommer), qui se dispensent volontiers
de réfléchir à l'importance des observations les plus
sérieuses, que leur apathie ne leur a pas permis de
faire eux-mêmes, semblent répugner à exercer avec intelligence les fonctions purement mécaniques auxquelles
s'est borné jusqu'ici leur labeur habituel. Ce n'est cependant pas en repoussant tout examen, et en laissant
aux autres tout le travail de l'intelligence, que l'on peut
espérer de se rendre maître des difficultés qui peuvent
surgir, et, plus que tout cela, de faire face aux exigences
que chaque jour fait naître pour le brasseur.

Quant à nous, qui, plus soucieux de l'avenir que du
passé, n'avons reculé devant aucun moyen de nous
éclairer, nous pouvons attester, sur la foi de l'expérience, et d'une expérience chèrement et péniblement
acquise, que les craintes dont nous avons parlé n'ont
aucun fondement, et que les conditions de germination
que nous avons indiquées sont les plus productives,
les plus économiques, en même temps que les plus rationnelles. C'est ce que nous établirons en temps utile,
et de manière, nous l'espérons, à satisfaire la curio-
sité fort légitime des hommes les plus intelligents et à
dissiper les appréhensions des plus timides. Ce que nous

avons à dire démontrera que, *s'il est utile de posséder la connaissance de la théorie, il est bien plus indispensable encore de posséder la théorie de l'expérience.*

Il ne suffit plus aujourd'hui, surtout en face des nécessités du moment [1], de convertir seulement en sucre l'amidon des céréales soumises à la germination ; il faut encore savoir développer tous les produits auxquels celle-ci peut donner naissance, afin d'en tirer, pendant les diverses opérations que demande la fabrication, tout le parti possible, et d'arriver à la réalisation de ces questions d'économie si importantes pour les producteurs, quel que soit l'objet de leur industrie.

Ce que nous avons dit jusqu'ici a dû suffire pour faire comprendre combien était fondée la préférence que nous accordons aux orges récoltées dans un même terroir sur celles qui ne sont pas dans ces conditions. Nous pouvons maintenant expliquer les inconvénients que peut éprouver le brasseur qu'une position peu aisée contraint à des acquisitions partielles. Il est impossible, en effet, que la régularité de la germination ne ressente pas une atteinte profonde quand on opère sur des orges de diverses provenances ; toutefois, entre des mains habiles, le mal n'est pas sans remède, et le meilleur parti que l'on puisse prendre, si cette irrégularité se fait sentir dans une proportion trop considérable, est de pousser aussi loin que possible les limites de la germination ; c'est le seul moyen de faire développer, dans les grains qui

---

(1) Si nous ne nous trompons, l'orge vient de se vendre (1847), sur les principaux marchés de France, 17 francs l'hectolitre, c'est-à-dire 60 pour 100 de plus que dans les années moyennes.

germent régulièrement, une quantité de diastase capable
d'opérer, au moment des trempes, la conversion en sucre
de l'amidon non attaqué que renferment les grains qui
ont échappé à l'action de la germination. C'est une faible
compensation, sans doute, eu égard à la grande quantité de gluten qui se trouve encore dans les grains restés
intacts, mais c'est la seule que nous puissions indiquer.

L'été est sans contredit la saison pendant laquelle
l'opération de la germination présente le plus de difficultés ; c'est à cette époque que les chances d'altération
du grain sont les plus nombreuses, et, par conséquent,
l'insuccès plus à redouter ; les soins les plus assidus, la
vigilance la plus active, le plus louable zèle, l'attention
la plus soutenue, la plus sage prévoyance, la plus parfaite connaissance de l'art sont trop souvent insuffisants
pour prévenir certains dangers ; car, soumis, comme on
l'est, à tous les mouvements de la température, à l'influence des moindres phénomènes qui s'accomplissent
au sein de l'atmosphère, il est impossible de ne pas être
fréquemment en butte aux plus funestes accidents. Quelque minime que soit l'épaisseur que l'on donne aux couches afin d'éviter leur échauffement, l'élévation de la
température ambiante suffit pour imprimer à la graine
une impulsion, une activité énervante qui s'étend à chacun de ses organes et qui détermine une perturbation générale ; ceux-ci ne se dessèchent plus, ils se brûlent,
s'il est permis de s'exprimer ainsi, et il est difficile
qu'il en soit autrement en présence des agents les plus
capables d'amener la désorganisation des tissus. Ces
agents, l'air, l'eau et une température élevée, se trou-

vant réunis dans les conditions les plus favorables pour développer et entretenir ces altérations, il n'est pas étonnant qu'ils exercent leur fatale influence avec une énergie telle qu'elle vienne anéantir tout espoir de succès.

Ces désordres, ces révolutions totales ou partielles ont chacun une marche régulière qu'il est utile d'observer. Si la température de la couche s'élève un peu trop, les radicelles s'enchevêtrent les unes dans les autres ; leur croissance détermine le rapprochement des grains ; ceux-ci se pelotonnent, font corps un à un, deux à deux, quatre à quatre, et la multiplicité de ces rapprochements fait prendre à la masse l'aspect d'un gazon volumineux; les radicelles s'allongent dans une proportion démesurée, et si le germeur ne vient rompre avec la pelle ces myriades de ligaments et rafraichir un peu la couche en diminuant son épaisseur, elles présentent bientôt dans toute leur longueur une végétation cotonneuse qui a l'apparence de poils fins et déliés qu'un œil observateur aperçoit et que l'usage d'une loupe rend parfaitement distincts. L'extrémité des radicelles se termine alors par une petite pointe qu'il faut observer de près pour bien la voir, dont la couleur est d'un vert très pâle, et qui se présente ordinairement sous l'aspect d'un petit bourrelet, d'un petit point d'insertion. Au milieu de ce désordre apparaît la *plumule*, et son développement s'opère avec une rapidité telle qu'il suffit quelquefois de deux ou trois heures pour que le grain soit complétement perdu, sans qu'il reste même l'espoir de l'utiliser pour la nourriture des volailles. Arrivée à ce point, la plumule, comme on l'a vu plus haut, s'assimile tous les produits que la germination a développés dans le périsperme et même ceux dont elle n'a pu opérer la conversion ; ainsi, non-seulement tout le sucre produit par la saccharification de l'amidon est absorbé, mais la diastase, l'amidon, le gluten, tout, en un mot, disparaît pour opérer la conversion de la plumule en *tigellule*, jusqu'à ce qu'enfin il ne reste que les parties charnues de l'embryon et le test qui sert d'enveloppe à la graine.

Du mois d'octobre au mois d'avril, ces désordres ne sont à craindre qu'autant que l'on a pour germeur un ouvrier inhabile ou négligent, ou, ce qui arrive quelquefois, que la malveillance s'en mêle; mais du mois de mai, et particulièrement du mois de juin au milieu ou à la fin du mois de septembre, le plus léger retard, la plus petite erreur, la moindre circonstance que l'on aura négligé d'observer, suffisent pour enfanter toutes ces perturbations, pour compromettre la réussite de l'opération, et, par suite, celle de plusieurs brassins, si la couche est considérable. Qu'espérer, en effet, d'un travail préparatoire défectueux, qui ne vous laisse entre les mains qu'une matière première en mauvais état ? Rien que des tribulations sans nombre et des déceptions sans limites. Qu'attendre d'une germination qui s'est opérée dans les conditions les plus défavorables, lorsque, dans les cas ordinaires, la réussite est toujours difficile, lorsqu'on voit surgir à chaque instant une foule de circonstances dont on ignore la cause, et qui toutes tendent à s'opposer au succès définitif de l'opération la plus délicate de toutes celles qui constituent la fabrication de la bière?

Nous ne saurions donc trop recommander à l'attention de nos lecteurs la surveillance la plus scrupuleuse, les soins les plus assidus, pendant tout le temps que dure la germination. Que ceux qui détournent leurs regards de cette question, parce qu'ils supposent que les dangers que nous avons signalés ne peuvent les atteindre, puisqu'ils amoncellent leurs provisions pendant l'été, après avoir préparé leur malt pendant les mois que nous avons signalés comme les plus favorables, que ceux-là, disons-nous, veuillent bien s'y arrêter un instant, et ne pas abriter leur indifférence derrière les faveurs de la fortune ; car nous aurons bientôt à leur montrer que la somme des inconvénients qui résultent des approvisionnements d'hiver est plus considérable que celle des accidents que nous venons d'énumérer.

Il est donc prudent de ne germer pendant l'été que de très petites couches, d'opérer dans de grands germoirs si l'on veut *germer à froid*, pour nous servir de l'expression consacrée, c'est-à-dire de ne donner à la couche que la moindre épaisseur possible, et de la tenir dans un état de division tel que sa température ne puisse jamais s'élever au delà de la température ambiante, de manière à ce que la germination s'opère très lentement. En un mot, ce travail exige des germeurs d'une habileté peu ordinaire, et le nombre de ceux-ci est malheureusement encore fort restreint.

Les faits que nous venons de passer en revue sont d'autant plus à redouter qu'ils entraînent le plus souvent de désastreuses conséquences ; cependant ils sont peu de chose si on les compare aux autres accidents que l'application fait surgir, lorsque l'ensemble des opérations est dirigé avec inhabileté. Dans les conditions ordinaires de la vie industrielle, on trouve ordinairement, en compensation d'un travail pénible et assidu, un succès bien légitime qui dédommage de la peine que l'on a prise. Il n'en est point ainsi, nous pouvons l'affirmer sans crainte d'être contredit, il n'en est point ainsi pour le brasseur; sa vie est une lutte continuelle, et, ce qui est plus terrible, une lutte contre des éléments qu'il ne lui est pas toujours possible de maîtriser. Qu'on nous indique, si on le peut, un seul industriel qui soit autant que lui en butte aux influences atmosphériques et à tout le cortége de réactions que ces influences exercent sur les opérations qui font la base de son industrie? Pour nous, nous n'en connaissons pas un seul ; et ce n'est pas sans un sentiment douloureux que nous faisons ces réflexions ; car nous avons été si souvent témoin de ces vicissitudes, que nous ne pouvons nous empêcher de plaindre ceux qui y sont exposés tous les jours. Encore s'il nous était donné de produire le chaud ou le froid, le beau temps ou la pluie, comme d'autres ont pu faire, à leur profit, la baisse ou la hausse! Mais revenons à notre sujet, et complétons ce que nous avons à dire relativement à la germination.

Nous avons annoncé que nous nous occuperions d'une manière spéciale des *phénomènes de pourriture*, ou *combustion lente*; ce sera alors que nous donnerons avec tout le détail nécessaire, et au point de vue général, les développements que comporte cette partie de notre sujet; il nous suffira donc d'examiner ici les causes qui peuvent produire la pourriture des grains pendant l'opération de la germination, et les nombreux accidents qui résultent de ce phénomène.

Ces causes sont de deux espèces : les unes sont inhérentes à la nature de l'orge elle-même et à l'état dans lequel elle se trouve ; les autres, que l'on pourrait nommer accidentelles, dépendent principalement de la nature du germoir. Ainsi la pourriture se manifeste de préférence dans les orges récoltées pendant les années pluvieuses, dans celles provenant de terrains immergés lors des derniers mois de la maturité, enfin dans celles qui ont été mal soignées après la fauchaison et emmagasinées dans des locaux humides. Les céréales attaquées par les animaux malfaisants, qui font si souvent le désespoir des cultivateurs, sont encore dans cette catégorie ; mais alors la pourriture atteint plus particulièrement les grains où l'embryon a été séparé de la graine ou seulement soumis à l'action de la dent, parce qu'il s'opère postérieurement une espèce de solution de continuité, résultant d'une première altération qui ôte à la graine toute la vigueur d'action qui lui est propre. Les faux grains, ceux qui ne possèdent pas la puissance végétative, parce que leur périsperme ne renferme pas assez de principes nutritifs pour suffire à l'alimentation de l'embryon, sont aussi affectés de pourriture plutôt que tous les autres.

Les causes accidentelles les plus capables de développer la pourriture des grains pendant la germination résultent ordinairement de la compression violente que les ouvriers germeurs impriment quelquefois aux grains par l'action de la pelle ou de leurs chaussures, surtout lorsque celles-ci sont ferrées.

Il y a deux moyens de se mettre, autant que possible, à l'abri de ces funestes accidents : le premier est d'être d'une sévérité rigoureuse dans le choix des orges, et de les faire passer au crible pour en séparer les faux grains et ceux attaqués par la dent des animaux, avant de les livrer à la germination; le second est d'avoir dans chaque germoir une paire de chaussons en caoutchouc[1], et d'obliger le germeur à s'en chausser toutes les fois que sa présence est nécessaire dans le germoir.

La pourriture des céréales soumises à la germination dans des conditions favorables n'est guère à redouter qu'à partir du 15 juin; dans les années sèches, elle apparaît rarement avant cette époque, même lorsque les grains employés ne présentent pas des conditions avantageuses. Il ne suffit pas, pour suspendre les fonctions végétatives de la graine, que le périsperme ait été foulé; il faut que la plumule soit meurtrie, déchirée, brisée, pour que la vie s'éteigne, s'il est permis de parler ainsi, pour que les phénomènes de désorganisation qui en résultent amènent la pourriture. Quand la radicule ou les radicelles seules ont été attaquées, les fonctions de la germination sont suspendues, mais elles ne tardent pas à reprendre leur activité lorsque les conditions premières se rétablissent. Au nombre de celles-ci il faut surtout compter la température, qu'on doit maintenir entre $+5^{\circ}$ et $+15^{\circ}$, puisque au-dessous et au-dessus de

[1] Ces chaussons se trouvent, à Paris, chez les principaux marchands de la rue des Lombards.

cette chaleur la germination entière subit une influence fâcheuse, comme nous l'avons déjà démontré.

La pourriture se manifeste d'abord dans les grains brisés, qui ont perdu leurs facultés végétatives, ou dans ceux dont l'embryon a été séparé ou profondément altéré par diverses causes; plus tard elle s'étend à ceux qui, quoique entiers, ont supporté une pression considérable ou qui ont éprouvé quelque lésion capable de pénétrer au delà du test, en attaquant l'intérieur du grain; à une époque encore plus éloignée, elle se communique aux grains sains, non altérés par les causes extérieures, à ceux enfin qui jusque-là avaient été à l'abri de tout accident. Une fois arrivée à ce point, elle s'étend à toute la masse avec une rapidité effrayante, les désordres qu'elle provoque sont aussi nombreux que graves, et ce n'est qu'au moyen d'une vigilance de tous les moments et de soins assidus que l'on peut espérer y apporter quelque remède; sans ces soins et cette vigilance, la totalité d'une couche peut en être affectée au point de ne laisser aucun espoir de l'utiliser.

Nous aurons à examiner les palliatifs au moyen desquels on peut atténuer le mal lorsqu'on lui a permis d'arriver à cette extrémité; mais ne serait-il pas infiniment plus rationnel, plus prudent et plus sage de chercher à l'éviter? Or, le plus souvent on ne fait rien, ou du moins pas assez, pour arriver à ce but; trop souvent les opérations, confiées aux soins de gens sans courage et sans cœur, ou remises en des mains inhabiles, marchent comme elles peuvent, et un grand nombre, un trop grand nombre de brasseurs, malheureusement, s'inquiè-

tent beaucoup plus de quelques manipulations insigni-
fiantes que d'opérations essentielles, qui réclament non-
seulement le travail d'ouvriers habiles et expérimentés,
mais encore l'intelligence du *maître*, puisque ce mot est
encore consacré par l'usage.

Maintenant que nous savons quels sont les grains que
la pourriture affecte de préférence, voyons comment
elle se comporte ordinairement et quelles sont les conséquences qui en résultent. Dès qu'elle s'est manifestée
dans les grains froissés ou meurtris, ceux-ci deviennent
d'une couleur plus foncée que les autres et se couvrent
promptement d'une végétation cryptogamique d'un bleu-
verdâtre, dont la conformation rappelle les phénomènes
de pourriture qui s'opèrent dans les fruits, et particulièrement dans les pommes ; ils contractent une odeur qui
a beaucoup d'analogie avec celle que répandent les fruits
qui se gâtent, et cette seule indication devient tellement
saisissante pour l'odorat qu'elle suffit pour annoncer une
couche qui est gravement affectée de cette maladie.

Des grains froissés la pourriture s'étend aux faux
grains, et elle s'avance au sein de la masse, s'attaquant
de préférence à ceux qui sont le moins propres à entrer
en germination. Si le contact est trop prolongé, si la
température s'élève, elle gagne indistinctement tous les
autres. Pour s'en convaincre, il suffit d'introduire dans
un flacon à large ouverture, et présentant à l'air un accès facile, des grains sains et en bonne voie de germination, et d'y mêler quelques grains qui commencent à
pourrir ; un jour ou deux, souvent même quelques
heures suffisent pour que la totalité soit complétement

altérée. Ces phénomènes de décomposition s'opèrent toujours en vertu de deux lois qu'il est très important pour nous de ne pas perdre de vue un seul instant : « Un atome mis en mouvement par une force quelconque peut communiquer son propre mouvement à un autre atome qui se trouve en contact avec lui. » D'où il résulte, ainsi que nous l'avons déjà vu dans une citation empruntée à M. Liebig, que « tous les corps pourrissants sont capables de provoquer la fermentation dans d'autres corps, de la même manière que des matières fermentescibles peuvent le faire. » En effet, le mal va grossissant d'heure en heure ; et ce n'est pas seulement un accident auquel on peut facilement remédier, c'est une véritable épidémie qui se déclare, c'est une lèpre qui va étendre au loin sa plaie hideuse ; c'est, en un mot, un parasite destructeur qui vient s'implanter là, et qui va vivre aux dépens de trente ou quarante hectolitres de grains qu'il rendra improductifs sans devenir lui-même capable de produire rien qui soit utile. La rapidité des ravages croît avec l'extension du mal, puisque chaque grain qui se corrompt tend à gangrener tous ceux qui l'environnent ; et bientôt se manifeste un envahissement tel qu'il ne reste pas même l'espérance d'y apporter le moindre remède.

Lorsque, pendant la germination, on laisse à la plumule le temps de se développer au delà d'un certain terme que nous avons indiqué, toutes les substances restées intactes dans le périsperme ou produites par la germination elle-même sont successivement absorbées au profit de l'alimentation de cette plumule. Dans ce cas, si on arrête les fonctions végétatives de celle-ci, on peut espérer encore retrouver une partie des principes sucrés que la germination a développés aux dépens de l'amidon. Il n'en est pas de même dans le cas dont nous nous occupons; car il ne s'agit plus ici d'une modification du gluten et de l'amidon, mais bien d'une altération profonde de l'un et de l'autre, d'une décomposition qui vient frapper de mort le grain dans lequel elle se déclare. C'est une espèce d'oxydation qui a lieu, ou, pour mieux dire, c'est une véritable combustion intérieure qui s'opère.

§ 3. Résumé historique de la germination.

« Dès l'instant qu'on met en contact la semence avec l'eau à l'état liquide et à celui de vapeur humide, dit M. Raspail, on peut dire que la germination commence, si, par le mot de germination, on entend l'ensemble des élaborations qui concourent à réveiller la végétation dans l'embryon qu'emprisonnent les enveloppes de la graine. L'eau pénètre par le *hile* chez les semences dont le *test*, ou plutôt le *péricarpe*, est résineux, ou d'une épaisseur ligneuse considérable; elle est absorbée par toute la surface de l'enveloppe corticale chez les autres; et, dans l'un comme dans l'autre cas, elle pénètre dans l'enveloppe suivante, non-seulement par son point d'attache, mais encore par toute sa périphérie. Mais cette imbibition est plus lente ou plus rapide, et par conséquent les signes extérieurs de la germination seront plus ou moins tardifs, selon que les tissus externes ou internes sont plus ou moins perméables, que le périsperme, ou l'organe qui en tient lieu, est plus ou moins desséché, que la graine a été cueillie plus ou moins mûre, et qu'elle est d'une date plus ou moins récente.

« La précocité de la germination n'indique nullement la supériorité des qualités d'une graine; souvent même elle est le résultat d'une maturité incomplète, et par conséquent le présage d'une moins heureuse végétation.

« L'eau, l'air, les sels ayant pénétré dans l'intérieur des organes, la germination peut encore s'effectuer plus ou moins lentement, selon que les tissus et les sucs seront plus ou moins tardifs à fermenter, et selon que les produits de la fermentation seront plus ou moins abondants, enfin selon que la chaleur sera plus ou moins favorable à la végétation. Mais la germination n'en commencera pas moins chez toutes les graines dès l'instant qu'on les aura déposées également dans le milieu qui leur convient; et les expressions dont nous nous servons habituellement pour noter les dates des germinations ne doivent être considérées que comme servant à indiquer l'époque plus ou moins arbitraire à laquelle la germination donne au dehors des signes de son élaboration intestine. Ainsi, les graines que nous disons germer au bout d'un an sont des graines qui germaient depuis un an, qui végétaient sous leurs enveloppes à l'insu de l'observateur, mais d'une manière toute spéciale, toute préparatoire; au bout d'un an, la somme de ces préparations est devenue appréciable. »

En effet, les céréales donnent des signes extérieurs de germination à des époques bien différentes; ainsi :

L'amandier, le *melampyrum*, le pêcher, la pivoine, le *ranunculus falcatus* ne donnent des signes extérieurs de germination qu'au bout d'un an ;

Le cornouiller, le rosier, l'aubépine, le noisetier-avelinier, au bout de deux ans.

§ 4. Du Germoir (*Malzkeller*).

Nous avons dit, en parlant de la germination, que tous les germoirs n'étaient pas propres à la développer également. En effet, ce développement dépend du mode de construction adopté et des dispositions intérieures du germoir.

On choisit ordinairement des caves, des celliers ou des locaux situés au rez-de-chaussée, pour en faire des germoirs; nous n'ignorons pas que cela dépend bien plus de la disposition des lieux que de la volonté des brasseurs; mais toujours est-il qu'en général ils sont tous plus ou moins vicieux, et que le nombre de ceux qui sont dans les conditions voulues est extrêmement restreint.

L'irrégularité de la germination ne doit pas être attribuée seulement aux causes que nous avons signalées précédemment, mais encore à l'accroissement de température qui se manifeste dans telle partie du germoir ou à tel endroit du sol, et au refroidissement que la couche éprouve dans d'autres parties. Si on opère pendant l'hiver, et que les joints des murailles ou les ouvertures des portes laissent pénétrer l'air extérieur, celui-ci vient ralentir ou paralyser la marche de la germination dans les points où son action se fait sentir le plus directement, tandis que dans les endroits inaccessibles au passage de l'air elle s'opère d'une manière plus active.

Nous avons démontré que toute variation brusque de température était pernicieuse au développement des radicelles, et que les perturbations qu'elle occasionne peuvent provenir également de son élévation ou de son abaissement. Il est donc essentiel d'éviter, ou au moins de diminuer le plus possible toutes ces chances d'irrégularité, en veillant à ce que les joints des murailles soient soigneusement fermés, de manière que l'air extérieur ne puisse pénétrer plus facilement par un endroit que par un autre. C'est surtout aux germoirs situés au rez-de-chaussée qu'il faut porter le plus d'attention, car c'est un des principaux inconvénients qu'ils présentent.

Ces petites causes de perturbation, et une foule d'autres que nous aurons à signaler, paraîtront peut-être sans importance à un grand nombre de nos lecteurs; nous savons bien que, prise isolément, chacune d'elles ne peut exercer de ces influences désorganisatrices qui compromettent le succès de toute une opération; mais ce n'est pas en détail qu'il faut les en-

visager ; il faut les considérer dans leur ensemble, et
nous verrons bientôt que la multiplicité de ces causes,
minimes séparément, constitue une puissance contre
laquelle il faut lutter par des efforts inouïs, et trop
souvent superflus.

Les accidents qui peuvent se manifester dans les
temps chauds ne sont pas moins graves; l'air alors
vient absorber, au détriment de la graine, la quantité
d'eau qui est nécessaire à celle-ci pour germer convenablement, et si la portion vaporisée est trop considérable, on est obligé d'avoir recours aux *arrosages*,
dont nous avons déjà signalé les inconvénients.

La nature des matières employées à la confection du
sol et le fond de terrain sur lequel il est établi exercent
aussi diverses influences auxquelles il n'est pas toujours
facile de porter remède. Le choix des matériaux ne
saurait donc être indifférent, puisque chacun de ceux
dont on fait ordinairement usage présente presque
toujours des résultats qui varient beaucoup. Le plus
souvent, le sol est composé de dalles ou de briques, ou
fait en mortier de chaux et ciment, ou enfin établi avec
de la craie concassée et réduite à l'état de mortier à l'aide
de l'eau seulement. Les sols en dalles et en briques s'é-
chauffent assez facilement, ce qui leur a valu la préférence qu'on leur accorde toujours en hiver; mais.
pendant l'été, ils se refroidissent avec trop de lenteur,
et cette circonstance suffit pour déterminer une germination trop active. L'élévation de la température extérieure, à cette époque, offre déjà un obstacle assez grand,
sans y ajouter une nouvelle source de calorique qui

vient encore contribuer à l'échauffement de la masse.

Les germoirs construits en chaux et ciment, ou en craie seulement, se trouvent dans des conditions tout à fait opposées : ils ont l'inconvénient de s'échauffer difficilement ; cette circonstance les rend précieux en été, et ils ne peuvent causer qu'un léger retard dans la saison rigoureuse.

Nous verrons bientôt en quoi ceux-ci sont inférieurs aux autres, et nous justifierons des motifs qui nous empêchent d'accepter entièrement l'un ou l'autre.

A mérite égal, nous préférerions ceux qui, susceptibles de se laver facilement, se dégraderaient le moins par l'action du balai ; or, les germoirs construits en chaux et ciment ne nous paraissent pouvoir supporter ni de fréquents lavages, ni un balayage vigoureux, indispensable pour détacher du sol certaines *fongosités* que nous aurons à examiner, sans qu'il s'y détermine des cavités qui contrarient le maniement de la pelle, et sans que la craie absorbe une assez grande quantité d'eau, ce qui est un nouvel inconvénient à ajouter à ceux dont nous avons encore à nous occuper. On ne rencontre pas ces difficultés avec les dalles ou les briques, mais le défaut que nous avons signalé nous oblige sinon à les proscrire entièrement, au moins à faire connaître quelques-uns des inconvénients de leur emploi.

Le sol d'un bon germoir doit être complétement imperméable à l'eau et présenter une surface plane ; il doit offrir une pente qui facilite l'écoulement des eaux de lavage, et être d'une solidité telle que l'action du balai ne puisse l'entamer ; de plus, il faut qu'il ne puisse pas s'échauffer trop facilement. Le ciment romain de Vassy seul nous paraît réunir ces qualités, et il doit obtenir la préférence sur les autres matériaux, pourvu qu'il soit établi sur un fond de cailloux concassés, ou simplement de craie tassée de manière à ne subir aucun affaissement.

Les dalles ou les briques sont exposées à se briser; les mortiers employés à faire les joints s'écaillent, se soulèvent; les eaux de lavage s'infiltrent dans le sol, et, si on apporte le moindre retard dans les réparations, elles fermentent et dégagent des miasmes infects. Les conditions de solidité sont donc beaucoup moins grandes et les frais d'entretien plus considérables.

Quant au prix de revient de chacun de ces systèmes, seule considération qui puisse empêcher de recourir au mode de construction que nous préférons, le voici [1] :

Le dallage en pierres coûte 10 fr. le mètre carré ; soit, pour 20 mètres, 200 fr.

Le même, en briques de Bourges, coûte 4 fr. 50 c. le mètre carré; soit, pour 20 mètres, 90 fr.

Le même, en ciment romain de Vassy, de $0^m,05$ d'épaisseur, coûte 20 fr. le mètre carré : soit, pour 20 mètres, 120 fr.

Béton en cailloux concassés, de $0^m,10$ d'épaisseur, 1 fr. 80 c. le mètre carré; soit, pour 20 mètres, 36 fr.

Ainsi donc, l'établissement du sol d'un germoir de 20 mètres carrés, en ciment romain appliqué sur une bonne couche de béton, coûtera 156 francs, tandis que le même, construit en dalles, reviendra à 200 fr.; il est vrai que celui en briques n'occasionnerait qu'une dé-

(1) Nous prenons pour base de notre estimation le prix des constructions de Paris, et nous supposons un germoir de 20 mètres carrés.

pense de 90 fr.; mais si l'on prend la moyenne de ces deux derniers modes de construction, on a 145 fr., et, en raisonnant sur ce chiffre, on ne trouve qu'un excédant de dépense de *onze francs*, soit 7 pour 100 environ, sur une construction des plus importantes; cette différence, on en conviendra, ne doit pas, ne peut pas former une objection sérieuse dans l'esprit d'un industriel qui comprend ses véritables intérêts.

Quelle que soit la nature des matériaux employés à la confection du sol, les garanties de régularité dans la germination qu'ils présentent disparaissent complétement si le fond sur lequel ce sol est établi n'est lui-même dur et compacte, si le ferme, en un mot, n'existe pas d'une manière uniforme. Les germoirs situés au-dessus des caves, et particulièrement ceux qui sont traversés dans le sens de leur longueur ou de leur largeur par de gros murs d'appui, sur lesquels reposent, par exemple, deux voûtes de caves contiguës, en sont une preuve évidente: dans la partie du sol du *germoir* correspondant à l'épaisseur d'un mur de séparation, la germination est lente, tandis qu'au-dessus des voûtes elle est très active; si l'une des deux caves est plus accessible que l'autre à l'air extérieur, toute la partie de la couche qui est située au-dessus de celle-là en ressentira les effets dans les hivers rigoureux; la germination s'y fera lentement, tandis qu'au-dessus de la voûte voisine elle se développera avec activité.

S'il existe des excavations dans le sol, les mêmes phénomènes se produiront; on les verra également se manifester dans les germoirs dont le fond présentera

des nuances diverses de terrains, telles qu'une maçonnerie ou un gravier d'un côté et un terrain mou-
vant et sableux de l'autre.

Dans l'application, toutes ces nuances de construction se font sentir; pas un brasseur ne l'ignore; cependant on ne s'en préoccupe que peu ou point quand il
s'agit d'améliorer une brasserie, de donner une disposition nouvelle à une usine. Nous ne pouvons nous empêcher de déplorer cette insouciance, parce qu'elle a
pour résultats des irrégularités toujours dommageables,
souvent funestes au succès de la germination, la plus
essentielle de toutes les opérations préparatoires.

Il est vrai que l'intelligence du germeur est là pour
quelque chose et que sa mission est de remédier aux
accidents de terrains qui se présentent dans presque tous
les germoirs; mais, encore une fois, n'est-ce pas assez
des difficultés inhérentes à ce travail, et des obstacles
que font naître les influences atmosphériques, sans y
ajouter des circonstances qui peuvent les aggraver?
Dans tous les cas, c'est là une complication réelle,
un embarras sérieux dans les moments difficiles.

Ce que le germeur doit faire pour atténuer les effets
qui résultent d'une construction défectueuse, c'est de
donner à la couche une épaisseur plus considérable dans
les parties froides et une épaisseur moindre dans celles
où la température s'élève plus facilement; mais les résultats seront toujours différents de ceux qu'on obtiendrait d'une germination uniforme. D'ailleurs, chaque
fois que l'on change d'ouvriers, ce sont des essais et des
tâtonnements nouveaux, le travail en souffre et les

manipulations se compliquent au lieu de se simplifier.

Améliorer le travail, c'est le rendre plus court, plus économique, plus facile, afin de diminuer les pertes de temps ; c'est, pour tout dire en un seul mot, en réduire le prix , tout en supprimant ce qu'il a de pénible pour l'ouvrier qui l'exécute. Voilà comment nous comprenons l'amélioration du travail, et le but auquel doivent tendre, à notre avis, des industriels éclairés qui comprennent leur mission et leurs devoirs.

S'il n'est pas toujours facile de remédier aux inconvénients que nous venons de signaler, il en est d'autres, dont l'importance n'est pas moins grande , auxquels on peut apporter facilement des améliorations. Nous voulons parler des germoirs qui laissent arriver trop abondamment les rayons lumineux sur la surface des couches. Nous devons rappeler ici que la lumière, agissant à la manière de la chaleur, imprime à la graine une activité inopportune, et que la germination en reçoit une fâcheuse atteinte. Dans certaines brasseries, l'exiguïté du terrain ou la mauvaise distribution des locaux ne permet pas toujours de changer la destination primitive qu'on leur a assignée sans nécessiter des dépenses qu'il est quelquefois prudent d'éviter ; mais le moyen dont nous voulons parler conserve à chaque partie d'un établissement les dispositions qui leur sont devenues spéciales ; il suffit, dans le cas actuel, de remplacer les vitres incolores par des vitres de couleur, et préférablement par des vitres bleues , qui sont d'un prix moins élevé que les autres ; de cette façon on intercepte le passage des rayons lumineux , et on fait disparaître les causes qui peuvent amener dans la graine un développement trop considérable.

Nous arrivons maintenant à des considérations d'un ordre non moins élevé et sur lesquelles nous appelons toute l'attention de nos lecteurs; nous allons nous occuper de la ventilation des germoirs.

§ 5. Ventilation des germoirs.

Nous avons dit qu'à défaut d'air les végétaux, comme les animaux, languissaient, que chacun de leurs organes en ressentait une profonde atteinte, et que la privation d'air trop prolongée amenait infailliblement la mort. Une expérience que chacun de nos lecteurs peut répéter va nous en fournir une preuve évidente. Si on introduit dans un flacon, en assez grande quantité pour qu'il n'y reste que peu ou point d'air, de l'orge qui a commencé à germer, et si on abandonne ce flacon à lui-même, après l'avoir bouché hermétiquement, chacun des organes cesse ses fonctions; toute élaboration est suspendue; en un mot, la végétation s'arrête, la graine périt, et toute la masse, soumise aux lois naturelles de la décomposition, éprouve la fermentation putride, pour ne plus offrir bientôt qu'une inutile poussière.

Il est donc essentiel que la couche d'air qui enveloppe les grains en voie de germination puisse se renouveler facilement, puisqu'il n'y a pas de germination possible sans le contact de l'air; nous ne disons pas le contact absolu, car l'air peut être chargé d'une assez grande quantité de gaz délétères sans arrêter complétement les phénomènes de la germination; cependant, lorsque ceux-ci sont en trop forte proportion, elle en ressent de fâcheux effets, qui suffisent pour entraver la régularité de sa marche et s'opposer au libre développement des radicelles.

Le gaz qui se dégage pendant la germination est celui qui a reçu le nom de *gaz acide carbonique*, ou, plus simplement, d'acide carbonique. Comme nous aurons fréquemment occasion d'en parler, nous allons examiner sommairement chacune de ses propriétés et les caractères qui le distinguent.

C'est ce gaz que les végétaux et les animaux expirent après s'être assimilé la portion d'oxygène, indispensable à leur existence, que contient l'air atmosphérique. Nous le retrouverons plus tard comme un produit de la fermentation de la bière, et cette considération seule suffirait pour justifier notre examen; car il nous est d'autant plus indispensable de connaître la manière dont il se comporte dans nos opérations, et les terribles influences qu'il peut exercer dans nos usines sur l'économie animale, que chaque brasserie est un vaste foyer qui vomit par torrent des quantités incalculables d'acide carbonique.

Comme l'air atmosphérique, le gaz acide carbonique est incolore, élastique et presque sans odeur; mais il est environ deux fois plus pesant que lui. Il éteint les corps en combustion, et cette propriété sert à faire reconnaître sa présence dans les lieux d'où il se dégage; car il suffit de plonger une bougie dans un local où il domine pour qu'elle s'éteigne subitement.

Mêlé à l'air en petite quantité, il détermine une oppression pénible, excite la toux, provoque des sensations douloureuses de cuisson aux yeux et même le larmoiement; mélangé avec une quantité d'air égale à son volume, il cause une espèce d'ivresse, une insupportable fatigue dans les jambes, et des commotions violentes au cerveau; le sang de celui qui le respire circule avec une incroyable activité; et si le séjour dans ce milieu se prolonge, si la dose d'acide carbonique augmente, les vertiges arrivent promptement, puis les spasmes nerveux et les convulsions. Bientôt la face devient rouge pourpre, les yeux sortent de leurs orbites, les vaisseaux sanguins se gonflent comme s'ils allaient s'entr'ouvrir; la bouche se contracte convulsivement et laisse échapper une espèce de sanie épaisse et baveuse; plus tard, la vie s'éteint dans des douleurs atroces [1].

Pur, l'acide carbonique peut déterminer la mort en quelques secondes. Il ne s'écoule pas d'année dans laquelle des milliers de personnes n'en soient victimes.

L'acide carbonique agit avec la même intensité sur les végétaux; dès lors, une couche de grains germant au milieu d'une atmosphère qui en est surchargée ne saurait y rester longtemps sans être placée dans les conditions les plus défavorables à la germination, et les plus capables de provoquer par la suite les phénomènes de pourriture dont nous avons parlé.

C'est en été que les dégagements d'acide carbonique

____

(1) C'est le résultat de nos propres impressions que nous rapportons ici, après avoir procédé par expérience-directe et avoir échappé à une mort certaine.

produits par la germination sont le plus à redouter, et particulièrement lorsqu'ils ont lieu dans les caves; la température de celles-ci étant plus basse, l'air y est moins dilaté, et par conséquent plus dense et plus lourd à ces causes purement physiques il faut ajouter le poids spécifique de l'acide carbonique, qui, comme nous l'avons dit, est deux fois plus pesant que l'air.

Ce n'est donc pas une simple ventilation, un simple courant d'air, qui pourront enlever la masse d'acide carbonique développée; il faut un tirage constant, régulier, établi de telle façon que la ventilation puisse s'opérer au besoin en quelques minutes, que les gaz puissent être promptement portés au dehors à une hauteur considérable, et que l'air extérieur vienne remplacer celui qui se trouvait dans le germoir et qui était devenu nuisible à la germination.

C'est pour parvenir à ce résultat que nous indiquons ici un procédé qui nous a parfaitement réussi et dont nous allons donner le détail.

Supposons que le germoir A (*fig.* 6) soit complétement rempli d'acide carbonique; si l'on établit un

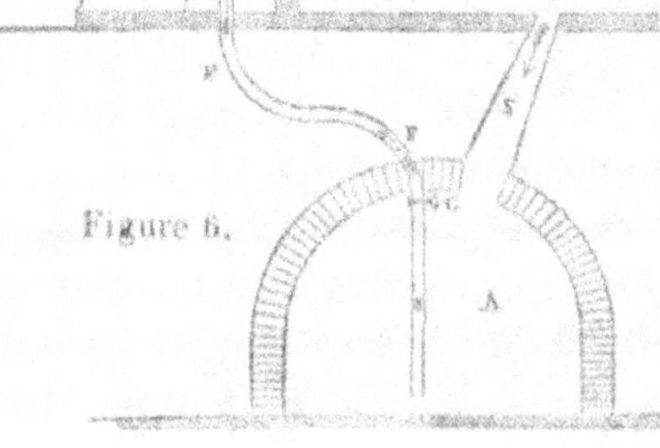

Figure 6.

appel dans la cheminée verticale D, au moyen d'un
foyer établi à l'extrémité de la cheminée horizontale E,
il suffira de donner issue à l'acide carbonique par le
tuyau B (de 0^m,10 de diamètre), en ouvrant la clef C,
pour qu'en quelques minutes tout le gaz soit porté hors
de l'usine par la cheminée D.

Il faut que le tuyau B descende à quelques centimètres du sol, à cause de la pesanteur spécifique de
l'acide carbonique ; par cette disposition, l'air extérieur
arrive au sommet de la voûte par le soupirail S, en agissant de haut en bas, tandis que l'écoulement de l'acide
carbonique dans la cheminée d'appel s'opère de bas en
haut. Si le tuyau B ne descendait que peu au-dessous
du sommet de la voûte, s'il se terminait en C, par exemple, la couche supérieure seule serait attirée et remplacée par une quantité d'air égale venant du soupirail,
mais l'acide carbonique contenu dans le germoir y res-
terait, au moins jusqu'à une certaine hauteur, ou
n'en serait chassé qu'après un laps de temps fort
long.

Ce système peut parfaitement s'appliquer à toutes les
usines, car il n'est pas indispensable que la cheminée
soit immédiatement au-dessus du germoir ; lorsqu'elle
se trouve à peu de distance, quelques mètres de tuyaux
de zinc suffisent ; mais si la cheminée la plus proche
est éloignée de dix, quinze, vingt mètres , on pratique
une tranchée dans le sol, et on y place autant de tuyaux
de communication que la longueur l'exige, en ayant
soin surtout de ménager des courbes comme en F, F
(*fig.* 6), au lieu de les couder à 90°, comme on le voit

en G G (*fig.* 7) ; cette dernière disposition ferait éprou-

Figure 7.

ver aux gaz une résistance et des frottements susceptibles de retarder leur écoulement.

Par ce mode de ventilation nous avons enlevé en 22 minutes, d'un germoir souterrain où il y avait 50 hectolitres d'orge en germination, tout l'acide carbonique dont il était rempli.

Il n'est pas rigoureusement nécessaire que la cheminée soit dans les conditions que nous avons indiquées (*fig.* 6) ; une cheminée ordinaire remplit le même objet ; seulement, si ce n'est pas une cheminée d'usine, il est utile qu'elle soit hermétiquement fermée à sa base par une maçonnerie, et à l'endroit du foyer, si elle dépend d'un appartement. On peut se dispenser d'établir un tirage d'appel, en faisant du feu, quand la ventilation a le temps de s'établir ou lorsqu'elle se continue indéfiniment ; mais si l'on a besoin d'agir rapidement, il faut faire intervenir la chaleur pour activer le tirage.

En hiver ces mesures deviennent superflues, la température des caves étant plus élevée que celle du dehors, l'air qu'elles renferment tend naturellement à gagner les régions supérieures ; il se dirige vers les ouvertures qui communiquent avec l'extérieur, et ce seul effet détermine l'ascension de l'acide carbonique, qui, malgré sa densité plus grande, s'écoule néanmoins très facilement ; il s'établit dans ce cas une ventilation constante.

Dans les germoirs situés au rez-de-chaussée, il est rare que les moyens ordinaires de ventilation ne suffisent pas ; ceux que nous indiquons sont donc plus spécialement destinés aux germoirs souterrains, dont le nombre est assez considérable.

Cette disposition, facilement applicable, peut être encore utilisée dans d'autres circonstances que nous signalerons à l'attention de nos lecteurs à mesure qu'elles se présenteront à nous.

Aujourd'hui il n'est guère de brasserie un peu importante qui n'ait un germoir d'été et un germoir d'hiver, quoique le plus souvent le hasard seul ait fait les frais des avantages que présentent celui-ci et celui-là.

Nous avons dit que le germoir demandait de fréquents lavages, et qu'il fallait que le sol fût de nature à ne pas en ressentir de dommage. En effet, après la germination successive de plusieurs couches dans le même germoir, le sol se couvre d'une espèce de végétation savonneuse, infecte, grasse au toucher, et quelquefois assez glissante sous les pieds pour devenir dangereuse ; ce fait, indépendant de la nature des matériaux employés à la construction du sol, est inhérent à la germination. Quoique ce soit une conséquence immédiate de cette opération, il n'en faut pas moins la combattre le plus efficacement possible, particulièrement dans les temps chauds.

Si on abandonne au contact de l'air humide cette espèce de *fongosité*, elle se décompose promptement et donne des signes manifestes de fermentation putride, tout en développant une odeur nauséabonde ; chauffée, elle dégage des vapeurs fétides et abandonne au moins 90 pour 100 d'eau.

Il est essentiel d'éviter le développement trop considérable de ces fongosités ; car, outre les émanations qu'elles produisent dans les temps chauds, elles s'attachent toujours un peu aux grains, facilitent la pourriture de ceux qui y ont une tendance, leur communiquent une saveur insipide qui s'oppose à la clarification des moûts, et contribuent peut-être à leur altération. On en ressent encore les fâcheux effets même dans les bières fabriquées, sans qu'on puisse les attribuer tout d'abord à une cause bien déterminée.

Le seul moyen que l'on emploie généralement pour combattre ces végétations fongueuses consiste à opérer un lavage à grande eau, et à les détacher du sol par le frottement d'un balai ; cette opération, qui, en été, a en outre l'avantage de rafraîchir le sol et de prévenir, dans la couche qui va être déposée au germoir, un développement trop actif, doit être fréquemment répétée. Il n'y a jamais de danger à la pratiquer souvent ; il peut y en avoir beaucoup à la négliger.

Dans les germoirs situés au-dessous du sol, on est quelquefois disposé à n'opérer ces lavages que de loin en loin, à cause de la difficulté de se débarrasser des eaux infectes qui restent après cette opération. Le plus souvent on ménage à l'une des extrémités du germoir, et à la partie la plus inclinée du sol, un petit réservoir en maçonnerie, de quelques centimètres de profondeur, à l'effet de recevoir ces eaux ; il faut alors que les ouvriers les enlèvent à l'aide de seaux, et cette manœuvre a l'inconvenient de faire dépenser beaucoup de temps. Elle pourrait être faite par un seul homme et en quelques minutes, au moyen d'une petite pompe mobile en zinc, dont l'acquisition est très peu dispendieuse, et qui est susceptible d'être affectée, dans une brasserie, à des besoins d'une autre nature.

Quoi qu'il en soit, nous ne saurions trop recommander de pratiquer de fréquents lavages dans les germoirs; car il faut bien se convaincre que les résultats les plus mauvais, les plus ruineux pour les brasseurs, ont souvent pour cause ces questions de détails qui échappent à l'esprit; on se préoccupe de certaines questions d'ensemble, quand le plus souvent le mal réside dans celles dont nous venons de parler.

Le réservoir dont il vient d'être question peut devenir un véritable foyer d'infection si on ne le vide pas à fond avant d'abaisser le couvercle qui doit le fermer hermétiquement. Quelque minime que soit la quantité d'eau qui y reste, elle ne tarde pas à se corrompre et à développer des émanations pestilentielles : c'est ce qui n'arrive que trop fréquemment dans les germoirs où il en existe.

Il y a un moyen infaillible de s'opposer à la putréfaction de ces eaux : c'est de placer au fond de cette bâche environ dix litres de noir animal en gros grains ; il possède des propriétés désinfectantes très énergiques. Nous l'avons fréquemment employé avec succès, et sans que cela nous ait entraîné à une dépense importante , puisque 100 kilogrammes, du prix de 12 à 15 francs, nous suffisaient pendant une année pour un germoir. Quel que fût le temps écoulé depuis la dernière ouverture du réservoir, jamais il ne s'en exhalait d'odeur fétide ; le *noir animal* avait absorbé toute la matière odorante, à mesure qu'elle se produisait.

Ce qu'il est non moins essentiel d'observer dans la construction d'un germoir, c'est la position qu'il doit avoir relativement aux autres parties de l'usine ; il faut, autant que possible, le placer au-dessous des greniers qui doivent contenir l'orge brute ; de cette façon, il suffit de lever une petite planche pour que le grain descende seul dans la *cuve mouilloire*; cette disposition évite des frais de main-d'œuvre qui figurent dans toutes les brasseries pour un chiffre assez considérable, puisqu'en général la manutention des bières représente environ 12 pour 100 de leur valeur.

Nous avons déjà énuméré les inconvénients qui résultent du retard apporté au travail d'une couche ; c'est principalement à la fin de l'opération qu'il est urgent de les éviter. Par suite de la mauvaise disposition d'un grand nombre de germoirs, au lieu de deux ouvriers rigoureusement nécessaires pour remonter une couche, c'est-à-dire pour la porter dans les *greniers d'aérage*, on est souvent obligé d'employer tous ceux qui se trouvent dans l'usine, et cela dans un moment où une autre opération, non moins importante, nécessite leur présence et réclame leurs soins.

Lorsque les greniers d'aérage sont situés, comme ils doivent l'être, au-dessus des germoirs, il suffit de ménager des ouvertures ou des trappes dans les planchers pour livrer passage à la corbeille indiquée par nos figu res 8 et 9; au moyen d'une petite grue mobile ou d'un

Figure 8.   Figure 9.

treuil placé sur le plancher du grenier, deux ouvriers suffisent; car tandis que l'un, placé dans le germoir, emplit la corbeille, l'autre la reçoit à l'étage supérieur et étend le grain à mesure qu'il lui arrive. On peut encore simplifier le mécanisme en substituant au treuil ou a la grue un contre-poids qui fait équilibre au poids de la corbeille. Mais quel que soit le mode adopté, il offre toujours l'avantage, dans une brasserie importante, de laisser chacun des ouvriers aux travaux qui lui sont confiés, au lieu de les déranger tous. Quant à la question de dépense comparée pour chacun de ces moyens, elle est nulle, parce qu'à l'aide des transports mécaniques on évite un matériel de sacs dont l'acquisition est assez dispendieuse et dont l'entretien ne laisse pas que d'être fort coûteux. Les appareils dont nous avons parlé peuvent fonctionner au moins vingt ans avant d'être remplacés.

Le balayage du germoir est toujours nécessaire après le transport de la couche dans les greniers d'aérage; car les grains qui restent, étant ordinairement meurtris, pourrissent promptement et peuvent faire pourrir un plus grand nombre de grains employés dans l'opération suivante. En un mot, aucune des précautions que nous venons d'indiquer ne doit être négligée dans une opération aussi essentielle que la germination ; car si les résultats en sont vicieux, tout le reste de la fabrication le sera de même, et les diverses substances auxquelles on aura recours pour suppléer au peu de sucre développé dans les grains ne seront que des correctifs impuissants si le mal a été trop considérable.

SECTION III. — DE QUELQUES CÉRÉALES EMPLOYÉES A LA FABRICATION DE LA BIÈRE.

§ 1. Du Froment (*Triticum*[1]).

Nous avons suffisamment étudié l'orge et les conditions à observer pour en opérer la germination ; occupons-nous des autres céréales employées à la fabrication de la bière, et particulièrement du *froment* et de l'*escourgeon*.

L'un et l'autre sont relativement moins utilisés que l'orge dans le travail des brasseries ; c'est pourquoi nous avons cru utile de choisir celle-ci pour nos démonstrations ; d'ailleurs le mode d'action de la germination, tel que nous l'avons indiqué, n'étant pas spécial à l'orge, on peut partir des mêmes règles et des mêmes faits généraux pour la développer dans toutes les autres graminées ; car elles ne diffèrent en réalité que par quelques légères nuances.

L'emploi du froment dans la fabrication de la bière

---

(1) En anglais, *wheat* ; en allemand, *weizen* ; en italien, *grano* ; en espagnol, *trigo*.

remonte aux temps les plus reculés. Les Allemands sont ceux qui en font le plus fréquent usage aujourd'hui; c'est sans doute par imitation qu'il s'est répandu sur les frontières d'Allemagne et dans quelques villes de nos départements de l'Est.

On l'emploie généralement peu dans les départements du centre, trop peu peut-être; car il exerce sur l'ensemble de la fermentation une action favorable, mais détruite malheureusement, il est vrai, par d'autres inconvénients que nous examinerons en parlant de la fermentation.

§ 2. Malt-froment.

Nous empruntons à un ouvrage que M. Sigismond Kolb, brasseur à Strasbourg, a publié, sous le titre de l'*Art du Brasseur*, ou *Méthode théorique et pratique pour faire la bière*, les passages suivants qui concernent la germination du froment; nous consignerons dans des notes les points sur lesquels nous sommes en désaccord avec l'auteur, qui nous a fourni le titre même de ce paragraphe.

« Je donne ici les règles de la confection du malt de froment avec tant de clarté qu'elles doivent satisfaire en tout point celui qui les suivra exactement, et qu'il peut être assuré d'une réussite parfaite et infaillible; elles sont le fruit d'observations suivies soigneusement, d'essais chèrement achetés par la non-réussite de plus d'une couche, et il m'a fallu beaucoup de persévérance pour parvenir enfin à un résultat non équivoque dans un procédé qui avait été, à cause de son peu de réussite, abandonné par tous mes confrères d'Alsace et dans le Palatinat, où certainement on trouve des maîtres brasseurs qui connaissent leur art à fond, et que le bas prix du froment devait inviter quelquefois à s'en servir de préférence à l'orge, s'ils avaient su quelle délicieuse boisson on en obtient, étant parfaitement germé.

« De plus, aucun, dans un grand nombre d'auteurs qui ont écrit sur l'art de faire la bière, n'a donné des instructions sur cette opération ; ils croyaient avoir rempli leur tâche en nommant les contrées où l'on faisait de la bière de froment, ou bien, convaincus des difficultés que ce point présente, ils n'osaient y toucher faute de connaissances suffisantes. Je crois que cet article contribuera à ne pas me faire confondre par mes collègues dans le nombre de ceux qui n'ont écrit que par ouï-dire ou en compilant des ouvrages des siècles passés.

« La confection du malt de froment diffère beaucoup de celle du malt d'orge.

« Le froment contient une quantité de gluten ou colle que l'orge ne contient pas [1] : c'est pour cela qu'étant soumis à notre fabrication *il est très susceptible d'une fermentation putride* [2]. Sa nature visqueuse et grasse est cause qu'il est plus difficile d'en développer la matière sucrée que celle de l'orge, et il paraît que cette diffi-

(1) En examinant l'analyse de l'orge que nous avons donnée, on voit qu'elle contient 3 pour 100 de gluten ; l'analyse du froment qu'on trouvera plus loin indique 12,5 pour 100. L'auteur donc a raison s'il parle dans un sens relatif, mais il se trompe s'il entend prendre son assertion dans un sens absolu.

(2) Nous mettons cette dernière phrase en italiques afin de fixer l'attention du lecteur ; nous aurons l'occasion de justifier cette opinion.

culté est la principale cause pour laquelle la plupart des bières qui se fabriquent avec le froment sont très rarement claires et limpides, à cause de la grande quantité de mucilage qu'il produit par l'infusion.

« Ma méthode de faire germer le froment évitera cet inconvénient, et, en suivant scrupuleusement et avec exactitude les règles que je donne ici, on fera un malt excellent, dégagé de toutes les parties étrangères et nuisibles, et qui donnera une boisson délicieuse. L'orge a besoin de cinquante à soixante heures de trempe pour être mise en germes ; le froment en a assez de trente-six à quarante ; on voit par là quelle faute commettent la plupart des brasseurs qui, dans cette opération, mettent ces deux espèces de grains dans une même cuve [1].

« L'orge pousse ses racines par un bout et le germe des champs par l'autre ; avec la racine du froment se montre en même temps, en forme de petite langue, le rudiment de la tige future : il est donc indispensable, pour faire un bon malt, de faire prendre aux racines la longueur qu'exige une bonne culture, et d'empêcher l'autre de faire des progrès qui, par leur développement, comme l'on sait, absorberaient les qualités essentielles qui produisent dans la suite un bon moût. Pour réussir dans cette entreprise, il faut donc, pour ainsi dire, presser tellement la croissance des racines que le germe de tige n'ait pas le temps de pousser.

« Cette proposition paraît difficile, car rarement la

_____

[1] Quelque garantie que nous présente l'autorité de l'auteur, il nous est impossible d'admettre qu'il y ait des brasseurs assez inintelligents pour opérer ainsi.

nature se laisse arrêter pour suivre une volonté; et cependant j'ai la preuve certaine que ma méthode donnera une réussite complète à celui qui l'exécutera ponctuellement.

« La saison où la fabrication du malt-froment peut avoir lieu avec un plein succès sont les mois de décembre, janvier et février; on peut aussi faire germer dans les autres mois où les chaleurs ne sont pas fortes; mais plus il fera froid, plus l'opération réussira.

« Le froment n'a pas besoin d'être de première qualité, pourvu qu'il soit de la dernière récolte, franc, égal en grain, et sans mauvais goût.

« Les épreuves de la mouillure étant les mêmes que celles de l'orge, trente-six à quarante heures d'eau renouvelée doivent suffire. Comme c'est par les grands froids que cette imbibition doit se faire, il est nécessaire de renouveler l'eau aussi souvent; car plus elle est changée, moins elle risque de geler. On fera bien de recouvrir la cuve mouilloire et d'y mettre un manteau de sacs de houblon vides.

« Lorsqu'il est assez trempé et que l'eau est proprement soutirée, il doit encore rester six à huit heures dans la cuve pour se saturer de l'eau qui reste à la surface des grains; car il est de rigueur de ne pas le mettre au germoir tant qu'il mouillera la main qu'on y enfonce. Il est impossible de maintenir une couche de malt de froment, qui a été transportée au germoir étant encore mouillée superficiellement, dans un degré de température que la règle exige; car, malgré le travail assidu de la retourne, il prendra un degré de chaleur

très nuisible, que suivront infailliblement des taches de
moisi, auquel ce grain est très sujet et qu'il est essentiel
d'éviter.

« Transporté au germoir, il est placé en couche de
0^m,17 de haut, les parois de la couche un peu rehaus-
sées, et retourné par douze heures de la manière que
j'ai indiquée pour l'orge. Si le germoir est bien disposé
et bien clos, les germes doivent se montrer au bout de
quarante-huit heures. C'est déjà un grand pas de fait
vers la réussite si les germes se montrent à égale croissance, et généralement alors on le retourne, en lui
conservant toujours la même hauteur et en rehaussant
toujours un peu les parois. Maintenant il doit être à
son plus haut degré de germination et parvenir à + 20°
de chaleur dans l'espace de vingt-quatre à trente-six
heures ; il doit avoir poussé des germes un peu plus
longs que ceux usités pour l'orge, et les racines doivent
avoir tellement rempli les intervalles entre les grains et
s'être tellement jointes entre elles qu'il faut un grand
effort pour y entrer avec la main ; ce n'est qu'avec peine
qu'on y introduit la pelle de bois, et, en marchant dessus pour vérifier le centre de la couche, l'empreinte
des pieds n'y paraîtra presque pas. La germination est
maintenant parvenue à son degré de perfection, et il est
urgent de l'interrompre, pour empêcher que le germe
des champs ne se développe. Deux ouvriers sont nécessaires pour ce travail ; l'un retourne doucement et
par petites pelletées le malt qui, dans cette situation, est
extrêmement tendre, tandis que l'autre, muni d'un
balai en osier, sépare les mottes et en éparpille les

grains pour arrêter leur croissance sans les blesser ; cette précaution est très nécessaire, car les grains qui sont froissés entrent aisément en moisissure. Cette retourne principale doit se faire avec beaucoup de soin et de patience ; car s'il reste après l'opération de grosses mottes non éparpillées à huit ou dix grains, elles se seront tellement resserrées, lorsqu'on viendra pour faire la suivante, qu'elles ne pourront l'être qu'en les arrachant avec la main, et souvent le germe des champs a dans cet intervalle pris une croissance funeste au malt.

« Six ou huit heures après, la couche sera refroidie et facile à retourner ; trois ou quatre heures après cette seconde retourne, le malt doit sortir du germoir et être transporté au grenier pour faner, ainsi qu'il a été dit pour le malt d'orge.

« On peut maintenant s'assurer des symptômes dont j'ai parlé plus haut : on verra à l'embryon du grain, à côté de la racine, une petite languette, qui est le germe de la tige, mais auquel on n'a pas laissé le temps de se développer davantage par la germination extrêmement hâtive des racines, et par le refroidissement soudain de la couche lorsqu'ils étaient parvenus à leur degré de croissance suffisant.

« Transportés au grenier pour faner, il faut qu'ils soient retournés trois fois par jour et ne soient pas couchés à plus de $0^m,06$ d'épaisseur. S'il survient un temps humide, il faut se hâter de les faire passer au séchoir ; car, malgré toutes les précautions, on s'expose à ce qu'ils prennent des taches de moisi, principalement les grains blessés par la pelle. En général, aucun ouvrier ne doit, dans cette opération, avoir des souliers ferrés ; mieux vaudrait les lui faire ôter à chaque entrée au germoir ou au grenier ; le dégât incalculable des grains broyés ainsi par l'insouciance des ouvriers devrait éveiller l'attention des maîtres brasseurs, et cette surveillance formerait encore, au bout de l'année, un petit article d'économie.

« Il fait bon d'observer qu'on entend par froment de première qualité celui dont les grains sont d'un beau brun, transparents, et d'une peau très fine ; la seconde qualité, et qui se vend à un prix bien inférieur, a une couleur jaune pâle et terne, n'est pas si gros en grain ; mais s'il est sec au toucher et égal, sans mauvaise grenaille, il convient parfaitement à notre usage [1]. »

On n'a songé à utiliser le froment dans la fabrication de la bière qu'à cause des deux propriétés suivantes qui lui sont généralement attribuées, savoir : qu'il produit une bière plus nourrissante et plus d'alcool.

La boisson *qui nourrit* nous paraît un non-sens, car nous ne sachions pas que l'on boive de la bière autrement que pour se désaltérer ; nous reviendrons sur cette question.

Nous accordons néanmoins à la bière de froment, en raison de la grande quantité de gluten qu'elle renferme, quelques propriétés nutritives. Ainsi M. Proust,

(1) M. Kolb, et généralement tous ceux qui ont écrit sur la fabrication de la bière, professent certaines idées qu'il nous paraît dangereux de laisser accréditer ; nous y reviendrons, par intérêt pour la science et pour la vérité, dans un examen critique spécialement consacré à ce sujet. Nous laissons à l'auteur la responsabilité tout entière de cet article, que nous avons textuellement copié.

qui nous a fourni précédemment les analyses de l'orge, a trouvé que :

100 parties de froment étaient composées de :

Amidon.	74,00
Gluten	12,50
Extrait gommeux et sucré.	12,00
Résine.	1,00 [1]

M. Th. de Saussure a soumis à l'analyse 100 parties de froment germé, et y a trouvé :

Amidon.	65,08
Gluten	7,64
Dextrine.	7,91
Sucre.	5,07
Albumine.	2,67
Son	5,60
Acide carbonique.	
— acétique.	Quantités indétermin.
Alcool.	

(1) Les diverses variétés de froment (les botanistes en comptent douze) donnent chacune à l'analyse des résultats différents, comme on peut s'en convaincre par le tableau qui suit :

NOM DES FARINES.	Humidité.	Gluten.	Amidon.	Matière sucrée.	Matière gommo-glutineuse.	Son resté sur le tamis.
Farine brute de froment.	10	10,96	71,49	1,72	3,32	
— de méteil (seigle et froment).	6	9,80	75,50	4,22	3,28	1,20
— brute de blé dur d'Odessa. .	12	14,55	56,50	8,48	4,90	2,30
— brute de blé tendre d'Odessa.	10	12,00	62,00	7,36	5,80	1,20
— id. 2e qualité.	8	12,10	70,84	4,90	4,60	
— de service, dite de seconde.	12	7,30	72,00	5,42	3,30	
— des boulangers de Paris. . .	10	10,20	72,80	1,20	2,80	
— des hospices, 2e qualité. . .	8	10,30	71,20	4,80	3,60	
— id. 3e qualité.	12	9,02	67,78	4,80	4,60	

Si nous comparons la quantité de sucre produite par la germination de l'orge et par celle du froment, nous trouvons que la première en donne 15 pour 100, tandis que l'autre n'en fournit que 3. Malgré la haute autorité de M. de Saussure, il nous est impossible de croire que les résultats qu'il a posés soient exacts ; en effet, si le périsperme du froment est plus abondant que celui de l'orge, la quantité d'amidon sera relativement plus considérable, et dès lors la quantité de sucre produite par la germination devra être plus forte dans le premier cas que dans le second. Même en la supposant égale, ou, qui plus est, inférieure, il est invraisemblable que, si la quantité produite par l'orge = 15, celle du froment ne soit que 5,07, c'est-à-dire deux fois moindre.

Quoi qu'il en soit, il faut nécessairement admettre qu'à quantité égale de froment et d'orge germés dans les conditions les plus favorables, le premier ne donne guère que 42 pour 100 d'alcool et la seconde 40 ; c'est ce qui résulte du tableau suivant, dont les chiffres viennent corroborer notre opinion sur l'inexactitude de ceux donnés par M. de Saussure. Dans son *Traité de Chimie appliquée aux arts* [1], M. Dumas dit :

100 kil. froment donnent 40 à 45 litres alcool à 50°.

—	seigle	*id.*	36 à 42	*id.*
—	orge	*id.*	40	*id.*
—	avoine	*id.*	36	*id.*
—	sarrasin	*id.*	40	*id.*
—	maïs	*id.*	40	*id.*

(1) T. VI, p. 526.

M. Liebig présente les résultats suivants dans son *Traité de Chimie organique*[1] :

« Dans les meilleures conditions et dans les bonnes distilleries on peut obtenir de

50 kil. froment	30,70 litres eau-de-vie à 50.
— seigle	29,40		id.
— orge	28,16		id.
— pommes de terre	11,00		id. »

La plupart des brasseurs croient que l'emploi du froment dans la fabrication de la bière est propre à développer une plus grande quantité d'alcool ; les indications que nous venons de fournir prouveront suffisamment que le rapport qui existe entre les quantités produites par le froment et par l'orge n'offre pas une différence assez sensible pour que l'on s'expose à donner la préférence au froment, malgré les quelques avantages qu'il présente et sur lesquels nous reviendrons.

§ 3. De l'Épeautre (*Triticum spelta*).

L'*épeautre* n'est qu'une variété du froment, comme l'*espiote* est une variété de l'orge ; soumis à la germination, tous deux se comportent de la même manière que l'espèce à laquelle ils appartiennent ; seulement l'espiote est moins employée que l'épeautre ; celui-ci est en usage dans quelques villes du département du Nord, mais plus particulièrement dans le Schwarswald (forêt Noire), où on en obtient, dit-on, une bière blanche fort agréable. Le *froment locar* et *locular* n'est pas autre

____

[1] T. III, p. 216.

chose que l'épeautre proprement dit. Sa configuration rappelle d'un peu loin celle de l'orge.

§ 4. De l'Escourgeon[1] (*Hordeum vulgare*).

La germination de l'escourgeon ne diffère de celle de l'orge que par la durée du mouillage; la moyenne de cette opération pour celui-là n'est guère que de seize à vingt heures environ. L'escourgeon ne se distingue extérieurement de l'orge qu'en ce qu'il est plus aplati vers le centre et plus allongé vers les extrémités; de plus, le premier présente un épi à deux rangs de grains, tandis que dans la seconde on en compte six.

L'escourgeon se récolte ordinairement vers le 15 août, et à cette époque il rend quelques services à la brasserie; sa germination étant alors beaucoup plus facile que celle de l'orge récoltée l'année précédente, il aide à la clarification des moûts et active la marche de la fermentation, à laquelle il semble imprimer une vigueur nouvelle. C'est que l'orge préparée au printemps a subi une déperdition notable, bien qu'elle échappe aux praticiens les plus habiles. Nous nous occuperons de cette question en parlant des approvisionnements.

L'effet produit par l'escourgeon résulte donc de ce que les produits que peut développer la germination n'ont encore subi aucune espèce d'altération, et non de la nature de la graine elle-même, comme on le croit assez généralement.

Pour prouver ce que nous avançons, il nous suffira de

___

(1) Dans une partie de la Picardie on l'appelle *orge de courrane, orge hâtive*.

dire que la bière produite par un poids donné d'orge sera infiniment plus riche en alcool que celle provenant d'un poids égal d'escourgeon. Cela vient de ce que dans l'escourgeon le test est relativement plus abondant que dans l'orge, et que le périsperme y est en moins grande quantité.

Tous les brasseurs connaissent si bien ce fait que, s'ils produisent, par exemple, un hectolitre de bière avec 25 kilogrammes d'orge, ils en emploieront, pour obtenir un résultat égal, au moins 30 d'escourgeon, c'est-à-dire 20 pour 100 de plus; et encore tout l'avantage sera-t-il en faveur de l'orge.

Pour s'en convaincre, il suffit de connaître le mode de fabrication usité dans le nord de la France et la bière produite par l'escourgeon. Quelques mois après la fabrication, une grande partie de l'alcool produit par la fermentation se trouve transformée en *acide acétique*.

Nous ne comprenons donc l'emploi de l'escourgeon d'une manière exclusive que dans les départements septentrionaux, par la raison que la plupart des consommateurs donnent, par habitude, la préférence aux bières qui en résultent.

Il est heureux qu'il en soit ainsi, car les terrains de ces contrées se prêtent mieux à la culture de l'escourgeon qu'à celle de l'orge, et les houblons eux-mêmes, ceux de la pire espèce que l'on récolte en France aujourd'hui, y croissent avec une facilité qui amènerait bientôt un encombrement général, si la plus grande partie ne se consommait sur les lieux mêmes.

Les avantages que présente l'escourgeon, employé.

pendant les mois d'août et de septembre, dans la proportion d'un cinquième à un quart de la quantité d'orge nécessaire à un brassin, ne doivent pas faire oublier que les bières qui en résultent sont sujettes à tourner à l'aigre, surtout si on a remplacé poids pour poids par de l'escourgeon la quantité d'orge distraite à cet effet.

Il faut encore tenir compte de la différence d'aumoins 20 pour 100 qui existe entre lui et l'orge ; en prenant ces précautions, on peut l'employer avec succès, d'autant plus que les bières fabriquées à cette époque sont d'un écoulement prompt et facile.

§ 5. De l'Avoine [1].

L'*avoine* et le *seigle* n'étant que peu ou point employés en France à la fabrication de la bière, nous nous bornerons à en dire quelques mots. Quant au *riz* et au *maïs*, bien qu'ils se trouvent dans le même cas, nous croyons qu'ils pourraient rendre de tels services que nous entrerons à leur égard dans des détails un peu plus circonstanciés.

L'avoine n'a été que fort peu employée d'une manière exclusive, si ce n'est à des époques assez éloignées ; on n'en a guère fait partiellement usage de nos jours que pendant la disette de 1816 à 1817, et encore n'entrait-elle dans la fabrication de la bière que dans la proportion de 30 pour 100 au plus.

---

(1) En latin, *avena* ; en anglais, *oats* ; en allemand, *haber*, *hafer* ; en italien, *vena*, *avena* ; en espagnol, *avena* ; en hollandais, *haver* ; en portugais, *avea* ; en danois, *havre* ; en suédois, *hafre* ; en russe, *oves*.

Les botanistes comptent dix-huit espèces ou variétés d'avoine.

Par l'*imbibition* elle augmente peu de volume et absorbe peu d'eau ; mais cette opération s'effectue assez promptement, puisqu'un *mouillage* de douze heures lui suffit.

La *germination* de l'avoine se pratique de la même manière que celle de l'orge ; les couches doivent être de moitié moins épaisses, car elles s'échauffent promptement. Les radicelles (germes) ne doivent pas dépasser un tiers de la longueur totale du grain ; arrivée à ce point, la germination est suffisamment développée ; il vaut même mieux rester en deçà de cette limite que de la dépasser.

Il faut que la mouture de l'avoine soit beaucoup plus grosse que celle de l'orge, afin de faciliter l'écoulement des infusions (trempes) hors de la cuve-matière.

Pour les infusions elles-mêmes, l'eau doit être à une température beaucoup plus basse.

C'est dans le courant du siècle dernier que la préparation de cette bière a été pratiquée sur la plus grande échelle ; on la nommait *ale d'avoine* ; on la laissait, dit-on, en infusion pendant vingt-quatre heures, et on employait de l'eau chauffée à environ + 40°.

Les bières d'avoine étaient généralement épaisses et s'aigrissaient très promptement ; ce dernier inconvénient a puissamment contribué à les faire abandonner.

Autrefois les Hollandais et les Allemands employaient d'assez grandes quantités d'avoine pour leur fabrication ; les motifs que nous venons de signaler les ont engagés à suivre l'exemple des autres brasseurs.

Cependant les Polonais et les Russes fabriquent encore aujourd'hui une *bière blanche d'avoine*, c'est ainsi qu'ils la nomment, très saine et fort agréable au goût; la nature de l'avoine qu'ils emploient a probablement une grande et heureuse influence sur les résultats qu'ils obtiennent.

Il s'en fabrique également, dit-on, à Rastenbourg (Prusse); les habitants lui accordent même une certaine préférence.

Les décoctions d'avoine paraissent agir en sens inverse de l'orge, puisque chez les mammifères, et particulièrement chez la femme, elles tendent à faire disparaître le lait; c'est au moins ce qui résulte de l'emploi qu'en ont fait longtemps les femmes de la Provence.

La bière d'avoine dans laquelle on a fait infuser de la pariétaire ou des graines de carottes sauvages convient aux personnes affectées de douleurs néphrétiques.

Dans les années de disette, l'avoine, quoique donnant un pain compacte, noir et de mauvaise qualité, est employée à la nourriture des hommes. Ce pain fait encore la base principale de l'alimentation des malheureux Irlandais et des Écossais.

M. Vogel a analysé l'avoine; voici les résultats qu'il a obtenus :

Fécule.	59,00
Albumine.	4,50
Gomme.	2,50
Sucre et principe amer.	8,25
Huile grasse.	2,00
Sels divers.	*quantité indéterminée.*

M. Raspail, auquel nous empruntons cette analyse, la fait suivre de réflexions qui nous paraissent trop justes pour que nous les passions sous silence.

« L'albumine végétale, dit-il, équivaut ici au gluten; car Davy trouve, lui, 6 pour 100 de gluten dans la farine d'avoine. Dans la farine analysée par Vogel, le gluten s'est montré dissous par un acide; il s'est montré malaxable dans la farine analysée par Davy. Quel singulier amalgame qu'une quantité élémentaire qui porte en titre *sucre* et *principe amer*, deux produits que le palais des gourmets aurait de la peine à découvrir ensemble! Quelle plus singulière méthode que celle qui s'applique à préciser des nombres pour en laisser 24 sur 100 à une quantité indéterminée de sels! »

§ 6. Du Seigle [1].

Nous ne pensons pas que le seigle ait jamais été employé seul, en France ou ailleurs, à la fabrication de la bière; aussi n'avons-nous rien de précis sur le travail préparatoire qu'il faut lui faire subir. Cependant, comme toutes les céréales capables de transformer leur amidon en sucre par la germination et celui-ci en alcool par la fermentation, le seigle peut, à la rigueur, servir plus ou moins heureusement à la préparation d'une boisson qui remplacerait jusqu'à un certain point la bière d'orge.

Il en est de même du *sarrasin* et de toutes les sub-

(1) En latin, *secale*; en anglais, *rye*; en allemand, *roggen*; en italien, *segale*, *segala*; en espagnol, *centeno*; en hollandais, *rog*; en portugais, *seleio*, *centeio*; en danois, *rug*; en suédois, *rag*; en polonais, *rez sito*; en russe, *rosch*.

stances amylacées, pourvu qu'on leur fasse subir un mode de préparation spécial à chacune d'elles.

Cependant la grande quantité de gluten que renferment l'avoine, le seigle et le sarrasin, doit les rendre impropres à cette fabrication, ou au moins d'un emploi fort difficile, surtout si on voulait se dispenser de les mélanger avec d'autres graines.

Le seigle, dont la production en France représente environ moitié de celle du froment, est plutôt employé dans le nord de l'Europe à la fabrication des eaux-de-vie qu'à celle de la bière.

Le *kwas* des Russes n'est, dit-on, qu'une bière de seigle et d'avoine.

Comme l'*orge*, l'*avoine* et le *froment*, le *seigle* fait partie des *plantes siliceuses*, c'est-à-dire de celles dont les cendres laissent pour résidu de grandes quantités de silice.

D'après Einhoff, 3840 parties de seigle ont donné à l'analyse mécanique les résultats suivants :

Enveloppe.	930
Humidité.	390
Farine.	2520

Le même auteur a trouvé à l'analyse chimique, sur les mêmes quantités, les proportions suivantes :

Albumine	126
Gluten non desséché.	364
Mucilage	426
Amidon.	2345
Sucre.	126
Enveloppe.	245
Perte.	208

Pour nous, les mots albumine végétale, gluten, mucilage, sont synonymes, puisqu'ils désignent des substances qui se trouvent confondues sous une même forme dans les écumes qu'il faut séparer des infusions. Si les chiffres de M. Einhoff sont exacts, nous trouvons, sous les trois dénominations qui précèdent, sur 5840 d'avoine employée, 916 parties qu'il faudrait isoler des infusions, c'est-à-dire 40 pour 400. Cette énorme disproportion, comparée aux chiffres que donne l'analyse de l'orge, nous paraît une nouvelle preuve que la fabrication de la bière au moyen du seigle seul doit être fort difficile et aurait besoin d'être étudiée d'une manière toute spéciale.

§ 7. Du Riz [1].

De temps immémorial le riz sert à la fabrication de diverses liqueurs en Asie, en Afrique et en Amérique, où il est d'une importance au moins égale à celle du froment pour les Européens.

De toutes les graminées, le riz est celle qui renferme le plus d'amidon et le moins de gluten.

L'insalubrité des rizières a fait abandonner et même interdire la culture du riz en France et dans une partie de l'Europe. Cette mesure, quoique fort sage, n'en est pas moins regrettable, car l'analyse a démontré que le riz indigène renfermait plus d'éléments nutritifs que le riz exotique. Dans les années de disette comme celle que

(1) En latin, *oryza sativa*; en anglais, *rice*; en allemand, *reis*, *reiss*; en italien, *riso*; en hollandais, *ryst*; en danois, *riis*; en suédois, *ris*; en espagnol et en portugais, *arroz*; en polonais, *riz*; en russe, *pocheno saraginskoe*.

nous venons de traverser, le riz eût été d'une immense ressource pour les malheureux[1].

Nous sommes convaincu que le riz est éminemment propre à la fabrication de la bière, parce qu'il ne contient pas de gluten, comme nous le prouverons tout à l'heure. La quantité d'amidon y est considérable; le sucre développé par la germination doit donc se retrouver plus tard dans le même rapport, ainsi que l'alcool produit par la fermentation.

Du reste, ce fait ne saurait avoir d'importance qu'au point de vue scientifique; nous en eussions fait l'essai volontiers si les résultats avaient pu procurer une économie quelconque; mais cela est impossible, puisque le prix de ce grain ne s'abaisse jamais en France au-dessous de 60 fr. les 100 kilogrammes, tandis qu'en Piémont cette même quantité n'en coûte pas 25. L'emploi du riz présente de plus une impossibilité matérielle que nous allons examiner.

La germination du riz s'opère d'une toute autre manière que celle de l'orge, ainsi qu'il résulte des renseignements que nous fournit l'*Art de faire la Bière*, de L.-F. D., Paris, 1821, auquel nous empruntons les passages suivants:

« Pour obtenir la germination du riz, il faut, selon les procédés usités, mettre le grain dans de grandes cuves, le recouvrir d'eau, et fermer les cuves pendant

---

[1] La Camargue, près Arles, possède de fort belles rizières depuis trois ou quatre ans. Dans ces derniers temps, elles ont donné des produits supérieurs à ceux du Piémont.

plusieurs jours, puis examiner de temps en temps s'il germe. Pour cela, on en prend une poignée dans plusieurs endroits de la cuve, et tant qu'il n'y en a pas au moins la moitié de germé, on remet le riz qu'on a tiré et on laisse continuer la germination. Dans un temps froid, ou bien lorsqu'on veut hâter la germination, on fait tiédir l'eau, et de temps en temps on tire une certaine quantité de l'eau de dessus pour la faire chauffer; on la verse dans la cuve pendant qu'un ouvrier, avec un râble, agite le reste. Il faut beaucoup de précaution pour cette opération; si l'on agite trop fort, on risque de casser les germes; le riz se pourrit alors et empêche ensuite la fermentation [1] de ce qui reste. Pour remuer le riz, on pose sur sa surface un râteau qu'on enfonce doucement, en le tournant de même, jusqu'au fond de la cuve, et on agit d'une manière semblable pour remonter le râteau jusqu'à sa surface. Cette opération se répète toutes les douze heures.

« Lorsque le riz est à peu près à moitié germé, on ouvre un robinet placé au fond des cuves pour laisser échapper l'eau, et l'on retire le riz pour le porter dans une chambre, de la même manière que l'on traite l'orge dans la distillation des eaux-de-vie de grain. On y introduit une chaleur de $+ 12°$, et il achève de germer [1] »

L'auteur indique encore d'autres procédés de germination que nous croyons inutile de reproduire ici.

---

(1) C'est probablement une erreur typographique qui fait dire ici à l'auteur fermentation; c'est évidemment germination qu'il faut lire.

M. L.-F. D. aurait bien dû dire sur quelle espèce de riz il a opéré ; car ceux qui auront tenté l'application de ses procédés sur le riz du commerce ont dû éprouver une déception capable de leur faire croire qu'ils s'y étaient mal pris, tandis qu'il n'en est rien, puisque le riz du commerce ne saurait éprouver la germination dont parle l'auteur.

C'est là l'impossibilité matérielle dont nous parlions tout à l'heure ; le riz n'est mis dans le commerce qu'après avoir été soumis à différents procédés de décortication qui ont séparé l'embryon de la graine. Or, nous l'avons dit en parlant de la théorie de la germination : « L'embryon est la partie la plus essentielle de la graine ; c'est lui qui renferme tous les organes destinés à préparer ou à transmettre l'aliment nécessaire à la jeune plante, et sans lui, par conséquent, toute germination devient impossible. » C'est ce que nous avons éprouvé plusieurs fois en nous servant du riz du commerce, et, bien que nous l'ayons placé dans les conditions les plus favorables au développement de la germination, nous l'avons constamment vu se pourrir sans donner aucun signe apparent de végétation.

Si de nouveaux essais devaient être tentés avec le riz pour la fabrication de la bière, il faudrait l'employer alors qu'il est encore enveloppé dans sa balle ; dans cet état il a conservé son embryon : il porte le nom de riz en paille à la Caroline et à l'île Maurice ; les Piémontais le désignent sous le nom de *rizon*.

Le riz du commerce contient ordinairement de 6 à 10 pour 100 d'eau qui le rendent demi-transparent ; par une dessiccation lente et modérée, celle-ci s'en sépare, et il reprend son opacité naturelle.

Pour séparer du riz les principes sucrés développés par la germination, on ne pourrait probablement pas procéder à l'aide d'une cuve à double fond, comme pour l'orge; dans celle-ci la quantité de son suffit pour tenir la masse dans un état de division qui facilite l'écoulement de la partie liquide; il ne saurait en être de même avec le riz. Il faudrait procéder par immersion, agiter constamment le mélange de farine et d'eau en élevant sa température jusqu'à l'ébullition, sauf à séparer plus tard les parties insolubles, afin de traiter isolément les moûts par le houblon et de faire opérer la coction de celui-ci.

Il est presque certain que par les moyens ordinaires la masse s'agglutinerait et ferait corps au point de ne pouvoir être séparée convenablement.

Nous n'avons pu trouver ailleurs que dans l'ouvrage de M. L.-F. D. quelques détails sur la germination du riz, et nous avons cherché en vain des renseignements sur la bière obtenue par ce procédé.

Il y a pourtant lieu de supposer que le *facki* des Japonais est une variété de bière préparée avec le riz.

C'est lui qui sert aux Indiens à préparer le *rack*, espèce de rhum très estimé, dont ils paraissent connaître la fabrication mieux qu'aucun autre peuple.

Les Chinois l'emploient aussi à la préparation d'une liqueur très riche en alcool, qu'ils nomment *samshoo*; le litre ne leur coûte guère, dit-on, que **27** ou **28** centimes; aussi en font-ils une abondante consommation, de préférence à toute autre boisson du même genre. L'*arack* qu'ils obtiennent encore avec le riz, mais par des procédés de fabrication particuliers, est une imitation du rack des Indiens.

C'est en faisant fermenter de la chair d'agneau avec du riz et divers végétaux que les Tartares préparent une boisson connue sous le nom de *kanyangtsyen*.

Le *chong* du Thibet est préparé par les indigènes à l'aide d'un mélange fermenté de riz, de froment, d'orge et de cacalie.

A Siam, le riz sert à la préparation d'une liqueur que les indigènes nomment *pau*.

Au Kamtschatka, on en fait une eau-de-vie que les habitants désignent sous le nom de *watky*, etc., etc.

Si nous avons donné la nomenclature des boissons obtenues du riz fermenté, c'est afin de bien faire comprendre le parti que l'on pourrait tirer de ce grain, particulièrement pour la préparation des boissons alcooliques.

Nous sommes convaincu que le riz produirait une bière essentiellement légère, par conséquent digestive et très bienfaisante, capable, en un mot, de rendre les plus grands services aux peuples qui s'occupent de sa culture avec succès; ce qu'il nous reste à dire sur la fabrication de la bière comme nous la comprenons justifiera, nous en sommes convaincu, notre opinion à cet égard.

M. Braconnot, qui a fait sur le riz du Piémont et sur celui de la Caroline des analyses comparatives, a obtenu les résultats suivants :

	Riz de la Caroline.	Riz du Piémont.
Eau.	5,00	7,00
Amidon.	85,07	85,80
Parenchyme.	4,80	4,80
Matière végéto-animale.	3,60	3,60
— gommeuse, voisine de l'amidon.	0,71	0,10
Huile.	0,13	0,25
Phosphate de chaux.	0,40	0,40
Chlorure de potassium et phosphate de potasse.		
Acide acétique		
Sel végétal à base de chaux.	*des traces.*		
—— de potasse.		
Soufre		

M. Vogel a obtenu avec le riz ordinaire les quantités suivantes :

Fécule.	96,00
Sucre	1,00
Huile grasse.	1,50
Albumine.	0,20
Sels.	*quantité indéterminée.*

Enfin M. Payen, de son côté, a formulé, comme résultant de ses analyses, les résultats que voici :

Amidon ou fécule dépouillée de son enveloppe.	86,92
Tissu végétal	3,44
Substance azotée insoluble.	6,89
— soluble.	0,60
Gomme et sucre.	0,50
Huile grasse.	0,75
Phosphates de chaux et de potasse.	
Chlorure de potassium.	0,90
Sels végétaux de chaux et de potasse.	
Traces de soufre, d'huile essentielle, d'acide libre. . .	

§ 8. Du Maïs [1].

Le *maïs*, que l'on désigne encore aujourd'hui sous les noms de *blé d'Espagne*, *blé de Turquie*, *blé d'Inde*, mérite peut-être de fixer notre attention plus spécialement encore que le riz; car sa culture ne présente aucun des nombreux inconvénients de celle de ce dernier, et sa nature chimique ne le rend pas moins propre que lui à la fabrication de la bière.

D'après les indications que nous avons pu recueillir, le maïs ne contient que de minimes quantités de gluten et beaucoup d'amidon. Comme le riz, il a servi et sert encore aux Péruviens à la fabrication d'une bière particulière, de diverses boissons alcooliques et de liqueurs; l'une d'elles, la *tchitcha*, détermine, dit-on, une ivresse accompagnée d'accès de turbulence tellement dangereux que les incas se virent obligés de la défendre par leurs lois religieuses. Aujourd'hui encore ces diverses boissons portent dans l'Amérique méridionale les noms de *chichu*, *chiacour*, *cassibry*.

C'est vers le commencement de ce siècle que des essais furent entrepris par MM. Longchamp et Parmentier sur la fabrication de la bière à l'aide du maïs. Nous regrettons que les résultats de leurs expériences n'aient point été livrés à la publicité; entre les mains de

(1) En anglais, *indian corn*, *maize*; en allemand, *turkisch corn*, *moys*; en italien, *grano turco o siciliano*, *grano d'India*; en espagnol, *trigo de Indias*; en hollandais, *turksch*; en portugais, *trigo de Turquéa*; en danois et en suédois, *turkisk hvede*; en russe, *tures-koïchljeb*.

ces hommes distingués, la question devait grandir, ou au moins fournir des indications précieuses pour un avenir plus ou moins éloigné ; car nous croyons que tôt ou tard on s'occupera sérieusement en France de la culture si intéressante du maïs, plus capable qu'aucune autre graminée de rendre d'éminents services.

La nature cornée du test du maïs influe considérablement sur la durée de son imbibition, qui est, dit-on, fort longue ; il est probable que cette propriété le rendrait précieux dans les infusions, et que la dureté de son enveloppe faciliterait l'écoulement des trempes hors de la cuve-matière.

Il est peu de graminées qui offrent l'exemple d'une fécondité aussi phénoménale que celle dont nous nous occupons ; ainsi un seul grain peut en produire jusqu'à huit cents. Quelque temps avant la floraison du maïs, les tiges sont chargées d'une telle quantité de principes sucrés qu'on peut en extraire directement et par expression le suc qu'elles renferment, suc qui peut être promptement transformé en alcool.

Ainsi que nous l'avons démontré précédemment, 100 kilogrammes de maïs peuvent fournir 40 litres d'alcool à 50°, c'est-à-dire autant que l'orge. Nous n'avons pas de contre-expérience qui nous autorise à nier ces chiffres ; cependant il nous paraît difficile d'admettre que le maïs, qui contient relativement plus d'amidon que l'orge, ne donne pas une plus grande quantité d'alcool ; ou bien, si ces chiffres sont exacts pour le maïs, ils ne doivent pas l'être pour l'orge, et c'est l'hypothèse que nous admettons préférablement.

Nous accorderions donc au maïs une préférence égale à celle que nous avons donnée au riz comparé à l'orge, convaincu que nous sommes qu'on en obtiendrait, pour la fabrication de la bière, de très bons résultats.

SECTION IV. — DESSICCATION.

§ 1. Définitions pratiques.

La *dessiccation* est l'opération qui a pour but de priver l'orge, ou toute autre céréale, de la quantité d'eau qu'elle renferme après la germination, afin de détruire ou au moins d'éloigner les chances d'altération que la présence de l'eau suffit pour déterminer.

Voilà les principaux motifs de la dessiccation; il en existe encore d'autres, mais leur rôle n'est que secondaire; nous les examinerons cependant dans le cours de ce chapitre.

La dessiccation, telle qu'elle se pratique dans toutes les brasseries, est essentiellement du ressort de la physique, et non une opération chimique, comme quelques auteurs l'ont prétendu. En effet, pour se convaincre que l'action du feu n'entraîne, dans les cas ordinaires, ni l'altération mécanique des tissus, ni l'altération chimique des diverses substances qui composent la graine, il suffit de lui restituer un instant la quantité d'eau qui lui a été enlevée presque mécaniquement par le feu pour que la germination se développe de nouveau avec une grande énergie, même après six mois d'une complète dessiccation.

Pour nous donc la dessiccation ne sera plus désormais qu'une opération mécanique résultant de l'absorption de l'eau contenue dans la graine par un courant d'air agissant à des températures plus ou moins élevées.

§ 2. Dessiccation à l'air libre (*greniers d'avrage*).

En sortant du germoir l'orge est portée dans des greniers, afin que le contact de l'air enlève à la graine l'eau qu'elle contient et qui suffirait pour entretenir la germination, et afin que l'intensité de la lumière, en suspendant ses fonctions végétatives, s'oppose au développement des radicelles.

Les conditions indispensables à la dessiccation provisoire ne se trouvent réunies que dans les greniers disposés de manière à pouvoir y établir des courants d'air rapides, dans lesquels la lumière soit vive, en un mot, dans les greniers largement éclairés et ventilés ; car non seulement une ventilation constante et une lumière intense suspendent instantanément l'action végétative, mais la quantité d'eau enlevée par le courant d'air permet encore une certaine économie de combustible quand il s'agit de compléter la dessiccation par l'action du feu.

Toutefois il ne faut pas perdre de vue que l'un des principaux motifs de cette première dessiccation est de prévenir la solidification gommeuse qui a fait donner aux grains qui en sont atteints la dénomination de *grains vitrés ;* nous expliquerons ailleurs les causes de cette réaction.

Pour faciliter le contact de l'air et de la lumière, il faut que le grain soit répandu le plus uniformément

possible, et en couche mince, sur toute la surface du
grenier. Mais il ne suffit pas de le laisser dans cet état;
il faut encore le retourner souvent à la volée, afin de
renouveler les surfaces et de changer leur point de contact: on augmente ainsi les chances d'évaporation.

A partir du mois de novembre jusque vers le mois
de juin au plus tard, il y a peu d'inconvénients à laisser séjourner le grain dans les greniers, même pendant
plusieurs jours. L'action qui s'opère alors détermine
dans la graine un rétrécissement lent et progressif qui
la dispose à recevoir désormais l'action du feu sans
qu'il en résulte aucune altération sensible.

Après le mois de juin, et surtout dans les temps caniculaires, l'orge ne doit demeurer que le moins possible dans les greniers; car, à cette époque, l'état de
l'atmosphère et les variations qu'elle éprouve doivent
faire redouter une prompte apparition des phénomènes
de décomposition.

Si le grain est suffisamment aéré à sa sortie du germoir, s'il est soumis à l'influence d'une lumière vive,
la végétation s'arrête; mais aussitôt que la vie s'éteint
commence le règne de la décomposition, car la matière
ne peut rester longtemps stationnaire en présence d'un
nombre considérable d'agents désorganisateurs, et c'est
à cette décomposition que les grains doivent la perte
de leur couleur primitive: ils prennent d'abord une
teinte fauve qui devient de plus en plus sombre; plus
tard il semblerait qu'ils ont passé par le feu.

En effet, c'est une véritable combustion lente qui
s'opère au sein de la graine, alimentée qu'elle est par

l'eau, l'air et le contact d'une lumière dont l'intensité tend à rendre général un envahissement d'abord partiel.

A cette teinte brune dont nous venons de parler succède bientôt un ramollissement général; puis vient la pourriture, qui se développe avec d'autant plus de rapidité qu'à cette époque une grande partie du grain en a été attaquée pendant la germination.

Nous sommes persuadé qu'aux époques caniculaires l'intensité de la lumière n'est pas étrangère à ce développement si actif; c'est une raison pour nous d'insister de nouveau sur la nécessité de ne laisser parvenir dans les germoirs qu'une lumière diffuse, car une partie des causes qui se produisent dans les greniers d'aérage doivent nécessairement amener les mêmes effets dans les germoirs. L'espèce de *botrytis* qui recouvre ordinairement les grains affectés de pourriture se propage dans les greniers avec une rapidité bien plus grande que celle dont nous avons parlé en traitant de la germination. Nous avons eu plusieurs fois l'occasion de compter, dans une couche germée au mois d'août, 15 et 20 pour 100 de grains affectés de pourriture pendant la germination, et de voir dans les greniers cette proportion s'élever à 25, 30 et même 40 pour 100 dans l'espace de 6 heures au moins et de 24 heures au plus.

La dessiccation immédiate d'une couche, ou seulement après quelques heures d'exposition à l'air, est donc à cette époque d'une nécessité rigoureuse; car les ravages causés par la pourriture s'exercent non-seulement sur les grains qui en sont affectés, mais la présence de ces grains nuit encore, dans les *infusions*, à la qualité de ceux qui sont restés intacts, et augmente les chances d'altération des produits.

Il est essentiel que les *greniers d'aérage* soient un peu plus élevés que la touraille, ou au moins au même niveau : cette disposition évite des pertes de temps qu'il faudrait subir s'ils étaient situés au-dessous ; dans le premier cas il suffit d'un râteau (*fig.* 10) pour charger en quelques minutes dix ou douze hectolitres de grain.

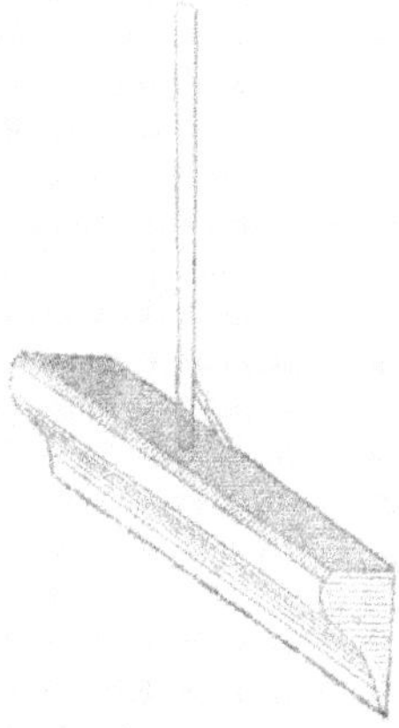

Quoiqu'il soit bien démontré que les greniers d'aérage peuvent être considérés comme indispensables dans un établissement de brasserie bien organisé, quelques-uns en sont encore complétement dépourvus. Cependant une usine placée dans de pareilles conditions ne peut être que défectueuse, puisqu'à défaut des soins exigés pour la préparation

Figure 10.

des grains et des moyens propres à assurer le succès de l'opération la plus importante, il faudra de toute nécessité recourir plus tard, comme compensation, à l'emploi d'une quantité de matière première plus considérable, pour obtenir un résultat égal à celui qu'on obtiendrait naturellement en se plaçant dans de bonnes conditions de fabrication.

A défaut de *greniers d'aérage*, on est forcé d'amonceler le grain dans le germoir après la germination, afin de faire place à la couche qui vient d'être préparée à cette opération par un mouillage dont l'état avancé ne permet plus de différer davantage.

Le grain germé reste donc dans cet état jusqu'au moment où la touraille, ou le calorifère de *nouvelle invention*, est disposé à le recevoir. Du sein de cette masse se dégagent d'énormes quantités de calorique qui fatiguent la graine, étouffée d'ailleurs sous le poids considérable qu'elle supporte ; mais ce qui est pire encore, c'est qu'elle reste emprisonnée au milieu d'une atmosphère d'acide carbonique qui ne peut trouver d'issues suffisantes pour s'échapper. La vapeur d'eau développée vient se condenser à la surface ; les grains qui s'y trouvent en absorbent une partie à mesure qu'elle se produit, et il en résulte une liquéfaction laiteuse du périsperme qui plus tard rend la dessiccation très difficile, toujours très irrégulière, puisqu'une partie des grains renferme une plus grande quantité d'eau que l'autre.

Il y a dans ce cas non-seulement une prolongation de végétation inutile, mais une véritable fermentation qui ne peut s'établir qu'aux dépens de la matière sucrée développée dans la graine. De là un rendement moindre, qui explique l'absolue nécessité de recourir à l'emploi d'une quantité de matière plus considérable, comme nous le disions il y a quelques instants, afin de rétablir l'équilibre détruit par un travail vicieux.

Si, au lieu d'amonceler la couche en un seul tas, on n'en prend que la moitié, le tiers ou même le quart, comme cela arrive presque toujours, pour charger la

touraille, et si le reste est étendu sur toute la surface
du germoir en attendant le moment de la dessiccation,
les inconvénients qui en résultent, s'ils sont moins
graves, ne sont pas moins très préjudiciables à la régularité de la *germination*; car de deux choses l'une : ou
la première partie n'était pas arrivée à un point suffisant
de germination, que les autres atteindront pendant que
sa dessiccation s'opère; ou bien, si la première y était
arrivée, pendant les vingt ou trente heures que durera
sa dessiccation, la germination dépassera la limite voulue
dans la partie restée au germoir; car la germination
n'est pas arrêtée dans la portion d'orge restée dans ce
local, puisque aucune des conditions sous l'influence
desquelles elle se développait n'a été modifiée.

Donc, dans tous les cas, il ne saurait en résulter
qu'une irrégularité préjudiciable à la marche de la germination, et par conséquent nuisible à l'opération la
plus essentielle dans une brasserie, c'est-à-dire la préparation des matières premières destinées à la fabrication.

Est-il possible, en outre, que ce grain séjourne au
milieu d'une atmosphère viciée et complétement saturée de vapeurs d'eau sans en ressentir les atteintes?
Non, certainement; et si quelques brasseurs, opérant
dans ces conditions, prétendent que leurs produits n'en
sont pas moins supérieurs à ceux que fabriquent leurs
confrères, c'est au prix de sacrifices énormes dont nous
connaissons l'importance.

Pour notre compte, nous ne comprenons pas plus une
brasserie sans greniers d'aérage qu'une brasserie sans

germoir ou sans entonneries, ce qui offrirait peut-être encore moins d'inconvénients. Nous ajouterons qu'au point de vue de l'économie pratique une pareille organisation est d'autant plus dommageable qu'elle existe dans un établissement plus important, puisqu'on y opère sur de plus grandes quantités de matière, et que le mal que nous venons de signaler y existe dans tous les cas d'une manière permanente.

D'ailleurs, posons des chiffres; ils en diront plus que nous ne saurions le faire.

Nous avons pesé 1000 kilogrammes d'orge germée sortant du germoir, et nous les avons exposés à l'action de l'air et de la lumière pendant trois jours; les ayant alors pesés de nouveau, nous n'avons plus trouvé que $670^k,200$; c'est donc $320^k,800$ d'eau qui se sont évaporés, soit $32,80$ pour 100 du poids total.

Cette première dessiccation avait eu lieu dans les conditions les plus favorables, c'est-à-dire sur un plancher sec, au soleil de mars, et dans un courant d'air très rapide. Toutefois nous pensons qu'eu égard à la disposition plus ou moins rationnelle, nous devrions dire plus ou moins vicieuse, des *greniers d'aérage*, dans les neuf dixièmes des brasseries, on ne peut guère compter que sur 20 ou 25 pour 100 d'évaporation; aussi prendrons-nous ce dernier chiffre pour base de nos déductions.

Nous allons voir maintenant quelle quantité d'eau l'orge retient encore après sa dessiccation à l'air libre, et combien elle en abandonne à la dessiccation par le feu avant d'arriver à l'état sec, c'est-à-dire à l'état où il convient toujours de l'employer.

§ 3. Dessiccation à feu direct (*touraille*).

Si l'emploi de la *touraille* elle-même ne remonte pas aux premiers temps de la fabrication de la bière, on peut croire que le principe sur lequel elle repose date de l'origine de cette fabrication; car à cette époque il y avait bien plus de raisons qu'aujourd'hui d'opérer la dessiccation des grains, puisque les connaissances pratiques qui la régissent étaient encore au berceau.

Disons d'abord quelques mots de la construction de l'appareil employé dans la plupart des brasseries. La *touraille* la plus généralement adoptée, la plus simple et la plus ancienne tout à la fois (*fig.* 11, 12, 13, 14, 15, 16, 17), est encore, quoi qu'on ait dit, celle qui donne les résultats les plus satisfaisants.

Vue en élévation (*fig.* 11), sa forme est celle d'une

Figure 11.

pyramide rectangulaire renversée, ou, mieux encore, celle d'une *petite tour*, avec laquelle la touraille a tant d'analogie que nous sommes disposé à croire que les dénominations de *touraille* et *tourelle*, qui ont été alternativement employées, en dérivent.

Elle est formée, en plan, d'une plate-forme (*fig*. 12) de

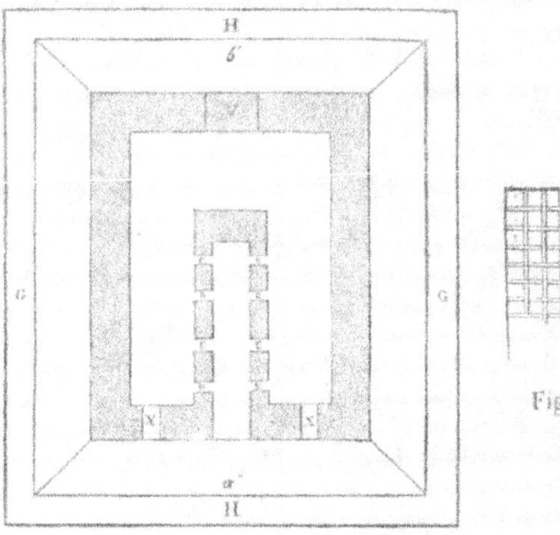

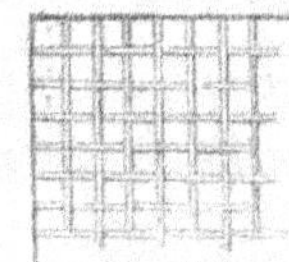

Figure 13.

Figure 12.

5 mètres de côté, en H, H, et de $3^m,45$ en G, G¹ ; cette plate-forme se compose d'une toile métallique treillagée (*fig*. 13), supportée par des tringles en fer J (*fig*. 14 et 15) de $0^m,07$ de haut sur $0^m,025$ de large ; chacun des côtés de ce tissu de fer et chaque

(1) Les proportions de la touraille varient en raison de l'importance des brasseries ; celle dont nous donnons la figure développe au sommet une surface de $9^m,45$, et permet de sécher 15 hectolitres d'orge en 24 heures, soit, par mois, 450 hectolitres, et, pour les six mois pendant lesquels on fait ordinairement germer l'orge, 2700 hectolitres. Ce chiffre représente une moyenne de fabrication applicable à la grande majorité des usines.

extrémité de ces tringles est fixé dans l'intérieur de la maçonnerie, en k (*fig.* 15), à quelques centimètres de profondeur. Au-dessous et dans l'intérieur du massif est une
autre maçonnerie L (*fig.* 14 et 15), espèce d'*obélisque*

Figure 14.

creux dont le sommet M, en forme de comble, a conservé sa dénomination primitive de *truite*; les triangles
N, O, F, qui forment cette *truite*, sont égaux, puisque
chacun de leurs côtés est d'une longueur égale.

A la base de cet *obélisque* se trouve le *foyer* Q, recouvert d'une *voûte* R; dans l'épaisseur de celle-ci on a

ménagé des ouvertures E, E. En T est le *cendrier*. S, S (*fig.* 11) indiquent les ouvertures réservées au nettoyage de la *touraille*; U, U (*fig.* 15) sont les ca-

Figure 15.

naux destinés à recevoir les *touraillons*; V (*fig.* 12) est la *porte* par laquelle on peut entrer dans l'intérieur de la *touraille*; X, X (*fig.* 11, 12 et 15) sont deux espèces de *ventouses* destinées à l'introduction de l'air du dehors.

La toile métallique (*fig.* 15) est une innovation de notre époque; autrefois cette partie de la touraille se nommait la *haire*; elle était en crin; nos devanciers, moins rationnels que ceux qui les avaient précédés dans la fabrication de la *cervoise*, remplacèrent le tissu de crin par de petits carreaux en terre cuite, percés de trous, pour donner issue à la chaleur [1]. C'était un grossier contre-sens, car on ne pouvait guère imaginer de pire conducteur du calorique [2]. Telle est la cause qui leur a fait substituer plus tard des feuilles de tôle également percées de trous, et cela avec d'autant plus de raison que, lorsque le foyer était trop actif et les carreaux eux-mêmes à une température très élevée, on ne pouvait suspendre instantanément l'action du feu, puisque le refroidissement des carreaux était d'une lenteur extrême.

Les feuilles de tôle étaient une amélioration, mais bien incomplète; car, excepté ceux qui se trouvaient directement au-dessus des trous, les grains n'avaient que le contact de la chaleur et n'étaient pas soumis à un courant d'air constant; or, c'est dans ces deux conditions réunies que s'opère le mieux la vaporisation des liquides et dès lors la dessiccation des grains; sinon ces derniers n'éprouvent qu'une espèce de cuisson.

A ces feuilles de tôle, et même de cuivre, succédèrent promptement les toiles métalliques dont nous avons parlé, et qui furent dès l'abord acceptées par presque tous les brasseurs comme une amélioration positive.

(1) Il existe encore aujourd'hui quelques tourailles de ce genre.

(2) Les corps qui transmettent le mieux le calorique sont les métaux; puis viennent le verre, la porcelaine et les poteries, qui leur sont de beaucoup inférieurs. Le charbon et les bois secs sont les plus mauvais conducteurs, si l'on excepte la laine, le crin, etc., en un mot les corps dont l'état de division éloigne les points de contact entre leurs diverses parties.

En effet, il serait difficile d'imaginer quelque chose de plus rationnel, qui permit à la chaleur de traverser plus rapidement la couche de grains à dessécher, tout en laissant au calorique produit par la combustion la possibilité de se répartir uniformément au travers de ce tissu de métal. D'autre part, on ne pourrait guère employer de matériaux offrant plus de solidité, car ces toiles présentent sur ce point des garanties que l'expérience est venue sanctionner[1].

La partie L (*fig.* 14 et 15) de la *touraille* que nous avons désignée sous le nom d'*obélisque* est destinée à porter la chaleur et les divers gaz provenant de la combustion dans la partie comprise entre le *foyer* et la *toile métallique*; des ouvertures *d*, *d* sont ménagées à cet effet sur chacun des côtés de l'*obélisque*, afin que la chaleur se répartisse uniformément.

La truite M, qui se trouve au sommet, et dont nous donnons ici le plan (*fig.* 16), a un double but; d'abord celui d'arrêter l'ascension directe du calorique, dont la tendance naturelle à s'élever ferait porter l'action sur un seul point, tandis que par cette disposition la chaleur est obligée

Fig. 16.

(1) On se procure difficilement ces toiles dans un grand nombre de localités; nous croyons être utile à nos lecteurs en leur indiquant que tous les fabricants de toiles métalliques de Paris s'occupent spécialement de la fabrication de ces dernières. Nous en avons vues qui étaient disposées en forme de claies de parc, et dont l'exécution nous a paru irréprochable; elles nous ont été offertes, en 1846, sur échantillon, à 19 fr. le mètre superficiel. Elles ont sur les anciennes toiles métalliques l'avantage de pouvoir être retournées, puisqu'elles n'ont pas d'envers. A cette époque il en existait déjà dans les établissements de M. Jacob et de M. Lecoq, brasseurs à Lyon.

de se replier sur elle-même et de s'échapper par les ouvertures *d, d*. En second lieu, elle empêche les *touraillons* qui se détachent des grains pendant la dessiccation, et qui passent ensuite au travers du tissu métallique, de tomber sur la *voûte* du *foyer*, où ils développeraient en brûlant une odeur infecte. Par la disposition de la truie, les touraillons qui tombent sur elle sont rejetés dans le vide ménagé à la base de la touraille et dans tout le pourtour de l'obélisque.

Le *foyer* Q (*fig.* 14 et 15) est surmonté d'une *voûte* R, qui en s'échauffant jusqu'au rouge a pour effet de répercuter la fumée et de lui permettre de se brûler avant que la chaleur produite ne s'échappe par les ouvertures E, E (*fig.* 12, 14 et 15). Il est essentiel que toute cette partie du foyer soit construite en *briques réfractaires*, quoique le plus souvent on néglige ce soin : elles résistent très bien aux plus violents coups de feu, et on évite par leur emploi des dégradations fréquentes, des pertes de temps, et des frais d'entretien toujours considérables lorsqu'on fait usage de briques ordinaires.

Le *cendrier* T (*fig.* 11, 14 et 15) doit être muni d'une porte en tôle ajustée à l'extérieur dans la maçonnerie ; en la fermant on peut ralentir instantanément le tirage du foyer, et c'est un avantage précieux au besoin.

Dans la plupart des tourailles, les ouvertures S, S, que nous indiquons (*fig.* 11) comme devant servir à enlever les touraillons, sont remplacées par celles que nous avons figurées en X, X (*fig.* 11, 12 et 15), et dont nous parlerons tout à l'heure. La modification que nous proposons nous paraît indispensable ; car, en X, X, les briques reçoivent, comme dans tout le pourtour du *foyer*, l'action directe du feu, et il en résulte que les touraillons, qui viennent ordinairement s'y loger, brûlent au bout de quelque temps et répandent dans l'usine une odeur désagréable, qui, si elle n'est pas nuisible à la qualité du grain, ne peut certainement pas lui être favorable. L'introduction de l'air se faisant d'une manière constante par les ouvertures X, X, il s'ensuit qu'on offre à la combustion de ces touraillons tous les éléments qui doivent l'entretenir. L'inconvénient dont nous venons de parler n'existe qu'avec les tourailles dans l'intérieur desquelles on a ménagé, pour consolider l'obélisque L, des arcs-boutants qui se trouvent de niveau avec les ouvertures X, X. Nous n'avons pas figuré ces arcs-boutants, parfaitement inutiles quand la base de l'obélisque est assez épaisse pour supporter le tout sans danger.

En S, S (*fig.* 44), au contraire, il ne saurait y avoir de combustion, puisque là les touraillons n'ont nul contact avec le foyer. Pour nettoyer il suffit d'introduire une râclette emmanchée d'une longue *perche*, avec laquelle on amène au dehors les touraillons qui se trouvent à la base de la touraille et dans l'intérieur, sans qu'il soit nécessaire de suspendre un instant l'action du foyer; ce qui arrive presque toujours avec les tourailles ordinaires, dans l'intérieur desquelles il faut de plus faire entrer un ouvrier par l'ouverture V, ménagée à cet effet. Quant à celle-ci, il n'est pas indispensable qu'elle se trouve à l'endroit où nous l'avons figurée; on peut l'établir plus haut ou plus bas, même sur l'un des côtés, en raison des facilités qui peuvent en résulter.

Les ouvertures X, X ont été ménagées pour favoriser l'introduction de l'air extérieur, afin qu'il vienne se mélanger dans l'intérieur de la touraille aux produits de la combustion. Ce qu'il importe surtout de ne pas perdre de vue, c'est qu'il ne suffit pas de faire agir la chaleur pour se placer dans de bonnes conditions de *dessiccation*; il faut encore faire intervenir des *courants d'air d'autant plus abondants que la température intérieure de la touraille s'élève davantage*. La raison en est simple; les couches d'air chaud qui se succèdent empruntent à l'orge, en la traversant, une certaine portion de vapeur d'eau qui se répand bientôt dans l'atmosphère ambiante; il faut donc, pour obtenir une dessiccation méthodique, que la quantité d'air introduite suive la même progression ascendante que la température. Autrement voici ce qui arrive : on n'évapore pas l'eau contenue dans le grain, on cuit celui-ci; on détermine la réaction qui a fait donner aux grains le nom de *grains vitrés*, réaction dont nous avons déjà parlé et que nous examinerons bientôt. Si, au contraire, la quantité d'air introduite est trop considérable relativement à l'élévation de la température, il en résulte plus de sécurité dans la marche de l'opération, mais c'est aux dépens du combustible, et la dessiccation s'opère avec une lenteur très facilement appréciable; il y a d'ailleurs à ceci un autre inconvénient : c'est de ne pouvoir sécher le grain à fond, comme il est facile de le faire avec un bon appareil.

On comprendra aisément par ces raisons pourquoi des tourailles construites en apparence de la même manière donnent des résultats en réalité si différents. La faute en est aux constructeurs, maçons ou architectes, qui ne se préoccupent guère, ou même pas du tout, des lois de physique qu'ils auraient cependant grand besoin de connaître dans tous les cas, mais surtout lorsqu'il s'agit de constructions industrielles.

La touraille dont nous donnons les détails de construction à l'échelle est, de toutes celles que nous connaissons, la plus satisfaisante par ses résultats; aussi engageons-nous ceux de nos lecteurs qui en auraient une à faire construire à observer scrupuleusement les questions d'ensemble et de détails que nous avons indiquées, mais particulièrement ces dernières, et surtout ce qui est relatif aux ouvertures; car il suffit de changer la moindre condition pour modifier complétement la nature des résultats.

Disons maintenant quelques mots des tourailles qui ne sèchent pas d'une manière uniforme, car il y a possibilité de les améliorer. Supposons d'abord une touraille séchant trop peu du côté du foyer, en a' (*fig.* 12), et trop fort du côté opposé, c'est-à-dire en b'. Dans ces conditions, il faut pratiquer en c' (*fig.* 14) une ouverture développant une surface égale à l'une des ouvertures parallèles X, X (*fig.* 15), et diminuer au contraire de la moitié, ou plutôt du quart, la surface de ces ouvertures X, X. Par cette modification, on peut compter sur une amélioration facilement appréciable. Si le mal qui existait précédemment se faisait encore trop sentir, il faudrait fermer l'ouverture c', et en pratiquer une derrière la touraille, à droite et à gauche de celle-ci, c'est-à-dire parallèlement aux ouvertures X, X. Si le résul-

tat obtenu est encore incomplet, il faut rouvrir celle en
c', fermée primitivement ; en un mot, laisser trois ouvertures du côté *b'* (*fig*. 12), où le coup de feu est trop
violent, en ayant soin de diminuer progressivement la
section des ouvertures X, X. En thèse générale, il faut
augmenter le courant d'air du côté où l'action du feu
se fait trop sentir, et le diminuer au contraire du côté
où cette action est trop modérée.

Pour les tourailles qui sèchent trop lentement, il faut
aussi réduire la section des ouvertures qui amènent les
courants d'air extérieur, ou augmenter la surface de
chauffe, soit en prolongeant le foyer si le côté opposé à
celui-ci sèche moins que le devant, soit en l'élargissant
également sur chacun des côtés si la dessiccation s'opérait uniformément, soit en faisant l'un et l'autre, mais
sans oublier jamais que la régularité méthodique de la
dessiccation repose tout entière sur ce principe que *l'absorption de la vapeur d'eau par un courant d'air sera
d'autant plus grande que celui-ci sera lui-même plus
abondant et sa température plus élevée*, pourvu que ces
deux conditions soient toujours dans le même rapport.

Il est une autre disposition importante que nous voudrions voir introduire dans toutes les tourailles ; elle est
fort simple et peu dispendieuse ; nous voulons parler de
la *hotte* (*fig*. 17, p. 202), destinée à recevoir les vapeurs
provenant de la dessiccation de l'orge, pour les porter
au dehors par le tuyau A. Dans la plupart des brasseries, pour ne pas dire dans toutes, la masse de vapeur
d'eau qui se dégage des tourailles n'a d'autre issue que
des ouvertures bâtardes par lesquelles elle s'écoule après

avoir traversé l'usine en tous sens, et souvent même après avoir été en contact avec des grains disposés pour la fabrication. C'est là une fâcheuse disposition, dont les conséquences sont souvent fatales à la qualité des produits fabriqués. Hâtons-nous de le prouver.

Cette espèce de *végétation cryptogamique* qui se développe pendant la *germination* sur le sol de presque tous les *germoirs*, et que nous avons désignée sous le nom générique de fongosités, adhère, comme nous l'avons dit, à une grande partie des grains. Au moment de la dessiccation, ces *fongosités* cèdent, comme le grain, l'eau qu'elles contiennent (environ 90 pour 100), et l'abandonnent sous forme de vapeurs infectes qui jouent exactement le rôle d'*emanations miasmatiques*. Ce n'est plus alors de la vapeur d'eau qui parcourt l'usine; ce sont de véritables miasmes, qui se condensent sur tous les corps froids qui les environnent, et qui viennent s'ajouter à la poussière adhérente aux murailles, pour subir peu à peu cette fermentation intestine et continue qui amène une décomposition totale, pendant laquelle les nouveaux gaz produits sont expulsés de minute en minute par des courants d'air [1].

Qui oserait nier que les *miasmes* dont nous parlons ici existent d'une manière permanente dans toutes les brasseries? Ce fait est si exact que les phénomènes que nous venons de signaler sont encore facilement appré-

----

(1) Si quelques-uns de nos lecteurs étaient portés à regarder comme exagérés certains faits sur lesquels nous avons appuyé à dessein, même dans des questions de détails, nous les prierions d'ajourner leur décision jusqu'à ce que nous ayons déduit les motifs qui nous ont engagé à insister ainsi. Nous espérons pouvoir en justifier l'importance.

ciables dans un établissement où l'on a suspendu toute
espèce de travaux depuis plusieurs mois, tandis que
l'odeur disparaît, au moins en grande partie, lorsqu'on
badigeonne les murs de l'usine avec un lait de chaux.

Au surplus, partout où l'on pratique les diverses
opérations de la fermentation, la cause la plus minime
peut la faire naître là où l'on veut l'éviter, et les effets
produits sont eux-mêmes tellement mobiles que la
moindre circonstance suffit pour en modifier les conditions, pour en changer l'équilibre, ou même pour
l'anéantir au moment où l'on voulait la développer.

Ce que nous venons de dire expliquera suffisamment
sans doute l'importance que nous attachons à tout ce
qui concerne la formation des *miasmes* dans les brasseries. Nous aurons d'ailleurs l'occasion de revenir fréquemment sur cette question, dont on comprendra mieux
dans la suite toute la gravité, non-seulement au point
de vue qui nous occupe, mais encore parce que tout ce
qui se rattache à la production des substances alimentaires mérite, selon nous, d'être examiné avec un soin
tout particulier. C'est au moins sous ce double point de
vue que nous avons envisagé la question.

Mais revenons au fond même de notre sujet, et disons
que la présence seule de la vapeur d'eau dans toutes
les brasseries suffit pour légitimer l'adoption de la mesure que nous proposons, parce que cette vapeur peut
déterminer, dans les grains disposés pour la fabrication,
une altération profonde, trop souvent ignorée, et dont
nous aurons encore à nous occuper en traitant des *approvisionnements* d'hiver pour la fabrication d'été.

La vapeur d'eau exerce donc, comme nous le démontrerons en temps opportun, une influence fatale sur les grains dont on a opéré la dessiccation, sur le malt enfin ; elle est la seule cause de la diminution du rendement du *malt* préparé depuis plusieurs mois, et cette diminution peut aller jusqu'à 25 pour 100.

D'ailleurs, il y a en dehors de ces considérations, les plus importantes assurément, une question d'économie qui, si minime qu'elle soit, n'est jamais à dédaigner : c'est que la vapeur d'eau, en se condensant sur les corps environnants, contribue puissamment à déterminer la pourriture des bois, la dégradation des murailles, mais plus particulièrement celle des couvertures des usines.

Il suffirait donc d'adapter au-dessus de la touraille une *hotte en zinc* (*fig.* 17) pour se mettre à l'abri des

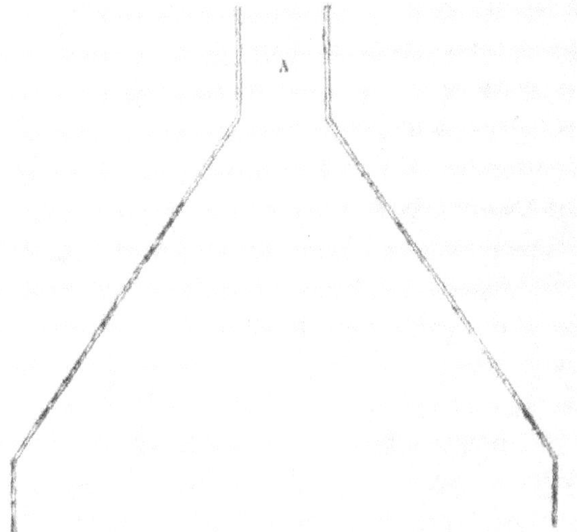

Figure 17.

vapeurs produites par la dessiccation : la dépense ne dé-
passerait guère 100 francs. Pour obtenir de cette disposition tout l'effet utile qu'elle peut produire, il faut
mettre l'extrémité du tuyau dont la hotte est surmontée
en communication avec l'une des cheminées de la brasserie dont le foyer soit le plus actif ; cette simple disposition suffira pour que le tirage de la cheminée appelle
constamment à lui les vapeurs produites par la *touraille*,
et établisse autour de celle-ci une ventilation constante
dont les ouvriers eux-mêmes ressentiront le bienfait. A
défaut de *cheminée d'appel*, il faut que le tuyau fasse
cheminée ; il suffit pour cela de lui donner une hauteur
minimum de 6 à 8 mètres, et, dans tous les cas, $0^m,10$
de diamètre, au moins.

§ 4. De la nature des combustibles employés à la dessiccation.

Les combustibles qu'on emploie le plus générale-
ment sont les *houilles maigres*, le *coke* et le *bois*. La préférence qu'on accorde à l'un sur l'autre tient à la facilité
que l'on a de se les procurer dans chaque localité bien
plus qu'au résultat qu'ils donnent ; car les produits
développés par leur combustion sont peu différents,
au moins en ce qui concerne les *houilles maigres* proprement dites et le *coke*, l'*acide sulfureux* étant à peu
près le seul gaz odorant qu'ils dégagent, si la combustion s'opère dans de bonnes tourailles. C'est, en
un mot, une question d'économie et de convenances
locales. Nous laisserons parler à ce sujet l'un des
savants les plus distingués que la France possède,
M. Girardin, professeur de chimie industrielle à l'école

municipale de Rouen : « La *houille sèche* ou *maigre*, appelée aussi *houille non collante* et *charbon de grille*, beaucoup moins combustible que la houille grasse, en raison de la proportion plus faible de bitume qu'elle contient, est moins noire, plus compacte, plus lourde, moins friable ; elle s'enflamme plus difficilement, s'échauffe sans se gonfler, s'agglutiner ni fondre ; elle produit une flamme bleuâtre et une fumée fétide et sulfureuse, ce qu'elle doit à la grande quantité de pyrites [1] qu'elle renferme. Elle donne plus de cendres. Cette sorte de houille, qui se montre presque toujours dans les pays calcaires, tandis que la *houille grasse* se trouve exclusivement dans les terrains schisteux, est celle qui convient le mieux au service des fourneaux, parce que, ne réverbérant pas fortement la chaleur sur la grille comme la *houille grasse*, elle la répand au delà du foyer sur les objets que l'on a pour but d'échauffer. C'est elle qu'on choisit de préférence pour le chauffage des appartements, la cuisson des briques, de la chaux, du plâtre, etc. Il y a des houilles sèches qui donnent un *coke frité*, c'est-à-dire dont les fragments sont agglomérés entre eux, de sorte que les petits morceaux ne passent pas au travers des grilles, ce qui fait rechercher ces houilles pour l'usage des fabriques. D'autres variétés de houilles sèches fournissent un *coke pulvérulent* ; telle est la *houille de Fresnes*, que les brasseurs

----

(1) On désigne vulgairement sous le nom de *pyrites* un composé de soufre et de fer qui accompagne presque toutes les substances minérales, et qui s'offre habituellement en petits cristaux jaune d'or, d'un aspect métallique.

emploient de préférence dans leurs tourailles, parce qu'elle renferme si peu de bitume qu'elle brûle sans répandre de fumée.

« Les mines des environs de Marseille, d'Aix, de Toulon ; celles de la Mothe de Peschanard, près de Grenoble ; Fresnes sur l'Escaut, près de Condé (Nord) ; de Vieux-Condé (Nord) ; de Blanzy, près le Creuzot (Saône-et-Loire) ; de Salins, de Noroi et de plusieurs points du nord-ouest de la France ; de Durham, en Angleterre ; de quelques endroits de la Belgique, donnent des houilles sèches.

« La composition des houilles varie beaucoup. Pour la pratique il suffit de connaître les proportions du charbon, des cendres et des matières volatiles qu'elles fournissent par leur calcination. Nous présentons, dans le tableau suivant, le résultat de l'analyse immédiate de quelques houilles de France et de l'étranger. »

LIEUX D'EXTRACTION.	SUR 1000 PARTIES		
	Charbon.	Cendres.	Matières volatil.
HOUILLES SÈCHES.			
Bourg-Lastic (Puy-de-Dôme)	780	55	165
Fresnes, près de Valenciennes.	863	43	94
Lardin, près de Souillac (Dordogne). .	608	62	330
Blanzy près le Creuzot (Saône-et-Loire).	543	61	396
Salins (Jura)	500	130	370
Durham (Angleterre).	820	50	130
Mons, variété dite *anthracite*.	850	23	127
Oviédo (Asturies)	503	80	417
Ombrowa (Haute-Silésie)	510	40	450

Il est facile de voir, par le tableau ci-dessus, que les houilles de Fresnes sont celles auxquelles on doit accorder la préférence ; elles renferment une plus forte proportion de charbon et laissent par conséquent, après la combustion, moins de résidu que toutes les autres. Mais la difficulté de se procurer, même dans les départements qui avoisinent celui du Nord, les houilles sèches proprement dites, les a fait abandonner dans un grand nombre de brasseries, où les approvisionnements de coke sont beaucoup plus faciles. Tel est le seul motif qui a fait donner la préférence à ce dernier.

Les houilles sèches qu'on livre à l'industrie ne sont le plus souvent que des *houilles demi-grasses*, dont l'emploi à la touraille est détestable par l'odeur bitumineuse qu'elles développent, et par la quantité, toujours trop grande dans ce cas, de noir de fumée qui accompagne leur combustion. C'est pourquoi nous engageons ceux de nos lecteurs qui peuvent se procurer facilement des houilles sèches de Fresnes à leur accorder la préférence sur le coke lui-même ; car, comparativement, le prix de revient de celui-ci est de beaucoup supérieur à celui des houilles sèches, ainsi que nous allons le prouver.

Le *coke* est le résidu de la carbonisation de la houille en vase clos. Celui dont on se sert le plus ordinairement pour la dessiccation provient de la houille employée à la fabrication du gaz d'éclairage. Aujourd'hui qu'il existe des usines à gaz dans tous les centres de population de quelque importance, on trouve du coke partout ; on le vend généralement au prix de **2** fr. l'hectolitre, qui pèse en moyenne 45 kilogrammes ; il en résulte que les 100 kilogrammes coûtent 4 fr. 40 c., soit 44 fr. pour 1000 kilogrammes.

Le coke des usines à gaz a tous les avantages des

houilles sèches et n'a aucun des nombreux inconvénients de la houille demi-grasse; voilà ce qui justifie la préférence qu'on lui accorde, et, n'était son prix trop élevé, nous lui donnerions certainement la priorité sur tous les autres combustibles.

Nous avons employé l'un et l'autre, et voici quel a été le résultat de nos expériences comparatives. La houille maigre nous coûtait 44 fr. les 1000 kilogrammes; le même poids de coke nous coûtait aussi 44 fr., ou, si l'on veut, 2 fr. l'hectolitre. En brûlant alternativement l'une et l'autre dans la touraille dont nous donnons les plans, nous avons employé, pour sécher 1000 hectolitres de malt, 6565 kilogr. de *houille sèche* représentant une valeur de .... 289 fr.
(soit 0ᶠ.289 pour 1 hectolitre d'orge); tandis qu'il nous a fallu, pour sécher la même quantité de malt, 217 hectol. de *coke* à 2 fr., soit : .... 454 »
(ou 0ᶠ.454 par hectolitre d'orge) ; d'où il résulte, en faveur de la houille, une économie de .... 145 fr.
ou de 0ᶠ.145 par chaque hectolitre de malt amené au même point de dessiccation.

C'est donc environ 55 pour 100 qu'il en coûte de plus en employant le coke.

On a fait grand bruit, dans ces derniers temps, de l'influence que l'*acide sulfureux* [1] développé par la combustion du coke et des houilles sèches exerce sur les grains; comme nous aurons à revenir sur ce fait en

(1) Tel est le nom qu'on a donné au gaz qui se produit toutes les fois qu'on brûle le soufre au contact de l'air.

examinant le *calorifère* dont **M.** Chaussenot se prétend l'inventeur, nous nous bornerons à en dire ici quelques mots.

On a dit qu'avec les tourailles il était impossible que le grain restât aussi blanc après sa dessiccation qu'il l'est lorsqu'on le dessèche par l'air chaud ; c'est une erreur, et ceux qui l'ont avancée ne l'ont fait que pour servir leurs intérêts, soit directement, soit indirectement.

L'*acide sulfureux*, spécialement employé dans diverses manufactures au blanchiment des tissus de laine, n'est-il pas également mis à profit, et avec succès, pour le blanchiment des pailles? Or, quelle différence y a-t-il entre la paille elle-même et l'enveloppe corticale du grain, que nous avons désignée sous le nom de test ou pellicule extérieure? Aucune assurément, si ce n'est dans la contexture ; mais celle-ci n'influe en rien, dans ce cas du moins, sur les éléments chimiques qui composent l'une et l'autre.

Laissons donc là ce fantôme imaginaire, et tenons pour certain qu'il est impossible à un calorifère, quel qu'il soit, de conserver au grain, après sa dessiccation, plus de blancheur qu'on n'en obtient ordinairement avec une bonne touraille, et que l'acide sulfureux, loin de s'opposer à cette blancheur, y contribue au contraire puissamment.

Avec le bois toutes les conditions de la dessiccation changent; les grains retiennent une portion d'*acide pyroligneux* et d'*huile empyreumatique* qui communiquent à la bière qu'ils produisent une saveur spéciale qu'on ne trouve dans aucune autre. Est-ce un défaut? est-ce une qualité? c'est ce que nous allons examiner brièvement.

Dans toute l'Alsace et dans une partie de la Lorraine, le bois est exclusivement employé à la dessiccation des grains; les produits fabriqués sont-ils pour cela inférieurs? Non, évidemment; car Strasbourg est du nombre des localités qui emploient ce combustible, et si, depuis quelques années, Strasbourg a perdu une partie de la réputation qu'il avait si justement acquise, la faute en est exclusivement à certaines considérations que nous ferons valoir en nous occupant du *glucose* (*sucre de fécule*).

Il y a plus, c'est que la légère saveur empyreumatique qui distingue ordinairement les *bières de Strasbourg* est due en partie au mode de dessiccation des grains; et cette saveur n'est pas moins flatteuse au goût que celle que l'on rencontre dans les produits dont Mayence est si fière, et qui s'en imprègnent de la même manière; nous ne sommes même pas éloigné de croire qu'elle contribue dans un certain rapport à la longue conservation des bières de Strasbourg, *peut-être* même au développement du bouquet du houblon. Quoi qu'il en soit, nous verrons, en parlant de celui-ci, que son principe conservateur est dû aussi à une huile empyreumatique particulière, et que cette propriété est inhérente à tous les produits de cette nature.

Il est facile de comprendre maintenant comment se comportent à l'égard de l'orge les vapeurs dégagées de la combustion du bois : le malt s'en sature, et, plus tard, ces huiles essentielles se retrouvent dans les moûts, et même dans les bières après la fermentation. Pour notre compte, nous ne voyons pas d'inconvénients à employer le bois comme combustible, mais à la condition expresse toutefois que la saveur dont nous venons de parler ne se fera sentir que *légèrement*, et qu'on n'emploiera, comme à Strasbourg, que des houblons de choix.

Nous irons plus loin encore, et nous dirons qu'un grand nombre de brasseurs des départements du centre, qui ont fait de nombreuses tentatives pour imiter les bières de Strasbourg, n'ont échoué que parce qu'ils n'ont pas employé le même mode de dessiccation. Nous avons fabriqué des bières dans lesquelles la couleur, la densité, la quantité d'alcool, tout enfin, étaient dans le même rapport que dans celles de Strasbourg ; le mode de fabrication avait été scrupuleusement observé, et pourtant, à défaut d'une dessiccation des grains par le bois, la saveur était complétement différente. Plus tard nous reprimes les mêmes opérations ; mais, cette fois, la dessiccation ayant été opérée au moyen du bois, nous obtinmes des résultats tels qu'il fut impossible à plusieurs Strasbourgeois, assez habiles en matière de dégustation, d'établir la moindre différence entre la bière de leur pays et la nôtre ; et, en effet, il y avait identité complète.

Il faudrait bien se garder pourtant d'employer le sapin, car la quantité de résine qu'il contient développerait par la combustion une fumée infecte, et par conséquent beaucoup de noir de fumée. Les *schistes bitumineux* et la *tourbe* produiraient des effets non moins contraires aux principes que nous avons établis et sur lesquels doit reposer une dessiccation rationnelle.

5. Influence de la dessiccation au point de vue de la fabrication.
Conséquences qui en résultent.

Nous avons dit au commencement de ce chapitre que nous expliquerions la nécessité de la dessiccation et son importance relativement à *toutes* les autres périodes de la fabrication. D'après les nombreuses observations pratiques que nous avons pu faire, nous espérons pouvoir justifier l'absolutisme de notre assertion.

Nous avons exposé en quelques mots la manière dont le gluten se comportait pendant la germination; sa séparation dans chacune des espèces de grains s'opère plus ou moins bien selon les conditions dans lesquelles on se place, et elle est beaucoup plus difficile dans l'orge germée que dans toute autre; cependant, si on prive celle-ci de toute l'eau qu'elle contient, si on opère sa dessiccation à une température d'au moins + 50°, le gluten se modifie au point de devenir non-seulement plus facilement coagulable que précédemment, mais même de se coaguler en plus forte proportion peut-être que dans aucune autre céréale.

En d'autres termes, si on traite de l'orge sortant du germoir par l'eau chaude, pour en séparer les principes sucrés développés par la germination, on obtient un liquide laiteux, trouble, présentant un aspect sale et boueux, dont la blancheur se dissipe plus tard, mais qui se refuse à toute espèce de clarification. Si, au contraire, on traite de la même manière de l'orge germée dans les mêmes conditions, mais préalablement desséchée à une température maximum de + 60°, le gluten se sépare facilement, et se présente sous forme d'écumes qui nagent à la surface d'un liquide très transparent et d'un jaune d'or.

D'une bonne et complète dessiccation dépend donc la facilité avec laquelle se séparera le *gluten* au moment de la *cuisson*. C'est là un fait dont nous justifierons l'importance en parlant de la *fermentation*, car alors seulement nous pourrons démontrer l'influence fâcheuse que le gluten exerce sur l'*acidification des bières*.

L'absolue nécessité de la dessiccation ne laissera aucun doute si l'on veut bien se rappeler, en outre, ce que nous avons dit précédemment de l'action exercée par l'eau sur le malt que l'on veut réserver pour les saisons chaudes.

Pour être complète, la dessiccation exige une progression ascendante dans l'action du foyer ; elle ne saurait être méthodique qu'à la condition d'être dirigée de cette manière. Le feu doit donc être ménagé avec soin dans le commencement de l'opération, et la température s'élever lentement, quoique d'une manière continue.

Nous partageons entièrement sur ce point les opinions de M. Sigismond Kolb, à l'ouvrage duquel nous empruntons le passage suivant : « Le premier feu ne doit pas être trop vif, afin de chauffer par degrés, et non pas comme dans beaucoup de brasseries où l'on a coutume d'en faire beaucoup, afin, dit-on, de faire partir la vapeur avec force ; car, de cette manière, les grains du fond, étant exposés de suite à une extrême chaleur, se resserreront, au lieu que, par une chaleur modérée, ils se dilateront. »

Lorsque le grain quitte le germoir pour recevoir immédiatement l'action du feu, et c'est le cas permanent des brasseries dépourvues de *greniers d'airage*, le calorique, quel que soit l'appareil employé à la dessiccation, détermine une contraction violente qui agit principalement sur le *test* de la graine ; l'enveloppe et même la couche supérieure du *périsperme* se durcissent et s'opposent à l'évaporation des parties aqueuses renfermées dans l'intérieur de la graine ; ce fait est tellement exact qu'il nous est maintes fois arrivé de transformer en autant de petits appareils explosibles des grains d'orge soumis à la dessiccation. La vapeur d'eau accumulée dans l'intérieur de la graine à une température élevée, ne trouvant pas d'issue suffisante pour s'échapper, brise l'enveloppe supérieure qui la retient emprisonnée, et de cette brusque rupture résulte une légère détonation.

Ces explosions, qui ont lieu dans les brasseries chaque fois que le feu de la touraille a été poussé trop activement, sont beaucoup plus fréquentes lorsque l'orge n'a pas préalablement séjourné sur les *greniers d'airage*.

Il ne suffit pas que le feu ait été ménagé à l'origine de manière à éviter la réaction dont nous venons de parler, il faut encore veiller à ce que la chaleur ne s'élève jamais au delà de $+ 65°$, même lorsque la dessiccation est arrivée à sa dernière période ; avant ce moment, il suffit de cette température pour que la portion d'eau en excès opère la fluidification de l'amidon, qui passe promptement alors à l'état d'empois, et qui, cédant ensuite une partie de l'eau qu'il contient, se dessèche, se durcit comme le fait l'empois lui-même, et amène cette cassure résineuse qui a fait donner aux grains qui en sont affectés le nom de *grains vitrés*. Nous verrons dans le chapitre qui va suivre que ces grains ne produisent rien au profit des *moûts*, que dès lors ils sont complétement perdus. Quoi qu'on ait dit, il n'y a pas de *calorifère* au moyen duquel on puisse éviter entièrement cette réaction.

D'autre part, si la température n'a pas été poussée au point de vaporiser toute l'eau que renfermait le grain, les conséquences qui en résulteront ne seront pas moins désastreuses ; car, comme nous allons le prouver, la présence de l'eau dans le malt, après la dessiccation, opère une transformation telle qu'au bout d'un certain temps le rendement subit une diminution de 25 pour 100.

Au contraire, si l'orge a abandonné dans les *greniers d'aérage* une portion de l'eau toujours en excès après la germination, aucun de ces accidents ne saurait se produire, pourvu que la dessiccation soit habilement dirigée.

Reprenons les chiffres dont nous avons déjà fait usage dans le chapitre précédent. Nous avons vu que 1000 kilogrammes d'orge avaient perdu, par l'évaporation à l'air, 32,80 pour 100 d'eau, qu'il nous restait par conséquent 670^k,200 d'orge que nous avons soumis à l'action du feu, et que, par une dessiccation lente, continue, ménagée avec soin, nous avons pu sécher complétement. Après l'opération il nous est resté 580^k,500 de malt rigoureusement sec ; soit, pour l'eau enlevée par la touraille, 89^k,700, ou 8,97 pour 100 du poids total de l'orge.

Or, si la *dessiccation à l'air* enlève 32,80 p. 100 d'eau
et la *touraille*. 8,97

on trouve au total. . . . . 41,77 p. 100 d'eau
renfermée dans l'orge *au sortir du germoir*.

En présence de chiffres aussi concluants il est facile
de comprendre pourquoi nous attachons une grande
importance à la *dessiccation* primitive *à l'air* libre, et
pourquoi nous recommandons avec tant d'insistance d'y
veiller scrupuleusement.

En effet, non-seulement la dessiccation à l'air libre
enlève à l'orge 23 pour 100 d'eau et rend les accidents
dont nous venons de parler bien moins à craindre,
puisque l'eau en est l'une des causes déterminantes :
mais, de plus, cette opération préliminaire, en opérant
au sein de la graine un rétrécissement progressif, la
dispose à recevoir l'action du feu sans qu'il en résulte
le durcissement du test dont nous avons signalé les inconvénients.

La conduite du foyer a une grande importance dans
la dessiccation, mais il n'est pas moins essentiel de retourner le plus souvent possible le grain déposé sur la
touraille, pour que l'évaporation de l'eau se fasse uniformément, pour que tous les grains à dessécher reçoivent
en même temps une égale quantité d'air et de calorique,
pour éviter enfin que ceux qui sont en contact *immédiat*
avec la toile métallique, et qui par cette raison sèchent
plus promptement que ceux qui se trouvent à la surface
supérieure, ne reprennent plus tard une nouvelle quantité de vapeur d'eau, lorsqu'on les retournera sens dessus dessous, *et vice versâ*.

Ces conditions d'une bonne dessiccation nous paraissent tellement élémentaires que nous eussions moins insisté si nous n'eussions eu connaissance de certaines prescriptions que l'on a voulu établir pour régler les intervalles qu'il faut mettre entre ces diverses opérations; non pas, toutefois, que nous prétendions qu'il faille remuer continuellement le grain en voie de dessiccation; nous sommes d'avis qu'une intermittence de 15 minutes, par exemple, suffit, principalement pendant les premières heures de l'opération; mais, en fin de compte, cet intervalle doit toujours être subordonné à l'intensité du foyer. Il n'en est plus de même lorsque l'opération touche à son terme; cette manœuvre peut alors ne se pratiquer que de loin en loin, jusqu'au moment de *décharger la touraille;* mais il faut éviter avec le plus grand soin de dépasser jamais une température de + 75°, car au delà la *diastase* développée par la *germination* serait profondément altérée, et il est nécessaire d'en conserver la plus grande quantité possible, pour obtenir plus tard des *moûts* riches en principes sucrés.

C'est quand l'orge a passé successivement par chacune de ces périodes de germination et de dessiccation qu'elle prend le nom de *malt.*

Le degré de dessiccation à donner aux grains est subordonné à diverses circonstances que nous allons examiner, et dans lesquelles nous aurons à tenir compte des principes fondamentaux que nous venons d'établir. On peut donc dire, en règle générale, que du point auquel a été poussée la dessiccation dépend la limpidité des *moûts* destinés à la fabrication, bien que d'autres causes, comme nous le verrons bientôt, puissent modifier ce principe ; que, si la dessiccation a été incomplète, le liquide obtenu plus tard, les moûts enfin, refuseront obstinément de se clarifier, parce que le *gluten* resté en suspension dans la liqueur ne pourra se coaguler et troublera leur transparence ; que si, au contraire, la dessiccation a été amenée à un point convenable, la liqueur obtenue se clarifiera promptement, c'est-à-dire que le gluten se coagulera beaucoup plus facilement que dans le premier cas, que sa séparation du liquide s'opérera sans la moindre difficulté, et que dès lors celui-ci sera d'une limpidité parfaite.

Il existe d'autres causes qui exercent sur la coagulation du *gluten* une influence égale à celle de la dessiccation. Si nous n'en parlons pas plus explicitement ici, c'est pour ne pas intervertir l'ordre de chacune des périodes de fabrication, sur lesquelles nous avons basé la marche de notre travail ; elles se représenteront naturellement et nous les développerons avec le soin qu'elles méritent lorsque nous serons arrivé au chapitre de la *trempe préparatoire* (salade).

Le *malt* est essentiellement *hygrométrique*, c'est-à-dire qu'il attire à lui et retient l'humidité de l'air. Celle que la graine absorbe provoque une telle modification du gluten que sa coagulation, après quelques mois d'exposition du malt à l'air, est toute différente de celle que l'on obtenait précédemment. La vapeur empruntée à l'air est-elle la seule cause de cette modification ? C'est ce que nous aurons à examiner ; contentons-nous, quant à présent, de démontrer l'évidence du premier fait que nous venons d'énoncer au moyen d'un seul exemple : c'est qu'il suffit, pour rendre au gluten ses propriétés primitives, de priver le grain, par une dessiccation nouvelle, de la quantité d'eau qu'il a absorbée. Nous ne saurions donc trop conseiller un *second touraillage* lorsque le malt a séjourné trois ou quatre mois dans les greniers ; car il est impossible de nier qu'en été, dans les moments difficiles, si les moûts refusent de se clarifier, c'est à l'humidité du malt au moment de son emploi qu'il faut en attribuer une des causes principales ; or il est rare que des moûts d'une clarification difficile ou impossible produisent des bières limpides. Nous avons vu souvent employer ce moyen par des praticiens habiles auxquels nous l'avions conseillé, et toujours le succès qu'ils en ont obtenu en a justifié l'opportunité.

C'est par ces motifs que le malt qui doit être immédiatement employé à la fabrication, c'est-à-dire dans les six ou huit jours de sa préparation, n'a pas besoin d'une dessiccation aussi complète que celui qui est mis en réserve pour n'être utilisé que quelques mois plus tard. Ce que nous venons de dire s'applique avec plus de vérité à la fabrication d'hiver qu'à celle dont on s'occupe l'été ; les nombreuses difficultés qui surgissent à chaque instant dans cette dernière saison nous forcent à engager nos lecteurs à donner aux grains dans ce dernier cas un degré de dessiccation plus avancé, afin de rendre le gluten plus facilement coagulable, et d'avoir par conséquent des moûts d'une limpidité plus grande. C'est, à notre avis, l'un des moyens les plus efficace pour arriver, pendant les chaleurs, à des résultats aussi satisfaisants qu'on peut l'espérer à cette époque.

Il est d'ailleurs d'autant plus *essentiel* de procéder ainsi que la *coloration* des bières par la cuisson, comme nous le verrons en traitant de celle-ci, est en raison inverse de la vieillesse du malt, et peut-être un peu de l'élévation de la température ambiante. Il est vrai que la question de coloration n'offre maintenant de difficulté à personne, et nous nous félicitons d'avoir, pour notre compte, contribué à la simplifier. Nous en justifierons quand le moment sera venu.

D'autres considérations influent encore sur le point de dessiccation auquel il faut amener le malt ; ainsi il ne doit pas être le même pour brasser à *malt clair* que lorsque l'on brasse à *malt trouble* (nous expliquerons plus tard ce qu'on entend par ces deux modes de fabrication). Dans le premier cas, la dessiccation a besoin d'être plus avancée, puisqu'on veut obtenir de suite des *infusions* (trempes) d'une grande limpidité. Dans le second cas, la dessiccation peut être poussée moins loin, surtout si le malt doit être promptement employé.

La différence est la même lorsqu'il s'agit de *bières blanches* et de *bières brunes*; dans la fabrication des premières surtout, il est essentiel d'opérer avec les plus grands ménagements, même avec lenteur, et de faire arriver dans la touraille la plus grande quantité d'air possible; ce qui s'obtient en laissant la porte du foyer ouverte pendant la moitié de l'opération, dût la dessiccation durer cinq ou six heures de plus.

Nous avons souvent vu opérer au soleil, sur une terrasse, la *dessiccation* de l'orge destinée à la fabrication des bières blanches ; c'est une assez heureuse idée, que nous avons quelquefois mise en pratique, afin de nous en rendre compte, et qui procure une économie de combustible de quelque importance ; mais, outre que l'opération est fort longue, elle a encore l'inconvénient de ne donner que des résultats imparfaits, c'est-à-dire que, pour compléter la dessiccation, il faut que les grains séjournent ensuite quelque temps sur la touraille ; c'est au moins ce qui résulte des expériences comparatives que nous avons faites à ce sujet, sur une petite échelle, il est vrai, car nous n'avons guère opéré que sur quatre à cinq hectolitres à la fois.

Dans l'origine de la fabrication de la bière, et particulièrement des *bières brunes*, l'usage avait consacré un détestable moyen de *coloration* dont le temps et l'expérience sont venus faire bonne justice ; il consistait à faire subir aux grains un commencement de torréfaction, ainsi que cela se pratique encore aujourd'hui en Angleterre[1]. Si quelque chose nous surprend dans la fabrication des *bières anglaises*, c'est assurément de voir qu'un aussi ridicule préjugé existe encore, alors surtout qu'il est en opposition flagrante avec l'expérience des faits et les notions pratiques les plus vulgaires.

---

(1) Nous avons sous les yeux une collection complète de divers échantillons de *malts anglais* ; celui qui était destiné à la fabrication du *porter* est dans un tel état de torréfaction que sa couleur rappelle littéralement celle du café grillé ; ce qui n'empêche pas que les grains ne soient encore beaucoup plus gros que ceux de notre froment.

Aujourd'hui heureusement nous n'en sommes plus réduits, pour obtenir une coloration satisfaisante, à nous attaquer aux principes sucrés qu'on ne parvient à développer dans l'orge qu'avec tant de peine et au prix de tant d'argent, puisque nous pouvons produire une matière colorante qui ne coûte rien et dont la saveur est nulle ; nous la ferons connaître en parlant de la *coloration par le rouge végétal*.

Il est un indice certain de l'altération des principes sucrés de l'orge par la dessiccation : c'est l'odeur qu'elle développe à la fin de l'opération, et dont l'analogie avec celle des gâteaux chauds et sucrés est frappante. Si la comparaison est bizarre, au moins elle est vraie : nous n'en avons pas trouvé de plus exacte. L'odeur dont nous parlons est flatteuse pour l'odorat, mais il faut éviter avec soin qu'elle se produise, car elle ne se développe qu'aux dépens de la matière sucrée, et celle-ci s'altère d'autant plus que la coloration du malt par le feu est poussée plus loin ; car s'il y a, et c'est en effet ce qui arrive, commencement de caramélisation, il y a aussi commencement de décomposition, et il est d'autant plus important de ne pas l'oublier que moins les moûts contiendront de principes sucrés, moins la fermentation produira d'alcool, et plus, par conséquent, la conservation de la bière sera rendue difficile.

Nos lecteurs doivent se souvenir qu'en parlant de la germination et des *acquisitions partielles* nous avons dit que celles-ci étaient l'une des raisons de la *moisissure des grains* au germoir, parce que les céréales de diverses provenances avaient une composition différente ; nous avons signalé à cette occasion les autres causes qui contribuaient à développer ces diverses réactions. Nous allons, ainsi que nous nous y sommes engagé, indiquer un palliatif dont l'efficacité, si elle n'est pas absolue, est au moins capable d'atténuer un peu les mauvais effets qui peuvent en résulter.

Les grains affectés de moisissure exigent un degré de dessiccation plus prononcé que tous les autres, quelle que soit d'ailleurs la bière que l'on veuille en fabriquer et l'époque à laquelle cette fabrication doive avoir lieu : 1° parce que le *malt* qui en provient produit des *moûts* qu'il est toujours difficile de clarifier à la cuisson ; 2° parce que cette *moisissure*, devenue pulvérulente par une dessiccation plus avancée, se sépare par le moindre choc ou le moindre frottement et peut dès lors être éliminée plus facilement. Nous donnerons le moyen d'en rendre la séparation complète ; car, comme nous le verrons, ces *moisissures* exercent une fâcheuse influence sur la limpidité des moûts et sur la qualité de la bière.

La dessiccation doit encore être poussée à sa dernière limite lorsqu'on opère sur des grains dont la germination a été irrégulière, comme cela arrive, par exemple, quand il y a eu mélange d'orge vieille et d'orge nouvelle. En effet, les grains non germés retiennent plus longtemps l'eau que ceux dans lesquels la germination s'est développée régulièrement, parce que le périsperme de ces derniers est dans un état de division qui permet à la vapeur d'eau produite de s'échapper facilement et comme au travers des pores d'une éponge, pour ainsi dire, tandis que dans les premiers le périsperme offre une cohésion beaucoup plus grande, et qui s'oppose à la facile émission, du dedans au dehors du grain, de la vapeur dont la dessiccation provoque le développement.

On doit comprendre maintenant pourquoi nous avons tant insisté sur les soins minutieux à donner à la germination. Ainsi, la dessiccation d'une couche régulièrement germée est non-seulement plus facile, moins coûteuse, mais toutes les opérations qui suivent en éprouvent l'heureuse influence; car, si la dessiccation a été opérée uniformément sur des grains germés dans les mêmes conditions, la *mouture* devient plus aisée et plus régulière; les *infusions* (trempes) se ressentent de la régularité de la mouture, la matière sucrée des grains se sépare avec plus de facilité, les *moûts* sont plus riches, la *fermentation* fournit par conséquent plus d'*alcool,* et la bière devient d'une qualité d'autant meilleure que sa conservation est rendue plus longue et plus assurée.

Tout s'enchaîne dans les opérations de la brasserie; il ne suffit pas que l'une ou l'autre soit dirigée avec soin et habileté, il faut qu'elles le soient toutes; mais il faut surtout que la *germination* le soit plus qu'aucune autre.

La dessiccation est donc subordonnée à bien des circonstances, mais surtout aux conditions dans lesquelles s'est opérée la germination. Si nous en avons fait une aussi longue énumération, c'est parce que nous sommes convaincu qu'on ne saurait y apporter trop d'attention, et nous n'ignorons pas qu'en général on y attache beaucoup moins d'importance qu'elle n'en mérite. Malgré tout notre désir, nous n'avons pas pu réunir dans ce paragraphe tout ce que nous avions à dire à ce sujet ; d'autres cas se présenteront encore ; ils seront beaucoup plus faciles à expliquer lorsque nous nous occuperons de la trempe préparatoire (salade) ; c'est là que nous y reviendrons.

Les qualités qui distinguent un bon *malt*, c'est-à-dire celui dont la *germination* et la *dessiccation* ont été opérées avec soin, sont facilement appréciables : il conserve la couleur primitive de l'orge, si même il n'est plus blanc ; la main plongée dans un tas doit y glisser plus facilement que dans de l'orge brute et n'éprouver aucune sensation d'humidité. A volume égal, le poids du malt doit être moindre que celui de l'orge brute dans la proportion de $\frac{1}{4}$ au moins et de $\frac{1}{3}$ au plus. Placé sous la dent, il doit, par une simple pression entre deux incisives, se séparer en plusieurs parties et se débarrasser facilement de son enveloppe corticale ou test, ou bien encore le périsperme doit se diviser sans efforts et présenter, avec un aspect légèrement amylacé, sa couleur blanche primitive ; sa saveur douceâtre doit être légèrement sucrée et exempte de toute saveur étrangère. L'intérieur du grain, frotté sur un corps dur, doit y déposer une trace blanche, comme le ferait de la craie, par exemple ; en outre, le poids spécifique du malt étant moindre que celui de l'eau, il doit surnager quand on le jette dans ce liquide, tandis que les grains non germés descendent au fond.

On peut donc affirmer que, toutes conditions de fabrication étant égales, on obtient généralement des bières plus limpides en poussant la dessiccation à une limite un peu avancée; mais c'est quelquefois aux dépens de la qualité des produits, car les bières qui en résultent ont souvent une saveur moins agréable que celles fabriquées avec un malt moins desséché. Une dessiccation poussée trop loin entraîne donc aussi des inconvénients que nous ne pourrions signaler ici sans entrer dans des développements qu'il nous sera permis d'abréger en ne nous en occupant que quand nous serons plus familiarisés avec les principaux phénomènes de la fermentation.

§ 6. Maturité de miellation.

On a donné le nom de *maturité de miellation* à une opération complémentaire de la dessiccation, ou plutôt de la germination, qui consiste à placer l'orge germée dans une espèce de bain de vapeur produite par l'eau qu'elle renferme, et qui, *dit-on,* a pour but de développer au sein de la graine une plus grande quantité de principes sucrés. Cette opération se borne à placer l'orge sur la touraille, et à recouvrir toute sa surface d'une double toile pendant que le foyer est entretenu avec les plus grands ménagements. De cette façon, toute la vapeur d'eau produite est comme emprisonnée sous la toile, et le grain s'élève à une température de + 30 ou 35°, qu'on maintient pendant une heure et même deux; après quoi on enlève la toile pour opérer la *dessiccation*.

Tel est le mécanisme de l'opération que l'on prétend, à tort selon nous, avoir été conseillée par le savant chimiste M. Chaptal [1], car elle nous paraît appartenir

____

(1) Malgré toutes nos recherches, nous n'avons rien trouvé, dans

à **M. L. F.-D.** [1]. Quel qu'en soit l'auteur, nous avons pris l'idée au sérieux et nous en avons fait l'application; jamais il ne nous a été possible de constater le moindre avantage de son emploi dans les résultats obtenus; en un mot, nous n'avons trouvé aucune différence entre ce procédé et le procédé ordinaire. Toutefois nous devons dire que nous ne l'avons appliqué que fort peu de temps, et que nous n'avons pas établi de comparaison en chiffres, comme nous l'avons fait dans le plus grand nombre de cas. Cependant il nous semble incontestable que, si ce procédé avait été de nature à produire une amélioration évidente, nous en eussions été frappé au moins une fois, car nous l'avons mis en pratique dans quinze ou vingt occasions différentes [2].

Examinons pourtant si la théorie peut justifier cette application, et voyons ce qui devrait se passer s'il y avait formation d'une plus grande quantité de matière sucrée.

les ouvrages de M. Chaptal, qui traitât exclusivement de cette question; il en dit quelques mots dans son *Traité de Chimie appliquée à l'Agriculture;* c'est dans cet ouvrage que l'auteur, auquel on a attribué gratuitement un travail complet sur la brasserie, donne de la fabrication de la bière une idée fort succincte.

(1) Nous avons sous les yeux tous les auteurs qui ont écrit sur la brasserie, depuis 1549, époque de la première publication en ce genre, jusqu'à nos jours. L'ouvrage de M. Le Pileur d'Appligny (1783), qui précède le travail de M. L.-F. D., ne dit pas un mot de cette opération. **M. L.-F. D.** étant le premier qui l'ait fait connaître, il nous semble juste de lui en faire porter la responsabilité.

(2) M. Couroux, ancien brasseur à Grandpré (Ardennes), nous a néanmoins assuré qu'il avait obtenu de bons résultats de cette application. Nous regrettons qu'il ne se soit pas livré à des expériences comparatives sur ce sujet; nous les eussions consignées ici avec autant d'intérêt que d'empressement.

En fait, par la *germination* l'orge développe un principe auquel on a donné le nom de *diastase* ; celle-ci possède la propriété de transformer l'amidon en sucre quand elle est unie à l'eau ; cette réaction s'opère à diverses températures. Comment donc expliquer la formation d'une nouvelle quantité de sucre au sein de la graine autrement que par l'action de la *diastase* sur l'*amidon ?* et à quelles conditions cette action peut-elle se manifester ? Écoutons ce qu'un chimiste distingué, M. Guérin, dit dans les *Annales de Physique et de Chimie :* « La diastase *dissoute dans 30 fois son poids d'eau* n'agit pas sur l'amidon *entre + 20 et 26°.* » Ainsi il faut d'abord la présence d'une grande quantité d'eau, et ensuite une température supérieure à + 30°; or, aucune de ces deux conditions n'existe dans le procédé de maturité de miellation, et alors les faits énoncés sont inexacts, ou la science est en désaccord avec la vérité. Au surplus, comme aucune indication comparative n'a été signalée dans l'application, nous croyons devoir accepter comme vraie la théorie de M. Guérin, jusqu'à ce que l'expérience nous ait prouvé que nous sommes dans l'erreur.

D'ailleurs, en supposant même que les faits avancés soient exacts, est-ce à dire qu'en faisant réagir la diastase sur l'amidon aussitôt après la germination, et au sein de la graine elle-même, on opérera la transformation en sucre d'une plus grande partie de son amidon qu'en la laissant agir au moment des infusions (trempes)? Non, évidemment; on aura produit du sucre plus tôt, mais on n'en aura pas produit davantage.

Nous sommes d'autant plus disposé à nous tenir en

garde contre les dissertations scientifiques de M. L.-F. D.
que nous trouvons dans son *Art de faire la Bière* des
théories telles que les suivantes : « Dans cette manière
de faire la *drèche*[1], comme dans toute autre, il ne faut
pas faire sécher de suite le grain qui vient de germer,
attendu qu'il n'est qu'à l'état de *maturité de végétation*,
et que, semblable à un fruit qu'on cueille de l'arbre ou
au raisin qui n'est pas mûri par le soleil, il ne donnerait
qu'un principe FADE, ou légèrement DOUX et souvent
AIGRE à la fois. Il est donc nécessaire de faire éprouver à
ce grain une maturité secondaire, *afin d'unir entièrement
l'acide et l'eau avec les principes substantiels.* » Et plus
loin : « Le grain éprouve un mouvement intestin qui
excite une combinaison de laquelle résulte la *conversion
de l'acide et l'eau en partie sucrée.* » Ce n'est pas tout ;
nous aurons l'occasion de faire passer d'autres échantillons de la science de M. L.-F. D. sous les yeux de nos
lecteurs.

§ 7. Dessiccation par l'air chaud (*calorifère*[2]).

« Le privilége de la véritable indépendance est de
n'avoir jamais d'autre intérêt que celui de la vérité,
sans restrictions et sans conditions. »

Le *calorifère* n'est qu'une modification de la touraille ; elle consiste à faire traverser l'orge par un cou-

(1) C'est sans doute encore une *erreur typographique* qui aura fait
employer à l'auteur le mot *drèche* pour le mot *malt.*

(2) L'invention toute moderne (1839) de cet appareil, auquel on a
donné le nom de son auteur, appartient à M. Chaussenot jeune (ingénieur civil). On a fait grand bruit de cette prétendue découverte.
Était-ce bien la peine ? C'est ce que nous allons examiner, tout en
conservant volontiers au calorifère la dénomination dont le public
a bien voulu l'honorer.

vant d'air chaud, au lieu d'utiliser directement les produits de la combustion.

Comme la touraille, ce calorifère se compose d'un massif rectangulaire en briques, dont le sommet supporte la toile métallique destinée à recevoir le grain; dans l'intérieur de ce massif se trouve une cloche en fonte sur laquelle se porte l'action du feu, et qui transmet le calorique qu'elle dégage dans l'espace compris entre le foyer et la toile métallique. Après avoir traversé cette cloche, les produits de la combustion sont portés au dehors au moyen d'énormes tuyaux de tôle qui sillonnent le calorifère en tous sens, dans l'intervalle ménagé entre le foyer et le treillage de fer.

Le foyer se trouve immédiatement au-dessous de la cloche de fonte; au niveau de ce foyer, et sur chacun des côtés du massif, on a pratiqué des ouvertures pour l'introduction de l'air extérieur; celui-ci, en passant contre la cloche et les tuyaux dont nous venons de parler, leur emprunte une portion de calorique qu'il cède à l'orge en traversant la toile métallique.

Avant d'entrer dans les développements que réclame une question aussi délicate, jetons un coup d'œil plus approfondi sur la construction de cet appareil, et laissons parler M. *Péclet*, l'homme le plus compétent quand il s'agit de traiter les questions relatives au calorique.

Nous reproduisons d'abord textuellement la description qu'il en a donnée; nous nous occuperons ensuite de montrer combien les prétentions de l'*inventeur* du calorifère sont exorbitantes.

« Les figures 18, 19 et 20 donnent une idée complète du *Calorifère de M. Chaussenot*. Voici la descrip-

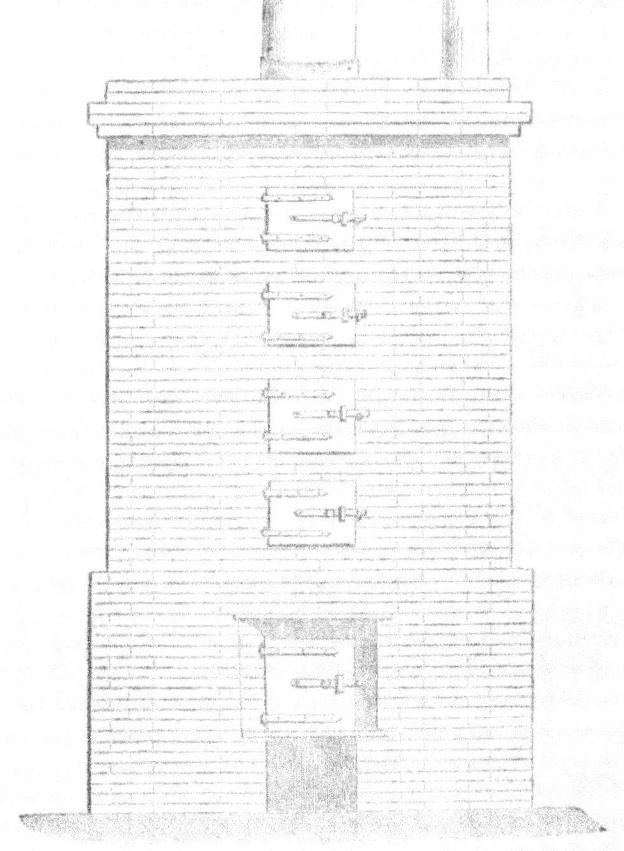

Figure 18.

tion de cet appareil. A (*fig.* 19), foyer surmonté d'une cloche en fonte B et d'un tuyau C; D, grille; E, cen-

drier; F, porte du foyer; G, tuyau enveloppant la cheminée C; il s'appuie sur la maçonnerie au-dessus de la
cloche B; H, H', H'', H''', quatre couronnes creuses

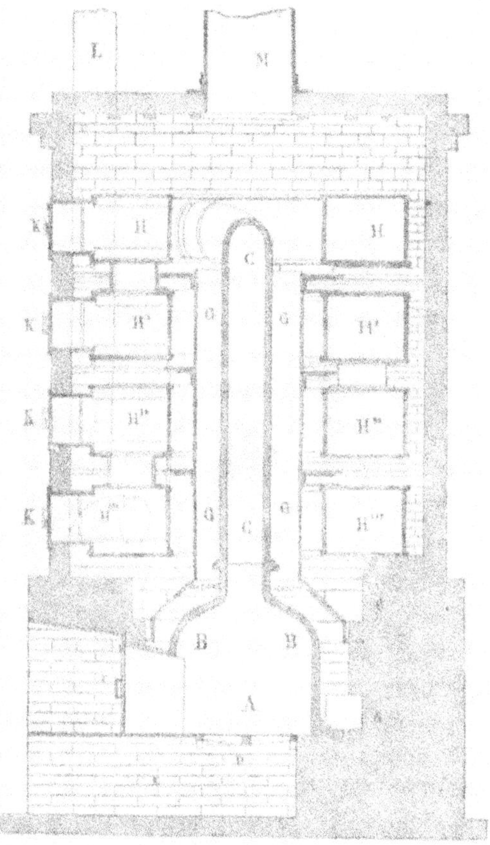

Figure 19.

en tôle, dans lesquelles circule l'air brûlé; I (*fig.* 20),
tuyaux de communication entre les couronnes; K, K
(*fig.* 19), portes par lesquelles on pénètre dans les couronnes pour les nettoyer; L, tuyau de sortie de la fumée,

débouchant dans la couronne inférieure et s'élevant au-
dessus du calorifère; M, tuyau pour le dégagement de
l'air chaud; N, ouverture par laquelle arrive l'air extérieur, qui s'échauffe par son passage entre les tuyaux
C et G; O, autre canal pour l'admission de l'air froid,
qui passe autour des couronnes creuses; P, cloisons
établies dans les couronnes, et qui forcent l'air brûlé à
en parcourir toute la surface; Q, cloisons qui obligent
l'air à circuler autour des couronnes.

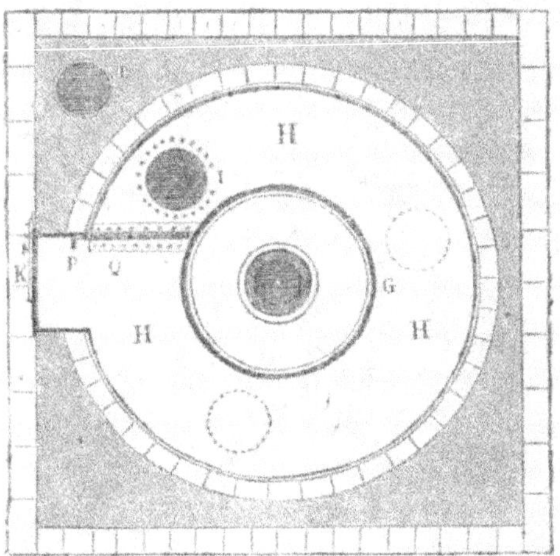

Figure 20.

« Cet appareil est maintenant employé dans un grand
nombre d'ateliers. D'après le rapport fait à la Société
d'Encouragement, cet appareil permettrait d'utiliser
jusqu'à 0,6 de l'effet total du combustible; ce serait
fort peu, beaucoup moins que les calorifères ordinaires.
Mais à l'évaluation numérique donnée par la commission il manque deux éléments importants : la quantité

de combustible consommée par heure, et l'étendue de
la surface de chauffe; car il est facile de comprendre
que, dans un appareil donné, l'effet utile relatif augmente à mesure que la quantité de combustible consommée diminue, et dans les appareils du genre de
celui de *Chaussenot*, où le tirage a réellement lieu avant
le chauffage, le tirage peut être très bon pour des con-
sommations de combustible très variables. Il aurait été
aussi très important de connaître la température à laquelle l'air brûlé abandonnait l'appareil, car cette température seule aurait permis d'apprécier avec assez
d'approximation l'effet du calorifère [1].

« Les boîtes annulaires de ces appareils sont chères,
d'une construction difficile, et, malgré les portes ménagées à leur contour, elles ne peuvent pas être nettoyées
derrière la cloison P, comme il est facile de s'en convaincre à la seule inspection des figures. » (*Traité de
la Chaleur*, t. II, p. 214.)

Commençons par remercier le savant professeur de
physique de l'École centrale de la prudente circonspection qu'il a apportée dans l'examen d'un appareil
d'une application toute nouvelle, et de l'impartialité
avec laquelle il a porté son jugement dans une question scientifique que nul n'était plus apte que lui à apprécier. Nous regrettons sincèrement que la *Société
d'Encouragement* ait pris des conclusions toutes différentes.

---

(1) Sur quelles bases s'appuie donc le rapport de la *Société d'Encouragement* dans cette circonstance, si elle a laissé de côté tous les
éléments que signale M. Péclet ?

Que si nous examinons la question au point de vue pratique, nous verrons que M. *Péclet* avait raison de dire, en parlant de l'effet produit : « C'est fort peu ; c'est beaucoup moins que les calorifères ordinaires. » Et comme M. *Péclet* prenait les chiffres mêmes du rapport fait à la *Société d'Encouragement*, nous nous demandons comment la commission, partant des mêmes données, n'est pas arrivée aux mêmes conclusions. Il est vrai de dire qu'elle s'est tout simplement bornée à *approuver les* DISPOSITIONS *de l'appareil*.

Le mode d'action de l'air chaud dans le calorifère Chaussenot est *emprunté* au système anglais ; l'ensemble et les détails de la construction sont identiquement les mêmes ; il n'y aurait donc ici qu'une *importation* d'outre-Manche, mais non une invention [1].

En s'attaquant au procédé de dessiccation à feu direct, M. Chaussenot, pensons-nous, n'a pas eu d'autre but que de servir ses intérêts ; mais comme nous devons, avant tout, rendre hommage à la vérité, nous allons la dire tout entière ; car, envisagée sous un certain point de vue, la question dont nous nous occupons doit entraîner un jugement sévère.

Arrivons au fait. M. Chaussenot parle, dans une circulaire adressée à tous les brasseurs, de *la difficulté d'élever ou de modifier la température* dans la dessiccation à feu nu. Mais est-il donc si difficile, par le procédé ordinaire, de modérer instantanément le feu en ouvrant

____

(1) M. Chaussenot nous paraît avoir beaucoup étudié les systèmes anglais ; nous en trouverons une nouvelle preuve dans son *appareil de fermentation*, pour lequel il a également pris un brevet.

la porte du foyer pour y introduire une plus grande
quantité d'air, ou en le couvrant avec les menus et les
cendres qui passent au travers de la grille, ou même en
faisant l'un et l'autre?

Un peu plus loin l'inventeur reconnaît la possibilité
d'opérer ainsi, mais il met en avant la grande quantité
de combustible employée avec la touraille, comparée à
celle que demande son calorifère. Nous ferons plus
loin la même comparaison, mais avec des chiffres ; c'est
beaucoup plus certain.

L'influence malfaisante de l'acide sulfureux qui s'attache à la surface du grain ne nous paraît pas mériter
un grand crédit; l'auteur en parle en homme complétement étranger à la question ; ce que nous en avons
dit précédemment suffit pour le prouver. De plus, si
l'eau contenue dans le grain au commencement de l'o-
pération en retient de très minimes quantités, il se vo-
latilise nécessairement lorsque la dessiccation se complète à des températures élevées, c'est-à-dire entre
$+ 60$ ou $70°$.

Mais admettons un instant, comme le prétend notre
inventeur, que le grain en contienne. « Bientôt, dit-il,
l'action nuisible se fera sentir en donnant à la bière un
goût désagréable. » M. Chaussenot oublie que les infusions se font à des températures de $+ 40$, 60, $80°$;
que plus tard elles subissent une ébullition de quatre,
cinq, six et même huit heures ; que, dès lors, si le grain
contenait les moindres traces d'acide sulfureux, l'eau
qui l'aurait dissous ne saurait supporter une ébullition
de huit heures, ou même de quelques instants, sans

que celui-ci s'en séparât. C'est là une question de physique élémentaire. Comment donc retrouver la moindre trace d'acide sulfureux après la fabrication de la bière, et surtout après la fermentation ?

M. Chaussenot prétend que « la plupart des accidents qui se manifestent dans la fabrication de la bière n'ont d'autre cause que l'emploi du touraillage par le feu direct. »

L'idée, on en conviendra, était bien de nature à effrayer les plus timides, à réveiller les imaginations les plus engourdies, et M. Chaussenot n'était pas homme à rester en aussi bon chemin ; aussi, sur sa simple parole, et par suite de son éloquente argumentation, la hache des démolisseurs entreprit-elle son œuvre de destruction, et l'on vit remplacer un simple et bon appareil, le plus économique de tous, par un appareil dont les bases ne reposent que sur un ridicule contresens.

Avec le calorifère de M. Chaussenot, au dire, du moins, de sa circulaire, on devait échapper à tous les désagréments ; et pourtant, à cette heure, il n'en reste que des ruines : ce que nous regrettons sincèrement ; car nous eussions désiré qu'il en restât ne fût-ce qu'un seul, pour montrer ce que peut encore de nos jours l'empirisme sur l'ignorance ou la peur.

Si encore M. Chaussenot se distinguait par la justesse de ses inductions scientifiques ! Mais il nous dit : « L'amidon changé en empois ne peut être dissous par la diastase. » Tel n'est pas l'avis de M. Guérin, confirmé par M. Thénard ; car le premier nous apprend que « la diastase liquéfie et saccharifie l'empois d'amidon, etc. 100 parties d'amidon réduites en empois, avec 39 fois leur poids d'eau à + 65°, puis mêlées avec 6,43 pour 100 de diastase dissoute dans 40 parties d'eau froide, ont donné 86,91 de sucre en les tenant exposées pendant une heure à une température de + 60 à 65°. »

Il en est de même de presque tout ce qu'a bien voulu nous dire M. Chaussenot : erreurs au point de vue scientifique, contradictions entre les appréciations et les conclusions qui en découlent, indications inexactes dans les résultats annoncés, tout cela pullule dans le prospectus qu'il a lancé à profusion.

Et d'abord peut-on admettre que M. Chaussenot parle sérieusement quand il vient nous dire que son calorifère dispense une brasserie de greniers d'aérage, ou au moins qu'il diminue les dépenses occasionnées par ceux-ci ?

Ici nous commençons à douter que l'inventeur du calorifère ait jamais mis le pied dans une brasserie. Bien que nous ne soyons pas, comme M. Chaussenot, ingénieur civil, nous nous permettrons de lui dire : Vous attribuez aux tourailles, que vous regardez comme un mauvais système, la solidification gommeuse qui s'opère quelquefois dans la graine pendant la dessiccation, et qui a fait donner à l'orge le nom d'*orge vitrée;* nous offrons de prouver que cette vitrification ne s'opère, toutes conditions de dessiccation égales quant à la température, que sur les orges qui n'ont pas été suffisamment privées, par une exposition préalable à l'air, d'une partie de l'eau qu'elles renfermaient au

sortir du germoir ; car ce phénomène n'a lieu que par
suite de la transition subite de la température froide
de celui-ci à la température très élevée du calorifère,
et surtout par suite de la trop grande quantité d'eau
renfermée dans la graine. Voici ce qui se passe alors :
les globules d'amidon crèvent, et, comme vous l'avez
dit, c'est au début de la dessiccation que l'amidon se
change en empois, puisqu'il suffit pour cela d'une température de $+ 60$ à $65°$. Dans cet état, il peut encore
être converti en sucre ; mais si la température va crois-
sant, on prive cet empois de son eau, et l'intérieur du
grain présente une cassure vitreuse ayant beaucoup d'a-
nalogie avec la gomme, ou mieux encore avec l'empois
lui-même lorsqu'il est complétement desséché. Le
grain ainsi altéré résiste même à l'action de l'eau bouil-
lante, qui, ne pouvant pénétrer jusque dans son intérieur, n'agit plus sur ses parties solubles.

Ceci est exact ; mais ce qui ne l'est pas, c'est que
cette fâcheuse réaction soit due à l'emploi de la touraille ; elle est exclusivement due, nous le répétons, à
l'excès d'eau que les grains renferment en sortant du
germoir, et il suffit, pour se placer à l'abri de ces
graves inconvénients, de laisser l'orge dans les greniers
d'aérage pendant le temps que nous avons indiqué en
parlant de ceux-ci. Ce qui peut également le prouver,
c'est que le grain, pendant son séjour dans les greniers,
abandonne 25 pour 100 d'eau, et que c'est précisément
cette eau qui sert de dissolvant à l'amidon au début de
l'opération.

Nous ne pouvons nous empêcher de faire encore ici

un rapprochement entre les diverses indications fournies par l'inventeur. « Cette même température (celle que produit la touraille), dit-il, poussée au delà de + 80 à 90 degrés, attaque profondément la diastase, altère son principe et la rend impropre à transformer l'amidon en sucre. » Plus loin, nous trouvons : « Dans le cas où la température s'élève au delà des limites voulues, + 80 à 90 degrés, la diastase perd son principe dissolvant, et l'amidon ne se convertit pas en sucre. »

Tout cela est vrai ; mais alors pourquoi M. Chaussenot finit-il par nous dire : « Mes appareils dégagent 50,000 litres d'air chaud à + 120° ? »

Nous avons cru d'abord qu'il y avait encore ici une erreur typographique ; car comment expliquer que ce qui est un immense inconvénient pour la touraille soit un précieux avantage pour le calorifère? D'aussi singulières affirmations étaient, on est forcé de le reconnaître, en opposition flagrante avec le plus simple bon sens ; aussi l'application est-elle venue faire justice des prétentions de l'inventeur.

Si maintenant nous envisageons l'appareil dans quelques-uns de ses détails de construction, nous ne sommes pas moins étonné de voir M. Chaussenot ne tenir aucun compte des causes physiques qui déterminent la vaporisation de l'eau. Ainsi, dans la touraille ordinaire, l'air extérieur, en contact direct avec le grain, circule librement au-dessus de la toile métallique ; M. Chaussenot, au contraire, ferme en maçonnerie chacun des côtés qui environnent son treillage métallique, de façon que l'orge se trouve dans une espèce de chambre dont le foyer est à l'étage inférieur, et dans laquelle la chaleur n'arrive que par un plancher de métal à jours ; la vapeur produite n'a d'issue que par une ouverture circulaire d'environ $0^m,40$ de diamètre ; de telle sorte que le grain, constamment environné d'une atmosphère imprégnée d'humidité à son maximum le plus élevé, semble placé dans un bain de vapeurs infectes plutôt qu'au-dessus d'un véritable appareil à dessiccation.

Nous avons dit, en parlant de la *germination*, qu'il se développait sur le sol de tous les germoirs une espèce de fongosité que l'action du balai pouvait seule détacher, et qu'assez souvent les grains en contact avec lui en retenaient une certaine quantité. Lorsque ces mêmes grains sont soumis à la dessiccation, une portion de l'eau qu'ils contiennent se vaporise ; mais les matières visqueuses qui composent ces *fongosités* cèdent également une partie de leur eau, et c'est cette dernière principalement dont l'odeur est nauséabonde. Si donc, au lieu d'établir des courants d'air abondants et faciles pour enlever cette masse de vapeur, on la retient emprisonnée et en contact avec le grain, celui-ci s'en imprègne au point d'en conserver un goût désagréable, même après une complète dessiccation.

Or, la moindre circonstance suffit pour déterminer l'effet dont nous parlons ; supposons que, par une cause quelconque, le calorifère n'ait pas été suffisamment alimenté de combustible, et c'est là un cas qui arrive fréquemment, la nuit surtout ; qu'arrive-t-il alors ? M. Peclet nous dit (*Traité de Physique*, t. I, p. 509)

que, « lorsque l'espace occupé par une vapeur en est
saturé, le plus petit abaissement de température suffit
pour en faire repasser une partie à l'état liquide. »
Voilà exactement ce qui se passe avec le calorifère
Chaussenot; pour peu qu'il y ait une suspension de
quelques instants dans l'action du foyer, la vapeur se
condense, l'eau de condensation retombe sur le grain,
et cela en quantité assez notable pour que sa surface
en soit recouverte au point de mouiller complétement
la main lorsqu'on y touche.

Tels sont les faits, d'accord du reste avec la théorie,
que nous avons observés dans la brasserie de M. Wat-
teau, à Saint-Quentin, chez lequel les grains dévelop-
paient une odeur et une saveur très prononcées de beurre
rance tant qu'il se servit du calorifère, et qui se vit à
l'abri de ce désagrément le jour où, cédant à nos pres-
santes sollicitations, il l'eut remplacé par une touraille.

D'ailleurs est-il rationnel, dans une question d'évaporation, de dessiccation, d'opérer au milieu de la
vapeur d'eau? Certainement non! Écoutons encore
une fois M. Péclet, que nous aimons à laisser parler
dans ces occasions et dont M. Chaussenot ne récusera
sans doute pas la compétence : « L'évaporation d'un
liquide à l'air libre dépend à la fois de la température,
de l'état hygrométrique et de l'agitation de l'air. Elle
augmente avec sa température et son agitation, et on
admet que, toutes les autres circonstances étant les
mêmes, elle croît proportionnellement à la tension du
liquide diminuée de celle de la vapeur existant dans
l'air. L'influence de la température est évidente; celle

de l'état hygrométrique se conçoit facilement, car l'évaporation serait nulle si l'air était saturé, et elle serait la plus grande possible s'il était parfaitement sec. Quant à l'influence du mouvement, il faut remarquer que, lorsqu'un liquide est en contact avec de l'air en repos, la couche d'air qui est à la surface du liquide se sature rapidement de vapeurs. Si cette couche restait immobile et conservait la vapeur qu'elle a reçue, l'évaporation s'arrêterait. » (Péclet, *Traité de Physique*, t. 1, p. 506.)

Nous avons parlé de l'Angleterre, à laquelle nous avons dit que cet appareil a été *emprunté*; mais est-ce là une raison suffisante pour prétendre que c'est à son emploi qu'est due la réputation des bières anglaises? Prouvez-nous d'abord que les moyens de production sont les mêmes, que les produits ont quelque analogie entre eux; faites aussi entrer en ligne de compte l'exigence de la consommation; établissez, en un mot, l'identité des situations, et nous verrons alors ce que nous devons attendre de vos prétentions et de vos promesses; car si les conditions ne sont pas égales, les résultats ne sauraient être égaux.

Pour être juste, nous devons dire que le calorifère permet l'emploi de toute espèce de combustible, ce qu'on a déjà dû comprendre par la description que nous en avons donnée.

Avant d'en finir avec ce qui regarde la construction du calorifère, nous devons encore rapporter la manière dont M. Dumas, dans son *Traité de Chimie appliquée aux arts* (t. VI, p. 452), s'exprime à son égard. « Cette modification, dit-il, évite le contact du malt avec la fumée ; mais les conditions de vitesse dans la dessiccation, et de modification dans la température, ne sont guère mieux accomplies que dans les tourailles ordinaires [1]. »

Il nous reste à examiner maintenant la question d'économie. Ordinairement, dans les questions d'économie pratique, on procède avec des faits basés sur l'expérience, et l'on s'appuie de l'autorité des chiffres. M. Chaussenot a trouvé plus facile d'agir d'une autre manière ; quant à nous, nous avons mieux aimé suivre la route ordinaire, et nous avons obtenu les chiffres suivants avec un calorifère qui donne *de très bons résultats* [2].

On avait mis au germoir 45 hectolitres d'orge, pour la dessiccation desquels nous avions fait peser 500 kilogrammes de houille. Le calorifère, après avoir fonctionné précédemment pendant trente-six heures, s'était refroidi depuis un temps égal ; comme il en était ordinairement de même à chaque opération, nous étions dans les conditions d'un *moyen terme*.

La dessiccation, commencée le dimanche 17 janvier 1847, à une heure après midi, s'est continuée sans interruption jusqu'au mardi 19, à une heure du matin

---

(1) Ce qui n'a pas empêché M. Dumas, membre du Comité de Salubrité publique, d'y donner son adhésion. Il est vrai que, comme ses illustres collègues, il s'est borné d'abord à *approuver les* DISPOSITIONS *de l'appareil* ; pourquoi l'a-t-il indiqué plus tard comme un *excellent calorifère (sic)* ?

(2) Un motif de discrétion nous oblige à taire le nom de la personne qui a bien voulu nous laisser tous les moyens de vérification possibles. Nous avions été d'abord autorisé à indiquer la source de ces renseignements ; ensuite on nous a prié de n'en rien faire. Nos lecteurs pourront apprécier bientôt les raisons qui commandaient cette réserve.

environ, c'est-à-dire pendant trente-six heures. Il restait après l'opération 25 kilogrammes de houille, ce qui donne, pour la dessiccation des 45 hectolitres de malt, 475 kilogrammes de houille employée. Elle revient dans cette ville à 46 fr. les 1,000 kilogrammes, soit, pour les 475 kilogrammes sus-mentionnés, 21^{fr},85, ou, par hectolitre de malt desséché, 0^{fr},48^{c}60.

Reprenons les chiffres que nous a donnés la touraille, et voyons ce qu'il peut en coûter par année à ceux qui ont cru M. Chaussenot sur parole.

La dessiccation d'un hectolitre de malt coûte avec la touraille 0^{fr},28^{c}90 en employant les houilles maigres, et 0^{fr},45^{c}40 en employant le coke des usines à gaz. Puisque M. Chaussenot ne nous a parlé que de l'économie à réaliser avec la *houille*, économie qu'il annonce devoir être *d'un tiers*, prenons la houille, et supposons une brasserie employant seulement 5000 hectolitres de malt par année; c'est le chiffre de la consommation dans l'établissement où nous avons expérimenté.

Si avec une touraille ordinaire on dépense 0^{fr},28^{c}90 par hectolitre de malt, et si avec le calorifère il en coûte 0^{fr},48^{c}60, on trouve que l'excédant de dépense s'élève, avec le calorifère Chaussenot, à 0^{fr},19^{c}70 par hectolitre; par conséquent,

fr.

Sur 3,000 hect., l'excédant de la dépense annuelle est de   591
Dépréciation annuelle de 20 pour 100 sur 3,600 fr.[1] . .   720
———

Total pour excédant de combustible et dépréciation, 1,311 par an.

(1) C'est le prix de l'appareil Chaussenot avec lequel nous avons opéré.

La cause de l'excédant sur le combustible est évidente; l'énorme quantité d'air qui traverse le foyer, et la fumée elle-même, ne sauraient transmettre au travers des tuyaux de tôle tout le calorique qu'elles peuvent utiliser en agissant directement; de plus, la suie adhérente à l'intérieur des tuyaux, et mêlée d'ailleurs à de la poussière, devient un obstacle permanent à la transmission du calorique à travers la tôle; aussi la cheminée qui porte au dehors les produits de la combustion entraîne-t-elle, en pure perte, des quantités considérables de calorique.

En Angleterre, où, comme nous le répétons, M. Chaussenot *a trouvé son invention*, les circonstances sont bien différentes; le combustible est à vil prix, et ce qui n'est qu'une question secondaire pour les brasseurs anglais devient une question importante pour nous qui payons la houille à un taux élevé; car, comme nous venons de l'établir, il y a augmentation de 52 pour 100 de dépense avec le calorifère en question.

Quant à la dépréciation annuelle de 20 pour 100 que nous avons portée en ligne de compte, elle nous a paru résulter du passage suivant d'une lettre que nous adressait, le 5 novembre 1846, un de nos confrères, qui s'est servi pendant trois ou quatre ans du calorifère Chaussenot : « Il suffit de douze à quinze jours pour que le nettoyage en soit rendu obligatoire, et cette opération ne se fait que *très difficilement*. Le ramoneur, tant petit soit-il, ne peut s'insinuer dans tous les endroits qui ont besoin d'être raclés. La cloche en fonte s'est brûlée assez promptement aussi, etc. »

Ainsi, voilà un appareil qui, tous les quinze jours au plus, exige un nettoyage *très difficile*, par cette raison même plus dispendieux qu'aucun autre, et qui, malgré tout, ne peut s'exécuter que d'une manière incomplète. On comprendra facilement que, si nous faisons subir à une *touraille,* exempte de tous ces inconvénients, une dépréciation annuelle de 10 pour 100, comme à tous les appareils ordinaires, il faudra bien compter 20 pour 100 quand il s'agira du calorifère ; car il faut aussi compter pour quelque chose la détérioration et de cet attirail de tuyaux de tôle qui ne peut résister bien long-temps à l'action d'un foyer aussi actif, et de la cloche de fonte, puisqu'une fois détériorés ils ne présentent aucune espèce de valeur. Cette dépréciation est d'autant plus importante que ces objets entrent dans le prix du calorifère pour une somme assez considérable.

Devons — nous maintenant examiner le calorifère Chaussenot au point de vue sanitaire? Nous aurions voulu nous en dispenser ; mais la question nous a paru tellement grave que nous nous sommes cru obligé de l'examiner très sérieusement.

Aux termes de la circulaire de M. Chaussenot, dont nous avons déjà parlé, son appareil jette par minute, dans le local où s'opère la dessiccation de l'orge, 50,000 litres d'air chaud à + 120° centigrades. Comment! on ne craint pas de contraindre de malheureux ouvriers à exécuter un travail pénible, vingt fois, trente fois, quarante fois par jour, au milieu d'une semblable température? Mais ceux qui ont sanctionné cet appareil n'y ont donc pas réfléchi autant que s'il se fût agi d'eux-mêmes?

aussi venons-nous protester de toutes nos forces contre la légèreté avec laquelle le *Comité des Arts chimiques a approuvé les* DISPOSITIONS *de cet appareil.*

Il y a longtemps que nous nous sommes expliqué la répugnance des garçons brasseurs à travailler dans les établissements où il existe des calorifères Chaussenot ; et quand ils en sortent malades, et pour ainsi dire perclus pour plusieurs mois, ils n'ont que trop de raisons de s'écrier : *C'est le calorifère qui nous tue !*

La plus belle et la plus savante de toutes les théories ne vaut pas l'éloquence de cette exclamation, que nous avons plus d'une fois entendu retentir à nos oreilles.

Où est donc cette législation si sage et si prévoyante, dont on fait tant de bruit et qui laisse subsister au milieu du dix-neuvième siècle des abus aussi inhumains? Et jusques à quand une exploitation sordide et aveugle pourra-t-elle, sans examen, sans contrôle, mettre journellement en péril ceux qui lui livrent leur existence pour avoir du pain?

Qui donc élèvera la voix pour plaider la plus sainte cause d'entre toutes celles qui attendent aujourd'hui leur solution? A qui appartiendra la mission de défendre ces victimes de la convoitise, de plaider la noble cause des travailleurs, si ce n'est à ceux qui ont partagé leurs pénibles travaux?

Mais arrêtons-nous ; car que pouvons-nous espérer à cette heure des récriminations les plus légitimes?

Notre avis est que, de tous les perfectionnements à introduire dans la brasserie, la dessiccation est la dernière opération à laquelle on puisse en apporter ; car la disposition actuelle des tourailles repose sur des données très raisonnables. L'invention de M. Chaussenot est venue confirmer, par ses résultats, ce que nous avions prévu [1].

Pour justifier notre opinion, il nous suffira d'emprunter le passage suivant à la lettre dont nous avons déjà donné précédemment un extrait : « C'est afin d'éviter *tous ces désagréments* que je viens de monter une nouvelle touraille ; elle est de la plus grande simplicité ; sa construction ne demande que le secours d'un maçon. J'en suis fort content, elle va parfaitement bien. La bière que j'ai fabriquée depuis s'est éclaircie très facilement. »

La personne qui nous écrivait cette lettre n'est pas la seule qui ait pris ce parti ; parmi les établissements de brasserie que nous connaissons, nous pouvons citer les suivants, dans lesquels le calorifère Chaussenot a été remplacé par la touraille ; ce sont ceux de MM. Bender, de Troyes ; Curt-Bonnet, de Bar-le-Duc ; Wateau, de Saint-Quentin, et Gilbert, de Versailles [2]. Il est évident que nous ne pouvons connaître tous les autres.

Un mot encore, et nous en aurons fini avec le calorifère. Si nous n'avons pas cru devoir nous taire, malgré la réprobation générale qui a frappé l'invention de

(1) Déjà vers 1840 nous eûmes à soutenir cette opinion contre un praticien trop crédule, auquel un sentiment de loyauté fit avouer plus tard que les faits et l'expérience l'avaient vaincu.

(2) M. Gilbert, brasseur à Paris, nous a affirmé que, dans son usine de Versailles, la dessiccation d'un hectolitre d'orge coûtait 0^{fr},16 de plus avec le calorifère Chaussenot qu'avec la touraille. Dans un établissement aussi considérable que le sien, l'excédant de dépenses annuelles, sur le combustible seul, devait être, au minimum, de 600 francs.

M. Chaussenot, c'est que nous n'avons pas voulu que la
leçon si chèrement payée par quelques-uns fût perdue
pour les autres dans l'avenir; c'est que nous avons voulu
que chacun se tînt en garde désormais contre des ap-
probations données à la légère à des inventions qui, si
elles ne présentent pas toujours les inconvénients du
calorifère qui nous a occupés si longtemps, n'apportent, le plus souvent, aucune amélioration réelle dans
le travail que leurs inventeurs prétendent simplifier.

SECTION V. — SÉPARATION DES RADICELLES (*Germes, touraillons*).

Lorsque la dessiccation du grain est complète, on décharge la touraille, et le malt encore chaud est étendu
sur le plancher en couche de quelques centimètres d'é-
paisseur, afin de briser, par une opération préliminaire,
les *radicelles* qui lui sont adhérentes.

Cette opération, qu'on appelle *marcher-tripler*, consiste à marcher sur la couche en exécutant un mouvement de gauche à droite avec le pied droit, et de droite
à gauche avec le pied gauche, en conservant toujours
les talons pour point d'appui. Nous voudrions que
l'on substituât le mot *piétiner*, dont l'acception plus
française est infiniment plus exacte, aux mots *marcher-
tripler*, qui ne présentent une signification intelligible
qu'aux hommes du métier.

Ordinairement la séparation des radicelles s'opère
de la manière suivante : un ou plusieurs ouvriers se pla-
cent à la file et exécutent avec les pieds les mouvements
que nous avons décrits, en commençant par les extrémités
de la couche pour arriver au centre, et en partant en-

suite du centre pour revenir aux extrémités ; ils décrivent dans leur marche une spirale, afin qu'aucune partie du grain n'échappe au frottement des pieds et à la pression du poids du corps.

Cette manœuvre, dont la durée est d'ailleurs fort courte, ne s'exécute ordinairement que dans les moments perdus ; elle se répète trois ou quatre fois, selon que le besoin l'exige, mais toujours jusqu'à ce que la plus grande partie des *radicelles* se soit détachée des grains. Cette séparation s'opère d'autant plus facilement que la dessiccation a été plus complète.

Les grains affectés de moisissures exigent un piétinement plus long et plus soigné, afin qu'il s'en sépare par le frottement la plus grande quantité possible. Le *malt* est ensuite amoncelé pour être passé au *tarare* simple, travail auquel on consacre également les moments les moins précieux.

La manière dont se fait quelquefois le piétinement entraîne avec elle des inconvénients sur lesquels il nous semble prudent d'appeler l'attention de nos lecteurs.

Dans presque toutes les brasseries, les ouvriers piétinent le grain avec leurs chaussures habituelles ; c'est là une habitude fâcheuse ; car, outre la question de propreté, dont personne n'a le droit de s'affranchir, il en résulte des dangers trop sérieux pour qu'on ne cherche pas à les éviter, autant du moins qu'il est possible de le faire dans une usine.

Les chaussures ordinaires des ouvriers sont fréquemment en contact avec les levûres qui se répandent sur le sol des entonneries en quantité telle qu'il en est presque toujours couvert. Or, si on empêche ordinairement, et avec juste raison, les ouvriers de manger au-dessus des chaudières et des cuves-matière, dans la crainte que la petite quantité de principes fermentescibles qui se trouvent dans le pain n'agisse sur les infusions ou sur les moûts, comment admettre qu'on tolère un abus beaucoup plus grave, puisqu'il a pour résultat d'imprégner le malt d'une certaine proportion de ce même principe, quand on peut l'éviter par une mesure dont l'exécution est de la plus grande facilité?

En effet, il suffit de laisser, à proximité du local où se pratique le piétinement, plusieurs paires de sabots spécialement affectées à cet usage; on évite en outre, par ce moyen, le désagrément de mêler au malt les petits clous qui se détachent des chaussures, et qui, comme nous le verrons en parlant de la *mouture*, empêchent le moulin de fonctionner régulièrement.

Les considérations de propreté que nous venons de faire valoir nous semblent devoir suffire pour nous donner gain de cause; mais si maintenant nous envisageons la question au point de vue des chances d'altération que la présence du ferment accroît inévitablement, notre avis devra l'emporter sur toutes les raisons possibles; car, de tous les agents capables de développer la fermentation, il n'en est aucun qui agisse avec plus d'énergie sur le sucre que la levûre proprement dite.

Le tarare (*fig.* 21) dont nous avons parlé plus haut se compose d'une caisse rectangulaire en bois, montée sur un bâtis en charpente; d'un cylindre conique en fer treillagé, placé dans l'intérieur de la caisse et sur un

plan incliné, afin que le malt arrive par son propre
poids à l'extrémité, après avoir traversé le *tarare* (*fig.* 21)

Figure 21.

dans toute sa longueur. Au sommet est une trémie à la
base de laquelle on a ajusté un coulisseau distributeur; celui-ci, comme son nom l'indique, permet l'introduction
d'une plus ou moins grande quantité de malt dans l'intérieur du tarare. A la base, on a réservé un espace pour
recevoir les radicelles qui se séparent du grain pendant
l'opération et passent au travers du tissu métallique; on
a également ménagé à la partie inférieure une ouverture
par laquelle on fait écouler ces radicelles.

Rien n'est plus simple que le mécanisme de ce petit
appareil; en effet, si la manivelle est mise en mouvement, le tarare, tournant sur les coussinets au moyen
de l'arbre vertical, entraîne la portion de malt que le
distributeur lui présente, et de ce mouvement continu,
que chaque grain éprouve en parcourant le cylindre,
résulte le tamisage de la poussière et des radicelles au
travers des intervalles compris entre chaque fil de fer
du treillage. Si le *malt* a été convenablement piétiné, il
sera complétement débarrassé de toutes ces radicelles
après avoir passé au tarare.

L'opération est encore plus facile à pratiquer que le mécanisme de l'appareil à comprendre; en un mot, c'est la plus simple de toutes celles que l'on exécute dans les brasseries, quoiqu'elle ne soit pas la moins importante.

Malgré la nécessité de cette opération et la facilité qu'elle présente, il existe encore quelques brasseurs, en fort petit nombre il est vrai, qui la regardent comme inutile. Que ceux qui se sont dispensés d'y recourir jusqu'ici veuillent bien faire l'expérience que nous allons leur indiquer, et ils verront si leur manière de procéder n'est pas condamnée par les résultats.

Prenez une quantité quelconque de radicelles, et traitez-les par l'eau exactement comme s'il s'agissait d'en faire de la bière; soumettez cette infusion à la dégustation, et vous reconnaitrez qu'elle a une saveur herbacée nauséabonde et repoussante; laissez-la descendre à une température convenable pour développer la fermentation en y ajoutant de la levûre, c'est-à-dire à + 20 ou 25°, par exemple. Vous n'obtiendrez qu'une liqueur rousse, qui passera très promptement à l'état putride, en répandant autour d'elle une odeur infecte. Et il ne saurait en être autrement, car *les radicelles ne contiennent pas un atome de sucre*, et ne peuvent, par conséquent, fournir la plus minime quantité d'alcool.

Nous nous serions borné à quelques mots sur la séparation des radicelles, si, indépendamment de leur inutilité dans la fabrication de la bière, leur présence n'exerçait pas une influence défavorable sur les résultats définitifs.

Mais, en outre, et à part toute autre considération, il y a un véritable intérêt pour le brasseur à pratiquer cette opération, depuis que les débris qui en résultent sont devenus pour les agronomes éclairés un engrais des plus riches et des plus fertilisants ; en effet, la grande quantité de principes azotés qu'ils renferment les rend précieux en agriculture.

Pendant longtemps on ne savait en tirer aucun parti, mais aujourd'hui, à l'exception de quelques localités, grâce au concours si fécond de la science, on sait qu'en imbibant les radicelles d'orge de l'urine des bestiaux, du purin des fumiers, ou en les mêlant à moitié de leur poids environ de détritus végétaux ou animaux et d'excréments humains, on en fait un engrais énergique et capable de favoriser la végétation la plus luxuriante.

En Alsace, dans le Midi, et dans une partie des départements du centre de la France, les radicelles ou touraillons se vendent de 1 fr. 25 à 1 fr. 50 l'hectolitre. La plupart des brasseurs de Paris trouvent dans la vente de ces *germes*, car c'est aussi l'expression usitée, une somme équivalente à celle qu'ils dépensent pour les fourrages nécessaires à la nourriture de leurs chevaux. C'est donc une question jugée, si ce n'est par tous les agriculteurs, au moins par la grande majorité des hommes qui apportent dans la pratique agricole des lumières que nous voudrions voir plus généralement répandues.

Quant aux cultivateurs de la Champagne, ils trouvent plus simple d'acheter à grands frais les guanos de l'Amérique que d'utiliser des résidus précieux qu'ils ont sous la main, et qu'ils pourraient se procurer à vil prix.

Si l'opération du *criblage* suffit pour débarrasser le
malt de toutes ses impuretés, c'est à la condition qu'elle
aura lieu sur des grains dont la germination aura été
opérée dans de bonnes conditions; si, au contraire, la
germination a été mal conduite et qu'une partie des
grains se soit couverte de moisissures, le criblage est
insuffisant; il faut de toute nécessité recourir à l'emploi
de la brosse, c'est-à-dire à l'*appareil* destiné *à brosser
les blés bruinés* [1].

Cet appareil, dont la construction rappelle un peu
celle du tarare, est également construit en bois et monté
de la même manière; sa forme est celle d'un carré
long; l'ensemble se compose d'un cylindre creux en
bois, garni extérieurement de six brosses ajustées dans
le sens de la longueur et fixées dans l'épaisseur du bois.
L'axe transversal qui se trouve au centre de cette partie
de l'appareil repose, à chacune de ses extrémités, sur
des coussinets dans lesquels il se meut; ceux-ci sont
établis dans le bâtis extérieur. Le cylindre principal
tourne dans une autre brosserie disposée circulairement comme lui, mais qui est immobile et qui fait
corps avec le reste de l'appareil; le fond de cette enveloppe circulaire, dans laquelle sont attachées les mèches
de soie qui composent la brosserie, est fortement sablé

(1) Un modeste constructeur d'appareils treillagés, M. Desjalets, de
Reims, a eu l'ingénieuse pensée de donner à celui-ci une disposition
telle que 10 hectolitres de malt peuvent être complétement nettoyés
en 10 à 15 minutes environ; c'est au moins ce qui résulte des diverses expériences que nous avons faites. Les résultats que nous avons
obtenus ont dépassé toutes nos prévisions. Le prix de ces appareils
varie de 200 à 250 francs.

au moyen d'un enduit particulier. Au sommet de cette enveloppe, et toujours dans le sens de la longueur, on a ménagé une ouverture pour l'introduction du grain. A la base, et dans le même sens, on a également réservé une autre ouverture, qui est fermée au moyen d'un treillage et située sur un plan incliné. Sous ce treillage métallique, et dans la partie la plus élevée, eu égard à l'inclinaison dont nous venons de parler, il existe un ventilateur à quatre ailes, qui a pour effet de chasser au loin la poussière produite par l'opération.

Le mécanisme de cet appareil, quoique très simple, n'en est pas moins fort ingénieux. Diverses transmissions de mouvement ont été appliquées de manière à accélérer ou à diminuer la vitesse du ventilateur, selon que les grains brossés tombent en plus ou moins grande quantité, mais toujours dans un rapport direct. Le grain n'est d'ailleurs expulsé de l'appareil qu'après avoir été brossé trois ou quatre fois par le cylindre principal. Les brosses sont disposées de manière à pouvoir être usées jusqu'à la dernière extrémité, par conséquent avec le moins de perte possible, car il est très facile de les rapprocher ou de les écarter l'une de l'autre.

Cet appareil peut remplacer avantageusement le tarare, puisqu'il est tout aussi propre à la séparation des radicelles, et qu'à l'égard des grains moisis il agit plus efficacement.

Nous pensons donc que la *machine à brosser les grains* est appelée à rendre de grands services dans les moments difficiles, puisqu'elle peut débarrasser instantanément le malt des *moisissures* qui se développent, à l'époque des chaleurs, pendant la germination, et que ces moisissures, comme nous le démontrerons plus tard, nuisent considérablement à la qualité des *moûts*.

On évalue en général à 18 ou 20 pour 100 le déchet que subit l'orge brute pour être convertie en malt ; c'est une erreur ; car si, comme nous l'avons établi précédemment, l'orge brute contient 12 pour 100 d'eau que la dessiccation lui enlève, et dont il faut nécessairement tenir compte, il ne reste donc par le fait que 8 pour 100 de déchet, qui peuvent être approximativement répartis de la manière suivante :

Principes extractifs dissous par le *mouillage* . . . . . 1,50 p. 100
Germination et dessiccation. . . . . 3, »
Radicelles, poussière et menus grains. 3,50

                                 Total. . . . 8 »

Si à ce chiffre on ajoute les 12 pour 100 d'eau que contenait l'orge brute, on trouve en effet 20 pour 100 ; mais ces 20 pour 100 ne constituent pas un déchet proprement dit, puisqu'ils portent en grande partie sur la quantité d'eau que contenait l'orge avant le mouillage.

En voici une autre preuve que nous a fournie une expérience que nous avons maintes fois répétée. Nous avons mis au *mouillage* 1,568 kilogrammes d'orge ; après la germination, la dessiccation et la séparation des radicelles, exécutées aussi complétement et aussi régulièrement que possible, nous n'avons plus retrouvé que 1,270 kilogrammes de malt, c'est-à-dire qu'il y avait eu un déchet de 298 kilogrammes sur 1,568, soit 19 pour 100.

Dans quelques expériences comparatives que nous avons faites à ce sujet, le déchet a quelquefois été de 21 pour 100; c'est ce qui nous engage à considérer 20 comme étant une moyenne raisonnable. Cependant, dans les brasseries où on laisse peu germer les grains, c'est-à-dire où on ne fait arriver les *radicelles* qu'à une fois la longueur du grain, par exemple, on doit trouver rarement plus de 17 pour 100 de déchet. Mais il s'en faut que ce soit un avantage. Nous démontrerons par des chiffres, en parlant des *infusions* (trempes), qu'il est de beaucoup préférable de pousser la *germination* aussi loin que possible, dût-on subir sur la matière première un déchet de 2 pour 100 de plus.

Pour avoir exactement le *prix de revient du malt*, il faut d'abord fixer la valeur des 100 kilogrammes d'orge brute, en prenant pour base le poids et le prix de l'hectolitre. Supposons que ce dernier pèse 65 kilogrammes et qu'il coûte 12 fr.; à ce taux, les 100 kilogrammes reviendront à 19 fr. A ce chiffre il faut ajouter la valeur représentative des diverses dépenses occasionnées par le maltage, c'est-à-dire le prix du combustible employé à la dessiccation, l'évaluation approximative des frais de manipulation, qui peuvent s'élever ensemble en moyenne à 6 fr.; ce qui donne un total de 25 fr. pour 100 kilogrammes de malt.

Ces estimations ne sauraient être les mêmes dans toutes les localités : cependant les données qui ont servi de base à nos calculs nous portent à croire qu'elles peuvent servir de règle générale dans le plus grand nombre de cas.

SECTION VI. — MOUTURE.

§ 1. Définition pratique.

On donne le nom de *mouture* à une opération qui consiste à broyer grossièrement le malt et à le débarrasser, autant que faire se peut, de son enveloppe corticale ou pellicule extérieure [1], dont l'action purement mécanique, mais indispensable, a pour objet de tenir la partie solide du grain dans un état de division qui permette l'infiltration uniforme de l'eau dans tous ses interstices et de faciliter l'écoulement des infusions (trempes) au travers de la masse.

La mouture a plus d'importance qu'on ne lui en attribue généralement; en effet, de la régularité avec laquelle elle s'opère dépend la plus ou moins facile séparation des principes sucrés développés dans le malt par la germination, et nous avons déjà établi que de la proportion de ceux-ci résulte la pauvreté ou la richesse des *moûts*, par conséquent la qualité des produits fabriqués, qualité qui est toujours en raison directe de la quantité de sucre que l'on a pu utiliser.

Deux systèmes de mouture sont en présence, et tous deux sont encore en usage : l'un est la *mouture à la meule*, telle qu'elle se pratique dans les meuneries; l'autre est la *mouture aux cylindres* de fonte, ou

---

(1) Il vaudrait mieux employer le mot *concasser* que le mot *moudre*, qui entraîne avec lui l'idée d'un objet réduit en poudre; car le malt n'est pas amené à l'état de farine, il n'est que concassé; nous emploierons néanmoins les mots *moudre* et *mouture* consacrés par l'usage.

même de fer; cette dernière est la plus généralement employée aujourd'hui. Nous allons les examiner tous deux.

§ 2. Des cylindres et des meules.

La mouture à la meule, qui n'a aucun avantage sur la mouture aux cylindres, offre, entre autres difficultés, celle de ne pouvoir être facilement pratiquée dans l'usine même, car elle nécessite l'emploi d'une force motrice considérable[1]. Cet inconvénient est grave, parce qu'il exige des manipulations inutiles, dispendieuses, et qu'il entraîne des pertes de temps toujours regrettables.

En effet, la mouture au dehors de l'usine a pour conséquences une mise en sac, des pesées et un chargement à dos d'homme, qu'on évite en opérant chez soi. Il arrive fréquemment que c'est au moment même où l'on est le moins en position de consacrer du temps à toutes ces inutiles manipulations, que le meunier arrive et qu'il faut tout quitter pour lui livrer le grain. Au retour du moulin, mêmes manœuvres, suivies trop souvent de discussions avec le meunier, sous le prétexte, plus ou moins fondé, de manquement dans le poids, etc.

Parmi les autres raisons qui nous obligent à repousser la *mouture à la meule*, nous devons mettre en première ligne les chances de fermentation que l'eau nécessaire à ce genre de mouture peut fournir au grain qui

(1) Autrefois le nombre des brasseurs ayant dans leurs établissements de petits moulins à meules était assez considérable; aujourd'hui il n'y en a pour ainsi dire plus; la plupart de ceux qui n'ont pas encore de moulins à cylindres font moudre chez le meunier.

y est soumis, et d'autre part l'influence que ce même agent peut exercer sur la *diastase*; deux considérations que nous ne pouvons qu'énoncer ici, mais que nous développerons en temps utile.

On sait, en effet, que, pour que la *mouture a la meule* s'opère convenablement, il est indispensable d'ajouter préalablement au malt environ 8 à 10 pour 100 d'eau; cette quantité, si minime qu'elle puisse être, nous paraît suffisante pour amener de graves désordres au sein de la graine, et nous n'en voulons pour preuve que l'impossibilité de conserver longtemps le malt ainsi préparé. Il n'est pas un seul praticien qui ne sache qu'au bout de quelque temps le malt moulu par ce procédé contracte une odeur qui s'explique à l'aspect des *moisissures* que l'on rencontre au milieu des sacs; or, il n'arrive à cet état qu'après avoir subi une fermentation intestine qui, pour n'être pas facilement appréciable à nos sens, n'en a pas été moins active; seulement la quantité d'eau absorbée n'était pas assez considérable pour que les réactions produites pussent devenir immédiatement appréciables à nos sens.

Dans tout état de cause, ce fait n'est pas moins fâcheux qu'évident, et nous le considérons comme beaucoup plus grave et plus sérieux qu'on ne le pense en général. Dans le cas qui nous occupe, c'est le gluten qui joue le rôle de ferment; car, comme nous aurons occasion de le prouver encore, le gluten est doué des propriétés fermentescibles les plus énergiques.

On est à l'abri de tous ces inconvénients en opérant chez soi avec l'appareil dont nous donnons la disposition (*fig.* 22, 23, 24, 25, 26, 27, 28). C'est le plus complet et

Figure 22.

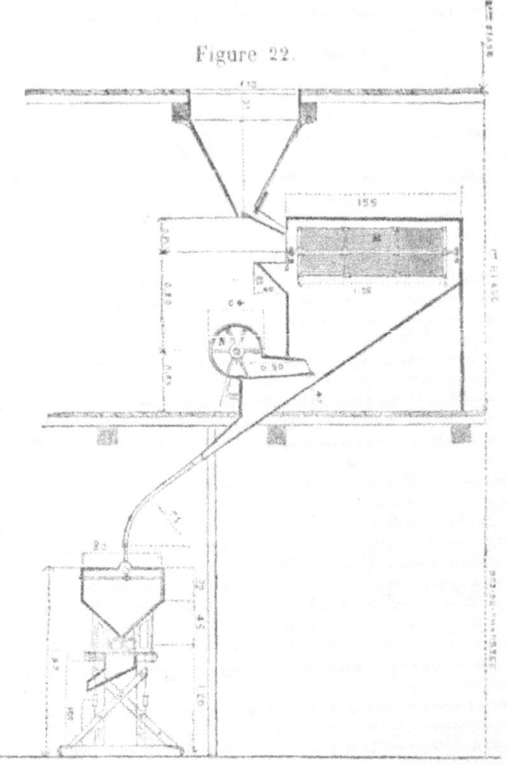

Figure 23.

le mieux établi de tous ceux que nous connaissons [1]. Il comprend le *tarare* ou crible que nous avons représenté

[1] Cet ingénieux appareil est dû à un habile constructeur, M. Duchauffourt-Achez, de Reims, qui a bien voulu nous prêter son concours afin que nous le reproduisissions aussi fidèlement que possible.

M. Duchauffourt, qui fait exécuter des appareils de précision d'une difficulté bien autrement sérieuse, est en mesure de satisfaire aux demandes qui pourraient lui être adressées. Nous en informons nos lecteurs avec empressement, car nous croyons servir utilement leurs intérêts.

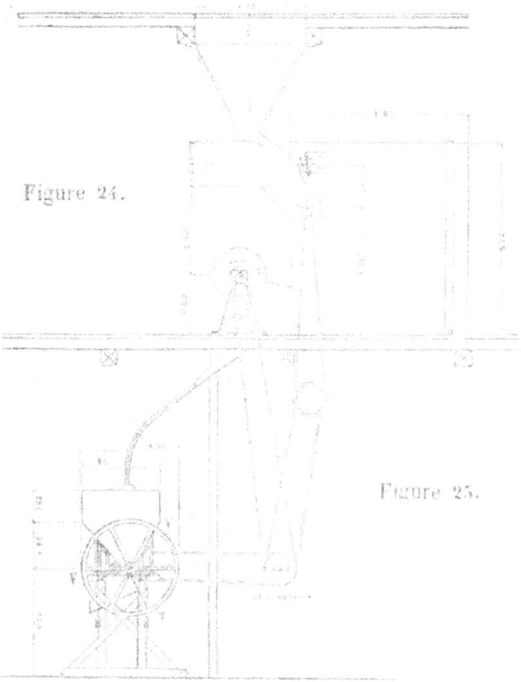

Figure 24.

Figure 25.

(*fig*. 21) ; seulement sa disposition est infiniment
mieux comprise. Ainsi les cailloux, les pierres, les or-
dures de toute espèce, les clous même, sont retenus dans
l'intérieur du cylindre treillagé M (*fig*. 22), disposé de
manière à ne laisser passer absolument que les grains
d'orge entre les fils de fer. Dans le *tarare* ordinaire, ce
sont les *radicelles* qui passent au travers du tissu métallique, et l'orge, après s'être promenée dans toute la longueur du cylindre, s'échappe sans être débarrassée de
tous les silex qui ont si souvent fait rejeter le *moulin à
cylindres* à l'époque où sa construction n'avait pas encore
été suffisamment étudiée.

Dans celui que nous indiquons, les radicelles et la poussière passent également au travers du *tarare*, mais le *ventilateur* N (*fig.* 26) qui se trouve au-dessous et que

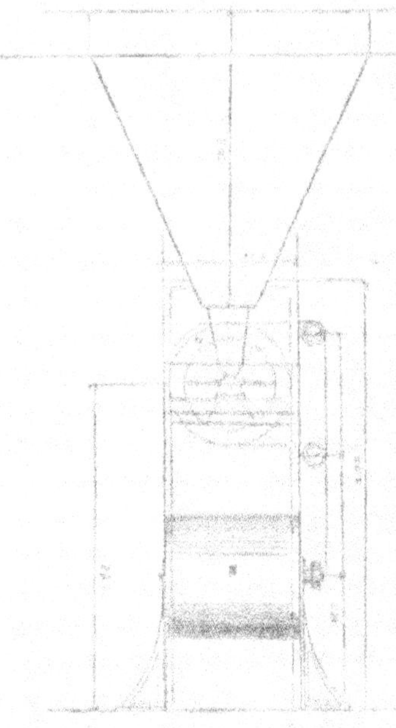

Figure 26.

commandent diverses poulies de renvoi mues par la poulie motrice, est disposé de façon à faire de 575 à 425 tours par minute. La précision mathématique de cet accessoire est telle que, d'après le système adopté par l'ingénieux constructeur, on peut accélérer ou diminuer la vitesse de manière à utiliser tout ou partie de la force produite par le ventilateur, qui peut être poussée au point de séparer jusqu'aux *faux grains*, dont la légèreté ne saurait résister à l'action d'un courant d'air aussi rapide, et qui, dans ce cas, se trouvent rejetés avec les radicelles et les poussières, comme un produit vraiment inutile [1].

Par diverses considérations que nous signalerons brièvement dans quelques instants, le *moulin à cylindres* a eu, comme les meilleures choses de ce monde, ses détracteurs aveugles.

Ce que nous allons dire de la construction de ces moulins en général fera comprendre que, si l'appareil était souvent défectueux par la manière dont il était monté, le principe sur lequel il repose n'en était pas moins au fond très rationnel.

Parmi les principaux reproches adressés au *moulin à cylindres*, on signalait la facilité avec laquelle ceux-ci s'écartaient à la moindre résistance qu'ils éprouvaient, d'où résultait naturellement l'irrégularité de la mouture; cet inconvénient était surtout déterminé par la présence des cailloux qui se rencontrent fréquemment dans l'orge, ou même par des pointes de fer; or, avec le tarare qui fait partie du moulin de M. Duchauffourt, ces accidents ne sauraient se présenter, puisque tous les corps étrangers sont retenus dans l'intérieur du cylindre métallique. Cependant il arrive assez souvent qu'à défaut d'avoir pris, au moment de piétiner le malt, les précautions que nous avons signalées en parlant de la *séparation des radicelles*, de petits clous se détachent des chaussures des ouvriers et viennent s'opposer à la marche régulière des cylindres; nous devons dire pourtant que ces clous ne peuvent passer qu'à la condition

(1) Toutes les fois que nous avons vu fonctionner cet appareil, nous avons pu constater les résultats que nous consignons ici.

que leur volume soit moindre que celui d'un grain
d'orge, ce qui n'arrive que lorsqu'ils sont dépourvus
de la tête qu'ils ont tous généralement. Néanmoins,
comme il en est qui sont dans ce cas, ils peuvent alors
se trouver mêlés au malt ; mais comme ils sont en fer
doux très malléable, et d'ailleurs fort mince, si le mouvement de rotation des cylindres est un peu accéléré et
que ceux-ci soient en fonte anglaise très dure, les clous
passent assez facilement et sans laisser même de traces
de leur passage.

D'ailleurs le palier (*fig.* 27 et 28) qui emboîte les

Figure 27.

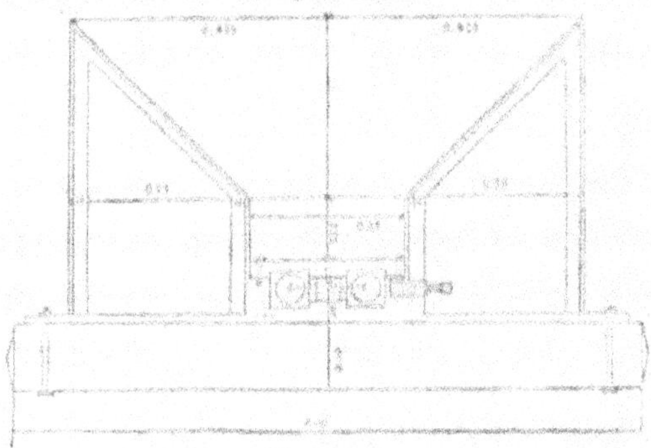

Figure 28.

coussinets a été disposé de manière à éviter l'écartement
des cylindres, tout en ménageant la possibilité de les rapprocher à volonté. Si donc, par une cause imprévue, un
objet en fer, quel qu'il soit, se présente avec le malt, la

résistance devenant trop grande, les cylindres s'arrêtent,
et la courroie qui commande l'appareil glisse de la poulie motrice sur la poulie folle, et permet ainsi de retirer
le corps qui s'est engagé entre les deux cylindres, si on
les détourne légèrement à l'aide du volant V¹ (*fig*. 25).

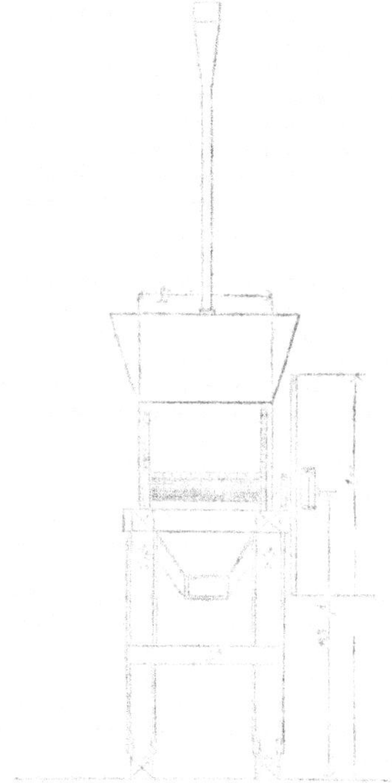

Figure 29.

(1) Nous croyons donner un bon conseil à nos lecteurs en les engageant à faire établir des poulies folles sur tous ceux de leurs moulins
qui en sont dépourvus, mais principalement sur ceux qui empruntent à une machine à vapeur ou à un manége la force motrice dont
ils ont besoin ; car, à défaut de ce soin, il peut arriver, et il arrive
malheureusement trop souvent, des accidents très graves.

Pour notre compte, nous avons perdu d'un seul coup les ongles du

Certains moulins à cylindres établis à *bon marché*
ont aussi mérité un reproche qui n'est que trop fondé
et qui doit être également attribué à un défaut de construction ; nous voulons parler de la vitesse proportionnelle de chacun des cylindres. Si, comme cela arrive fréquemment, cette vitesse est mal calculée, le malt se
trouve comprimé en un seul point et en une seule fois
contre les cannelures des cylindres ; dans ce cas, la
mouture est trop grosse. Pour obvier à cet inconvénient et obtenir une mouture plus satisfaisante, on
rapproche les cylindres, et on s'imagine que, dès que
l'œil est satisfait, le malt devra lui-même se trouver
dans un état convenable. Il est bon d'y prendre garde
pourtant, et de songer que si, d'une part, la cannelure
des cylindres n'a pas été disposée comme nous allons
l'indiquer, et si, de l'autre, la vitesse proportionnelle de
chacun d'eux n'a pas été calculée dans un certain rapport, les cylindres, outre qu'ils diviseront mal chacun
des grains, agiront en même temps par compression
sur les parties séparées ; dès lors ces parties seront d'autant moins perméables à l'eau, au moment des *trempes*,
que l'état de compression dans lequel elles se trouve-
ront sera lui-même plus prononcé.

M. Duchauffourt, pour obvier à chacun de ces inconvénients, a disposé le mécanisme de ses cylindres de
telle sorte que l'un d'eux exécute environ 120 tours

médium et de l'annulaire de la main droite. On voit que nous parlons
par expérience.

Ce que la prudence réclame non moins impérieusement, c'est que
le volant et tous les engrenages soient recouverts d'une boîte en zinc,
afin que rien ne puisse s'y engager par accident.

par minute, tandis que l'autre n'en fait guère que 60 ; de plus la cannelure de chacune est hélicoïdale, et par cette heureuse disposition les cannelures qui se rencontrent agissent chacune à la manière d'une paire de ciseaux qui aurait environ $0^m,60$ de longueur, puisque la longueur des cylindres est de $0^m,55$; il est dès lors impossible que les grains éprouvent la compression dont nous parlions tout à l'heure ; aussi la mouture obtenue par ce moyen est-elle parfaite sous tous les rapports, mais principalement sous celui de la séparation de l'enveloppe corticale qui revêt le grain. Le périsperme est pour ainsi dire mis à nu, et plus tard le test, dont le rôle est fort important, ainsi que nous l'avons déjà dit, tient la masse, au moment des infusions, dans un état de division qui permet un écoulement plus facile aux liqueurs sucrées qu'on en obtient. Dans cet état, un hectolitre de bon malt concassé pèse rarement plus de 40 kilogrammes.

L'appareil que nous donnons ici est celui qu'emploient depuis huit ou dix ans la plupart des brasseries de Reims. Il nous souvient de lui avoir vu moudre 5.000 kilogrammes de malt dans la même journée, en dépensant à peu près la force de deux chevaux.

Il ne saurait évidemment servir que dans un établissement de premier ordre ; mais si nous l'avons donné de préférence à tout autre, c'est d'abord parce que nous n'en connaissions aucun dont les résultats fussent aussi satisfaisants, c'est ensuite parce que nous devions en indiquer un qui pût servir de modèle à tous les autres, grands ou petits.

L'un des principaux avantages du *moulin à cylindres* consiste dans la facilité avec laquelle on peut conserver le malt concassé sans craindre aucune altération, puisqu'on évite par ce moyen l'addition d'une quantité d'eau suffisante pour servir de véhicule à la fermentation, ce que ne permet dans aucun cas le procédé de *mouture à la meule*. On peut donc, au moyen du moulin à cylindres, utiliser, dans les usines de peu d'importance, les moments perdus à concasser le malt, et en faire des approvisionnements à l'avance, lors même qu'il ne devrait être employé qu'un mois plus tard.

Il existe encore un autre système de moulin à cylindres ; mais ceux-ci sont complétement dépourvus de cannelures, et c'est ce qui nous détermine à les rejeter. En effet des *cylindres non cannelés,* qui n'agissent que par compression, donneront indubitablement de mauvais résultats toutes les fois que le malt contiendra une certaine proportion d'eau. Il est vrai que, lorsqu'il en est complétement privé, la mouture se fait assez bien et avec une régularité satisfaisante, ainsi que nous avons pu le constater ; mais il est très rare que le malt soit dans un état de siccité absolue, et ce seul motif suffit pour que nous ne considérions l'emploi de ce moulin comme utile que dans des circonstances exceptionnelles.

A ce propos nous engagerons nos lecteurs à ne jamais faire d'acquisition de machines sans avoir préalablement examiné à fond au moins un dessin détaillé de celle dont ils peuvent avoir besoin, fût-ce même pour un simple tarare. Ce qui nous engage à donner ce conseil, c'est la connaissance de refus de ce genre faits par certains constructeurs-mécaniciens qui prétendent que leur réputation bien établie les met au-dessus de semblables exigences. C'est principalement quand il s'agit de machines qu'il faut se souvenir d'un vieux proverbe qui nous paraît ici d'une application éminemment juste : « Il ne faut pas acheter chat en poche. »

Si aucune affaire ne se traitait que sous la condition d'un examen préalable, on ne trouverait pas dans les greniers de beaucoup de brasseries de mauvais appareils, achetés fort cher, et qui finissent par n'être que des meubles inutiles.

Cela dit, revenons à notre sujet, et occupons-nous des conditions dans lesquelles la mouture peut s'opérer le mieux et le plus uniformément.

La première est que la *germination* et la *dessiccation* aient eu lieu d'une manière satisfaisante, et que le grain qui va être mis au moulin présente les signes caractéristiques auxquels nous avons dit qu'on reconnaissait un bon malt. Cela étant, il est impossible, avec l'appareil que nous avons examiné, de ne pas obtenir une bonne mouture. Si, au contraire, la germination a été irrégulière, si une partie des grains a échappé à son action, la mouture sera plus difficile et en même temps plus incomplète. En voici la raison.

Les grains non germés ayant été soumis en même temps que les autres à l'action du feu pour subir la dessiccation, celui-ci les a amenés à un état tel qu'au lieu d'être friables, spongieux et facilement divisibles, ils présentent, au contraire, lorsqu'on les brise, une cassure vitreuse et cornée. Si les cylindres ont été disposés de manière à ce

qu'aucun grain ne pût échapper à leur action, le grain
non germé s'aplatit ou se sépare simplement en deux ;
son enveloppe corticale reste adhérente au grain ou ne
s'en détache que très difficilement ; de là une mouture
inégale, car le malt provenant du grain trop germé se divisera facilement, tandis que l'autre sera à peine entamé
par l'action des cylindres. C'est ce qui arrive le plus ordinairement dans les brasseries où le travail est mal
coordonné, où les manipulations sont confiées à des
hommes incapables.

D'une mauvaise dessiccation résultent des inconvénients non moins difficiles à surmonter. Si le malt n'est
pas complétement sec, ce qui peut provenir tout à la fois
d'une dessiccation incomplète et de la vieillesse du malt,
la mouture devient pour ainsi dire impossible, car alors
le grain ne se brise plus, il s'écrase ; sa consistance devient pâteuse au lieu d'être cassante, et il adhère aux
cylindres, dont la résistance augmente en raison des
frottements ; les grains s'aplatissent, chacune de leurs
molécules se rapproche, leurs pores se resserrent, et,
lorsqu'il s'agit de les employer, on les trouve d'autant
moins perméables à l'eau qu'ils ont été soumis à une
compression plus violente. Une autre conséquence de
cet état de choses, c'est que les cylindres, éprouvant une
résistance considérable, exigent pour fonctionner l'emploi d'une force motrice plus grande, et cette circonstance vient augmenter d'autant le prix de la mouture.

C'est encore ici qu'une *deuxième dessiccation*, sur laquelle nous avons tant insisté, nous semble nécessaire, car
il nous paraît impossible d'élever un doute sérieux sur

l'opportunité de cette mesure, lorsque le malt est resté pendant plusieurs mois au contact de l'air. Si on néglige ce soin, le moulin fonctionne mal ; on trouve avec raison que la mouture est défectueuse, irrégulière, tandis qu'on aurait pu se mettre à l'abri de tous ces désagréments en remettant le malt environ une heure sur la touraille, pour le replacer dans les conditions où il était précédemment et dans lesquelles il devrait toujours être au moment de l'employer.

Au contraire, si une dessiccation méthodique et complète a suivi une germination régulièrement opérée, la mouture sera d'une facilité extrême ; le grain, cédant à l'action qui tend à séparer chacune des parties qui le constitue, se divisera au moindre effort et très uniformément. Aussi, dans ce cas, n'est-il pas nécessaire de tenir les cylindres aussi rapprochés que dans le cas contraire. C'est à l'état dans lequel se trouve le grain lors de sa mouture qu'il faut attribuer l'opinion que les cylindres se rapprochent ou s'éloignent quelquefois ; on s'attaque alors au système, tandis qu'on ne devrait s'en prendre qu'à un défaut de soin ou d'attention.

Si nous entendions un brasseur déclarer qu'il lui est impossible d'employer les cylindres et que la meule seule lui donne de bons résultats, nous hésiterions bien peu à affirmer que les travaux de son usine sont mal dirigés et que toutes les manipulations en sont vicieuses.

D'ailleurs, quelques démarches et quelques questions que nous ayons pu faire pour connaître les motifs qui faisaient donner la préférence à la *mouture a la meule*, nous n'avons pu obtenir aucune raison satisfaisante. Nous en étions bien convaincu à l'avance.

Quoi qu'il en soit, il n'est pas aujourd'hui d'établissement confié au zèle et à la vigilance d'un homme intelligent, qui n'ait donné la préférence au système des cylindres, auquel nous croyons qu'il est de l'intérêt de tous les praticiens de l'accorder.

Il nous reste à dire quelques mots d'un appareil fort simple, mais qui, dans quelques brasseries, peut rendre de très grands services, soit pour élever le malt afin de l'amener dans le moulin, soit pour le prendre après la mouture pour le porter à un étage supérieur.

Nous voulons parler de la *vis d'Archimède* (*fig.* 30),

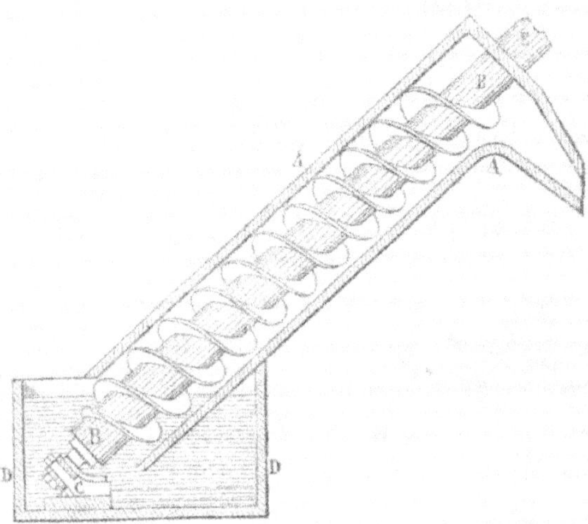

Figure 30.

que nous avons vue fonctionner heureusement dans chacun des deux cas que nous venons de signaler. Elle se compose d'une boîte A, inclinée à 45° ou 50° au plus, dans laquelle tourne la vis sans fin BB; l'extrémité inférieure B repose sur un palier C, fixé dans l'intérieur du réservoir D. Au sommet brisé E de l'axe se trouve ordinairement ajustée une roue d'angle, commandée par un moteur. L'axe est en bois léger, en sapin, par exemple ; les pas de vis sont en fer blanc.

La vis d'Archimède peut se placer horizontalement, aussi bien que sur une inclinaison à 45 degrés. Nous la croyons appelée à rendre de véritables services dans les usines, malheureusement trop nombreuses, où la distribution des locaux a été mal combinée.

SECTION VII. — DES APPROVISIONNEMENTS DE MALT.

> « Connaissez mieux vos matières premières, étudiez mieux les principes de votre art, et vous pourrez tout prévoir et tout calculer ; c'est votre seule ignorance qui fait de vos opérations un tâtonnement continuel et une décourageante alternative de succès et de revers. »
>
> CHAPTAL, *Éléments de Chimie*, p. cxxj.

L'hiver et le printemps sont, comme nous l'avons dit, les époques les plus favorables à la germination ; c'est généralement alors que l'on prépare le *malt* qui doit être employé pendant le courant de l'année, et surtout dans les saisons chaudes. C'est, par conséquent, du mois de décembre au mois d'avril que s'opèrent les travaux que nécessite cette préparation.

Plusieurs motifs ont déterminé l'adoption de ce mode de travail dans la plupart des établissements de quelque importance qui ont des capitaux suffisants pour faire des approvisionnements de cette nature. Il en résulte des avantages et des inconvénients dont l'examen nous fournira la matière de ce chapitre.

Parmi les avantages incontestables, nous devons mettre en première ligne la facilité et la régularité que présente le travail d'hiver. Or, rendre le travail facile et régulier, c'est évidemment l'améliorer. En effet, les grains, étant plus nouvellement récoltés, se prêtent mieux aux transformations qui s'opèrent dans les germoirs. la température ambiante permet à la germination de suivre lentement et progressivement chacune de ses phases; les radicelles, qui sont autant de petits indicateurs, opèrent leur marche sans secousses et sans soubresauts. Il est donc plus facile de suivre les progrès de la germination et de lui accorder les soins qu'elle exige; de plus, les ouvriers, ayant à essuyer moins de fatigues, sont dès lors moins avares de leurs peines.

La *germination* offre donc, à cette époque, plus de garanties et de sécurité qu'à aucune autre.

Le second de ces avantages consiste à employer utilement les temps de chômage; dans la plupart des brasseries françaises, et notamment dans celles des départements du centre, l'hiver est un temps de repos pour le brasseur. Ce n'est guère qu'en Alsace et dans le Nord que la fabrication est suivie activement et sans interruption à cette époque. La suspension des travaux de fabrication permet donc de consacrer à la préparation du malt tout le temps nécessaire, et on utilise ainsi les nombreux loisirs que les rigueurs de la saison laissent aux ouvriers brasseurs.

Tels sont les avantages qui résultent du système généralement suivi, et ils sont de nature à en justifier l'adoption. En voici maintenant les inconvénients.

Indépendamment de l'intérêt du capital engagé dans les approvisionnements, on doit tenir compte de la détérioration que le contact de l'air fait supporter aux produits; elle est de 25 à 50 pour 100 au moins, comme nous allons le démontrer.

La plupart des bâtiments dans lesquels s'exploitent les brasseries n'ont pas eu dès l'origine la destination qui leur est devenue spéciale; il en résulte que les constructions n'ont pas été faites de manière à prévenir l'introduction, si difficile d'ailleurs à éviter, des rats et des souris, qui trouvent, pendant des périodes de quatre, cinq et six mois, dans les approvisionnements de malt, une nourriture abondante. Il est impossible d'évaluer en chiffres le montant de ces dévastations permanentes; mais ne figurassent-elles que pour 1 ou 2 pour 100, il ne faudrait pas moins en tenir compte.

Il existe encore une autre espèce ravageuse qui, pour être beaucoup plus petite, n'en cause pas moins des dégâts assez considérables. Nous voulons parler de la larve de l'une des nombreuses variétés du *charançon*, qui n'est assurément pas celle du charançon commun, c'est-à-dire celle qui s'attaque ordinairement au froment. Celle-ci, en effet, a la forme d'un ver long de $0^m,02$ à $0^m,03$ au plus, de la grosseur d'un petit grain d'orge à sa partie la plus renflée; sa couleur, d'un jaune fauve, approche du marron clair; elle présente sur sa longueur une espèce d'enveloppe écailleuse, luisante et dure, qui offre diverses brisures jouant le rôle d'articulations. Nous ne sommes pas assez entomologiste pour dire positivement à quelle espèce de charançon cette larve appartient, mais elle est sans aucun doute de la famille de ceux-ci.

Qu'on veuille donc bien nous permettre de dire quelques mots du charançon; en général celui qui nous occupe est le plus ravageur et par conséquent le plus redoutable; nous allons essayer de le faire connaître en exposant son histoire d'une manière succincte, car il est toujours dangereux d'avoir affaire à un ennemi que l'on ne connaît pas, fût-il du nombre des infiniment petits.

Le *charançon* est un insecte de la famille des coléoptères; l'*Encyclopédie méthodique* en compte jusqu'à 190 variétés. Dans quelques provinces de France on lui donne le nom de *calandre*.

Le charançon se plaît au milieu d'une température élevée; il est par cela même plus à redouter dans les provinces méridionales; extrêmement peureux, il disparaît au moindre bruit; il craint moins la famine que la lumière. L'hiver, il habite dans les fentes des murs, dans les gerçures des bois, des planches, derrière les tapisseries, sous les cheminées, partout enfin où il peut trouver une retraite assurée contre le froid, seule cause de son émigration, car il ne mange pas pendant cette saison.

Ce n'est à proprement parler que la *larve* ou chenille du charançon qui attaque le malt, aux dépens duquel elle se nourrit jusqu'à ce qu'il ne reste plus que la pellicule extérieure des grains dans lesquels elle s'est introduite.

On a indiqué bien des moyens pour la combattre,

mais aucun ne paraît absolument efficace. Le plus infaillible, celui qui nous a toujours réussi, consiste à ne pas séparer les *radicelles* après la dessiccation, mais seulement au moment de la mouture, c'est-à-dire quelques jours avant d'employer le malt à la fabrication.

En 1845, nous avons eu à combattre les dévastations de ces petits rongeurs, dont nous ne soupçonnions pas d'abord l'existence, mais que nous avons pu surprendre vivant très paisiblement en famille, au milieu d'une obscurité complète. Il nous a suffi pour cela de faire lever quelques-unes des planches qui étaient dans le pourtour du grenier, près des murailles. La fine poussière des radicelles et les *radicelles* elles-mêmes sont très probablement un obstacle à leur entrée dans les tas d'orge germée et desséchée ; car le moyen que nous avons indiqué les a fait complétement disparaître de notre usine, et nous savons qu'un grand nombre de nos confrères l'ont employé avec le même succès. Quoi qu'il en soit, la larve dont nous parlons exerce encore, dans les brasseries anciennement construites, des ravages qui bien souvent passent complétement inaperçus, soit qu'on y attache peu d'importance, soit qu'on ignore l'efficacité du moyen que nous venons de signaler.

Tous ces inconvénients sont de peu d'importance, comparativement à ceux dont il nous reste à parler, et qui empruntent aux conséquences qu'ils entraînent un caractère de gravité qu'il est impossible de méconnaître et sur lequel nous appelons toute l'attention des praticiens.

Les plus sérieux sont, sans contredit, la détérioration, les transformations qui s'opèrent au sein du malt par le contact de l'air, mais plus particulièrement encore de l'air humide ; et c'est là, il ne faut pas l'oublier, la condition normale de celui que nous respirons tous.

Nous avons dit précédemment que le *malt* était essentiellement *hygrométrique*, c'est-à-dire qu'il appelait et retenait à lui l'humidité de l'air ; pour s'en convaincre, il suffit de procéder comme nous l'avons fait, c'est-à-dire d'amonceler dans un grenier spécial une quantité quelconque de malt, 500 kilogrammes, par exemple, et de les soumettre à une nouvelle pesée, quatre, cinq ou six mois après qu'ils y ont été déposés ; on trouvera, ainsi qu'il résulte de plusieurs vérifications comparatives, une moyenne d'environ 8 pour 100 dans l'augmentation du poids primitif du malt.

« Un malt nouvellement fait, dit M. Kolb, est plus léger que celui qui a quelques mois de grenier. »

D'où vient cette augmentation? Évidemment de l'absorption de la vapeur d'eau contenue dans l'air. En effet, en soumettant le malt à une *deuxième dessiccation*, il abandonne, sous forme de vapeurs, toute l'eau qu'il a absorbée par son contact avec l'air, et on retrouve, après cette opération, sauf cependant une légère diminution, le poids primitif du malt. Si maintenant on veut bien admettre, ce qui est exact pour le plus grand nombre des brasseries, que le malt n'est pas toujours rigoureusement sec en quittant la touraille, si on admet qu'il ait retenu seulement 2 pour 100 d'eau, on arrive bien vite au chiffre assez compromettant de 10 pour 100. C'est beaucoup, c'est plus qu'il n'en faut pour déterminer de graves accidents ; car on se rappelle qu'en parlant de la *diastase* nous avons dit, en nous appuyant sur des preuves : « Abandonnée au contact de l'air, la diastase s'altère promptement, devient acide et perd la propriété de convertir l'amidon du malt en sucre. Son altération, avons-nous ajouté, est d'autant plus prompte qu'elle a absorbé une plus grande quantité d'humidité. »

Il ne faut pas chercher ailleurs la cause de la diminution de 20 et 25 pour 100 que présente, dans les mois d'août et de septembre, le malt préparé en janvier, février et mars ; elle est là tout entière.

Comment les effets dont nous parlons influent-ils sur la richesse des moûts et sur la qualité de la bière? Le voici : La matière sucrée que nous séparons du malt au moment des infusions n'est pas seulement l'un des produits immédiats de la germination ; elle est aussi le résultat de la réaction de la diastase sur l'amidon du malt pendant les infusions ; or, dans le cas qui nous occupe, si une portion de cette diastase a été détruite, elle ne pourra plus réagir sur l'amidon pour le transformer en sucre ; dès lors les moûts seront d'autant moins riches en principes saccharins que la portion de diastase altérée sera plus considérable et que son altération sera plus profonde.

L'eau est un des agents désorganisateurs les plus actifs ou au moins l'un des intermédiaires les plus puissants des phénomènes de décomposition qui s'opèrent sous nos yeux ou loin de nos regards. C'est ainsi que le sang, la chair, en un mot les corps les plus éminemment putrescibles, se conservent indéfiniment si on les privé de l'eau qu'ils renfermaient : c'est sur ce principe que repose la conservation de toutes les substances végétales et animales, et du malt en particulier, dont la décomposition serait en quelque sorte immédiate si on ne lui avait préalablement enlevé l'excès d'eau qu'il contenait avant la dessiccation. Sans eau donc, point de fermentation, de putréfaction, aucun phénomène de décomposition enfin.

On n'explique pas autrement la conservation des cadavres enfouis depuis un temps immémorial dans les sables qui recouvrent une partie du sol des déserts africains.

Et pourquoi n'en serait-il pas de même à l'égard du malt, quand nous le voyons absorber 10 pour 100 d'eau en quelques mois, lui dont les éléments sont si mobiles, formé de substances hétérogènes si différentes, si variables, que les influences les plus minimes suffisent pour en modifier la nature et en changer la composition ? C'est en effet ce qui arrive avec les approvisionnements de malt, qui reçoivent tout à la fois dans les greniers le contact de l'air et celui de l'humidité.

Pour donner plus d'autorité à nos assertions, avant de faire parler les faits, qu'on nous permette de citer l'opinion de quelques-uns des chimistes qui ont étudié les propriétés de la *diastase*.

« La solution de diastase s'altère très promptement, *s'acidifie*, et perd alors son action sur la fécule. La *diastase* éprouve aussi cette décomposition à l'état sec, toutefois seulement à la longue. » (J. Liebig, *Chimie organique*, t. III. p. 215.)

« La solution de diastase, abandonnée à elle-même, s'altère promptement à la température ordinaire et devient *acide*, soit qu'elle ait ou qu'elle n'ait pas le contact de l'air. » (Thénard, *Chimie élémentaire*, t. IV, p. 604.)

« La diastase récemment préparée et rapidement séchée convertit l'amidon en dextrine et la dextrine en sucre ; mais la diastase qu'on a gardée pendant *quelques jours* dans un air humide s'y transforme en un nouveau ferment, qui devient alors capable de faire subir à la dextrine ou à l'amidon une fermentation particulière[1]. » (Dumas, *Chimie appliquée aux arts*, t. VI, p. 552.)

Donc, toutes les fois que la *diastase* est en présence de l'eau, elle subit des transformations qui la dénaturent : en même temps il se produit un *acide* particulier que nous examinerons dans quelques instants. Les chimistes modernes sont tous d'accord sur ce point.

Il est maintenant facile de s'expliquer pourquoi nous avons tant insisté et pourquoi nous insistons encore sur la nécessité de faire subir à l'orge une *dessiccation complète* : elle rend les chances d'altération moins nombreuses et moins puissantes ; c'est par les mêmes motifs que nous engageons à adopter des dispositions telles qu'aucune des vapeurs produites dans la brasserie ne puisse se répandre dans l'usine entière, comme cela arrive *toujours*, et que les *vapeurs des touailles* soient portées, ainsi que toutes les autres, à de grandes hauteurs, c'est-à-dire en dehors des locaux affectés à la fabrication de la bière. Les *greniers d'approvisionnement*

---

[1] Nous demandons à M. Dumas la permission de substituer les mots : une fermentation particulière, aux mots : la fermentation lactique, que nous aurions dû employer pour parler scientifiquement.

doivent donc être scrupuleusement éloignés de tous les endroits où il se produit de la vapeur d'eau, et ne pas se trouver au niveau même des tourailles, ainsi que cela se fait encore dans un trop grand nombre de brasseries mal organisées.

Il en est de même de la *mouture à la meule*, que nous avons frappée de proscription et contre laquelle nous devons encore nous élever ici, puisque l'addition préalable d'une certaine quantité d'eau, sans laquelle elle est impraticable, peut devenir en quelques jours une cause puissante de désorganisation.

Au surplus, il est impossible de se méprendre sur la manière dont la vapeur d'eau agit sur le malt, et d'élever le moindre doute sur les conséquences qui en résultent, quand on songe que si, en février, on obtient d'assez bons résultats en employant 25 kilogrammes de malt par hectolitre de bière, par exemple, on ne peut, dans les mois d'août et septembre, obtenir des produits aussi satisfaisants, même avec 30 et 35 kilogrammes du même malt, c'est-à-dire avec environ 25 pour 100 de plus.

Il ne faut pas, pour expliquer ce fait, invoquer la différence de température à l'une et à l'autre époques, bien qu'elle ait une grande influence, et nous en avons tenu compte, sur la fermentation et sur toutes les opérations en général ; car comment soutenir une semblable argumentation, lorsque des résultats identiques se produisent avec le même malt employé, par exemple, dans les mois de novembre et de décembre suivants ?

Écoutez ce que dit à ce sujet un praticien de la vieille

école, M. Le Pileur d'Appligny, qui en 1785 fit éditer
un petit ouvrage intitulé : *Instruction sur l'art de faire
la bière.*

« On doit surtout préférer la *drêche* la plus récemment fabriquée, parce qu'elle contient tous ses principes spiritueux, qui sont sujets à s'évaporer avec le
temps, comme on l'éprouve lorsqu'on emploie une
drêche plus anciennement faite [1]. »

Voici une preuve bien simple, et cependant con-
cluante, de ce que nous avançons : pesez vos moûts aux
deux époques que nous avons indiquées, après avoir
employé quantités égales de malt et d'eau, et comme
nous vous trouverez que tel qui pesait 10° en mars ne
pèsera plus que 8° en août, que tels autres, qui pesaient
5°, n'indiqueront plus que 4° au pèse-sirop (pèse-moût,
pèse-bière). Nous aurions pu ajouter d'autres développements à ce sujet, mais nous les réservons pour le
moment où nous aurons mieux étudié chacune des
opérations qui constituent l'ensemble de la fabrication.

Nous devons cependant constater dès à présent un fait
significatif : c'est que cette dépréciation, cette détérioration des matières premières par le contact de l'air, nuit
si énergiquement à la qualité des produits que la consommation décroit en raison même de leur intensité; en
d'autres termes, *la consommation diminue à mesure que
la température augmente.* Étrange anomalie d'une or-

(1) Nous acceptons les conclusions de l'auteur, sans partager les
opinions qu'il a émises sur les causes de la détérioration du malt; nous
constatons simplement que nous sommes d'accord avec lui sur les *effets* produits.

ganisation de travail radicalement vicieuse! Il suffit pourtant, pour en avoir la preuve, de comparer les bordereaux de régie du mois de mai et ceux du mois d'août; on trouvera dans ces derniers une diminution de 20, 30 et même 40 pour 100 sur ceux du mois de mai.

Voici d'ailleurs des chiffres authentiques que nous avons pu nous procurer à Reims; ils prouveront suffisamment tout ce qu'il y a de fondé dans nos dires.

L'arrondissement de Reims, qui comprend les perceptions de Reims, Aï, Beaumont-sur-Vesle, Fismes, Hermonville, Pontfaverger, a donné les résultats suivants pour la fabrication totale des bières fortes et des petites bières :

	h. l.		h. l.
1843 du 20 mai au 20 juin,	5,230,94	1843 du 20 juillet au 20 août	3,423,61
1844 — —	4,999,48	1844 — —	3,130,76
1845 — —	4,331,64	1845 — —	2,412,38

		h. l.	
En moins pour l'année 1843. . .	1,827,33	ou 31 1/2 pour 100.
— — 1844. . .	1,868,72	ou 42 1/2
— — 1845. . .	1,919,16	ou 44 1/2

Total en moins . . . . 5,615,21 pour trois années, sur une production de 14,581,96 ; soit, pour la moyenne, sur le total général : 38,50 pour 100.

On peut objecter qu'en mai il se fabrique encore des bières de garde qui doivent être consommées en août, et que cette circonstance explique l'énorme différence que nous trouvons en rapprochant les chiffres ci-dessus. Mais dans un assez grand nombre de localités il ne se fait pas de bières de garde, et celles qu'on livre à la consommation ne sont préparées qu'à mesure des besoins; or, dans celles-là comme dans toutes les autres, on

remarque toujours la même progression descendante.
Consultez d'ailleurs vos états de vente, faites le compte
de vos fournitures pour chacun de ces mois, et les chiffres vous répondront pour nous d'une manière victo-
rieuse.

Il ne faut pas non plus dire que cette différence est
due à ce que, lasses d'une boisson qui a pu les flatter
pendant un certain temps, les masses éprouvent le besoin
du changement et vont chercher dans d'autres liquides
les moyens de satisfaire leurs besoins et leurs goûts ; car
on prendrait pour la *cause* ce qui n'est réellement que
l'*effet* ; effet dont nous nous plaignons et qui a pour véritable origine la mauvaise qualité des bières livrées à
cette époque. Nous n'en demandons qu'une seule preuve.
Ne vous souvient-il pas que, dans telle année, au milieu de ce brûlant mois d'août, qui vous amène ordinairement de si cuisantes déceptions, vous avez eu quelques jours de trève ? L'abaissement subit de la température vous a laissé le temps nécessaire pour opérer la
germination d'une couche d'une manière assez satisfaisante ; les autres opérations, favorisées par les mêmes
circonstances, ont également réussi ; enfin, vous avez
pu faire un brassin exceptionnel pour la saison. Rap-
pelez-vous avec quelle rapidité il a été consommé, et
vous serez convaincu que, si le chiffre de la consommation baisse de 20 pour 100 au moins dans les plus
chaudes journées d'août, cela tient en grande partie à
l'altération de vos matières premières et aux produits
de qualité inférieure qu'elles vous donnent ?

Nous rencontrerons bien encore, dans le cours de la

fabrication, d'autres effets qui s'ajoutent à ceux dont nous parlons ; nous les examinerons aussi dans nos conclusions, et nous verrons que si les accidents dont nous parlons n'ont pas pour cause unique l'altération du malt, cette cause est néanmoins l'une des plus actives et des plus patentes de toutes celles qui y contribuent.

Nous n'avons malheureusement pas encore tout dit sur les inconvénients qui résultent des approvisionnements de malt, et ceux qu'il nous reste à signaler serviront, nous osons l'espérer, à jeter quelque jour sur l'état anormal que présente quelquefois la bière, état que l'on a considéré avec raison comme une maladie à laquelle on a donné le nom de *graisse*, à cause de l'aspect gras et huileux que le liquide offre quand il en est atteint.

Nous avons vu précédemment, d'une part, que le *gluten* entrait pour une proportion assez notable dans la composition de l'orge, et que l'une des propriétés les plus caractéristiques de ce corps, celle qu'il nous importe le plus de bien observer, est la facilité avec laquelle il est dissous par certains acides, et notamment par l'acide acétique (vinaigre) ; or nous venons de démontrer, d'autre part, que l'altération de la diastase par le contact de l'air et de l'humidité a toujours pour résultat immédiat la formation d'un acide particulier auquel les chimistes ont donné le nom d'*acide lactique*. La conséquence est facile à tirer. Voici d'ailleurs ce que M. *Dumas* dit à ce sujet : « Il suffit, pour produire « une quantité d'acide lactique, d'humecter de l'orge germée, de la laisser à l'air pendant deux ou trois jours,

« de la broyer et de la délayer dans l'eau, où on l'aban-
» donne encore pendant quelques jours à une tempéra-
« ture de + 25 ou 30°. » (*Chimie appliquée aux arts*,
t. VI, p. 352.)

Comme il existe la plus grande analogie entre l'acide
acétique et l'acide lactique et que celui-ci est un des con-
génères de celui-là, nous pensons que, dans l'un et
l'autre cas, la quantité d'acide lactique produite suffit
toujours pour dissoudre une partie du gluten renfermé
dans l'orge et pour développer par cela même, au sein
de la bière, les principes propres à la formation de cette
viscosité qui les rend filantes à la manière de l'huile.
Diverses autres causes viennent encore activer cette détérioration ; elles sont assez importantes pour que nous
croyions devoir leur consacrer un chapitre spécial qui
les résumera toutes.

Quoi qu'il en soit, nous devons tenir pour bien certain
que l'*altération de la diastase* donne toujours naissance
à la formation d'un acide, et qu'un assez grand nombre
d'entre eux, dont la composition a une grande analogie
avec celle de l'acide acétique, peuvent dissoudre le gluten. Pour se convaincre de cette vérité, il suffit de séparer
ce dernier de la farine du froment, comme nous l'avons
indiqué, de le mettre en présence du vinaigre que l'on
fait intervenir alors comme agent dissolvant, et on verra
le liquide prendre spontanément l'aspect glaireux du
blanc d'œuf.

Si donc la *dissolution du gluten* par l'altération du
malt n'est pas la seule cause du développement de la
graisse, on ne saurait nier qu'elle prédispose singuliè-

rement les produits à contracter une maladie dont le germe est tout préexistant en eux. Ce qui peut encore ajouter quelque poids à l'opinion que nous émettons, c'est qu'en général la *graisse* se déclare de préférence dans les bières fabriquées avec du malt dont la préparation remonte à plusieurs mois; aussi est-ce assez généralement vers les mois d'août et de septembre que la *graisse* sévit avec le plus d'intensité : nous l'avons rarement vue se déclarer en mars ou même en avril.

Nous croyons donc pouvoir conclure de toutes les raisons que nous venons d'énumérer qu'il est prudent de n'opérer, ou au moins de ne compléter ses approvisionnements que *le plus tard* et non pas le plus tôt possible, comme on le fait assez souvent ; car les avantages qu'on obtient d'un approvisionnement hâtif ne peuvent pas compenser les graves inconvénients qui en résultent. D'ailleurs, dans une usine bien administrée et surtout bien organisée, dont les germoirs présentent les conditions que nous avons indiquées, on peut obtenir en mai d'aussi bons résultats qu'en février et en mars, surtout si l'on a des germeurs habiles, et il n'en manque pas parmi les Allemands, quand ils veulent s'en donner la peine.

Ce que nous venons de dire des approvisionnements de malt et de leurs conséquences est assez grave, ce nous semble, pour appeler sur cette question, et sur l'absolue nécessité d'une réforme que nous voulons justifier avant d'en établir les bases, l'attention de tous les hommes capables de réfléchir.

En effet, quelle plus étrange anomalie que de voir

la consommation de la bière décroître à mesure que la température atmosphérique s'élève davantage? Comprend-on mieux que la qualité des produits subisse une dépréciation non moins sensible, alors que la proportion des matières premières employées pour obtenir une même quantité de produits augmente dans un rapport de 50 pour 100?

Voilà pourtant où en est encore de nos jours la brasserie, c'est-à-dire au point où elle était lorsque, au lieu de fabriquer de la bière, elle fabriquait de la *cervoise*.

Il est impossible de se le dissimuler, une pareille situation est périlleuse, car il y a entre elle et les besoins présents de l'industrie du brasseur une incompatibilité qui nous effraie pour l'avenir et qui ne saurait durer bien longtemps.

Il serait injuste, cependant, de faire peser toute la responsabilité de cet état de choses sur les hommes qui se livrent à cette industrie; elle revient, pour une bonne part, à l'*esprit de fiscalité* qui la régit et qui l'étouffe du poids de son arbitraire.

Mais ce n'est pas ici le lieu d'examiner cette question, sur laquelle nous aurons à revenir. C'est là que nous démontrerons que s'il y a des remèdes, des palliatifs certains pour tous ces maux, il y a également impossibilité absolue, permanente, de les appliquer immédiatement en présence des brutalités fiscales qui pèsent sur la brasserie.

Nous l'avons déjà dit ailleurs et nous ne saurions nous dispenser de le répéter ici : « Étrange aberration d'un système encore plus odieux dans son application que ridicule dans ses moyens, qui semble vouloir assigner des bornes au développement de l'industrie humaine, ou l'emprisonner dans le cercle rétréci d'une législation ignorante et aveugle. Inextricable contre-sens qui fait marcher dans une direction opposée des intérêts qui sont les mêmes au fond et qui devraient converger vers un but commun au profit de la nation tout entière[1]. »

II OPÉRATION: BRASSAGE.

« Il faut abaisser le niveau de la science à celui de l'industrie, dans l'intérêt du bien-être général. Associer la pratique à la théorie, c'est ajouter à la valeur des idées. »

§ 1. Considerations générales.

Le *brassage*, au point de vue pratique, comprend l'ensemble des opérations qui ont pour but de séparer, au moyen de l'eau, les principes sucrés développés dans l'orge par la germination, soit qu'on en augmente la somme en faisant réagir la diastase sur la fécule, soit qu'on n'utilise dans la fabrication que ceux qui existent naturellement dans le malt. Les diverses liqueurs sucrées obtenues se nomment *infusions* (trempes.)

Dans l'acception rigoureuse et grammaticale du mot, le brassage proprement dit ne comprendrait qu'une

(1) *Journal d'Agriculture pratique et de Jardinage*, août, 1847. *Dégrevement des droits d'octroi sur le houblon*, par F. Rohart.

seule opération, attendu la synonymie des mots *brasser*, *mélanger*. En terme d'art, l'action mécanique s'appelle *vaguer*, et l'ensemble des opérations du vaguage se nomme *infusions*, comme les produits qui en sont le résultat.

Il y a deux espèces de brassages : le *brassage à malt clair* et le *brassage à malt trouble*. Ils ne diffèrent que par de légères nuances et dans les détails de quelques-unes des opérations qui constituent l'ensemble de leur fabrication.

Nous allons déterminer succinctement leurs caractères ; nous les examinerons plus attentivement à mesure que les diverses périodes du travail se présenteront devant nous.

§ 2. Brassage à malt clair.

Le *brassage à malt clair* a pour but de produire rapidement des *infusions* et des *moûts* de la plus grande limpidité. La première condition à observer pour l'atteindre est que le malt soit absolument sec ; cependant, à défaut d'une complète dessiccation, on peut opérer comme nous l'indiquerons un peu plus loin.

La difficulté d'obtenir des *moûts* et des *bières limpides* en été a fait donner la préférence à ce genre de fabrication pour les produits qui doivent être mis en consommation aussitôt après la fermentation. Les bières fabriquées par ce procédé moussent plus difficilemen lors de la mise en bouteilles ; nous en expliquerons la cause en parlant de la *fermentation*, et nous indiquerons les moyens d'obvier à cet inconvénient.

Le brassage à malt clair a donc non-seulement l'avantage de produire des *moûts* plus *limpides*, mais encore des bières qui se dépouillent plus facilement de leurs marcs après la fermentation. Toutefois, si on a abusé des moyens usités dans ce mode de travail, il est rare que les bières qui en résultent ne contractent pas une saveur dure, qui devient quelquefois âcre si on a été beaucoup trop loin : en outre, ces bières s'acidifient beaucoup plus promptement que les autres. Aussi est-ce avec raison que le *brassage à malt clair* est généralement repoussé dans la fabrication des *bières de garde* [1].

§ 3. Brassage à malt trouble.

Le *brassage à malt trouble* est celui qui se pratique ordinairement lorsqu'il n'est pas indispensable d'obtenir d'un seul coup des infusions claires et des bières limpides. Dans le premier cas, on opère la clarification par le feu, au moment de la cuisson; dans le second, c'est le temps qui l'opère après la fermentation. Il n'exige pas une *dessiccation* du malt aussi complète que le procédé de *brassage à malt clair*, surtout si le malt est employé quelques jours seulement après la dessiccation.

Le *brassage à malt trouble* est, sans contredit, le plus rationnel; mais, dans les moments difficiles, il présente de graves difficultés pour la séparation du *gluten*

---

(1) Nous sommes loin de blâmer ceux qui font le contraire, car ils n'agissent le plus souvent ainsi que pour satisfaire les goûts ou plutôt les caprices des consommateurs.

(écumes); par ce procédé les infusions sont généralement plus troubles, et les produits fabriqués en ressentent quelquefois de sérieuses atteintes avant comme après la fermentation. En hiver pourtant les circonstances étant plus favorables et le malt plus récemment préparé, c'est le mode d'opérer le plus avantageux. Aussi lui donne-t-on généralement la préférence dans la fabrication des *bières de garde*, parce que les produits obtenus sont d'une conservation plus facile et plus longue. Ce procédé donne aussi des bières d'une saveur plus douce et beaucoup plus délicate que celui du *brassage à malt clair*.

Nous regrettons d'être obligé de nous borner ici à ces courtes indications, mais nous ne pouvons encore ni entrer dans certaines questions de détail, ni parler d'opérations que nous n'avons pas étudiées. Nous reprendrons cette question avec soin chaque fois que l'occasion s'en présentera, et nous allons examiner quelques-uns des appareils et ustensiles dont on se sert ordinairement pour les pratiquer, en indiquant ceux qui pourraient être remplacés par d'autres avec succès et économie.

§ 4. Appareils et ustensiles employés dans les opérations.

Nous attachons à l'examen de cette partie de notre tâche une importance d'autant plus grande que nous aurons à prouver que les appareils et ustensiles dont on se sert aujourd'hui peuvent, par leur nature ou par leur construction, exercer dans certaines conditions une influence fâcheuse sur la qualité des produits ou sur la régularité de la marche des opérations.

Ceux dont on fait ordinairement usage sont :

1° Les *cuves* et les *reverdoirs ;*

2° Les *pompes ;*

3° Les *chaudières.*

Les autres ustensiles n'étant qu'accessoires, nous les mentionnerons à mesure que notre sujet nous amènera aux manipulations pour lesquelles ils sont nécessaires. Ainsi nous ne nous occuperons des *refroidissoirs* et des divers appareils frigorifiques qu'en parlant du *refroidissement.*

§ 5. Cuve-matière.

On désigne sous ce nom une cuve A (*fig.* 51) légère-

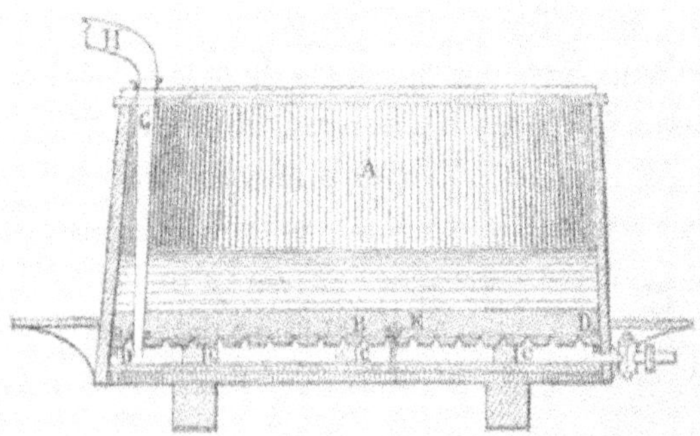

Figure 51.

ment conique, dont les dimensions varient nécessairement selon l'importance des brasseries et celle de la fabrication. Cependant, en règle générale, la capacité relative de la cuve-matière doit excéder d'un tiers au moins la contenance de la chaudière de fabrication ; sa hauteur dépasse rarement 1ᵐ,50 à 1ᵐ,80, quel que soit son diamètre, afin de rendre plus facile la manœu-

vre qu'on exécute en opérant le mélange du malt et de
l'eau, c'est-à-dire afin que le haut du corps des ouvriers
ne soit pas trop au-dessus du sommet de la cuve, ce
qui rendrait le travail beaucoup plus pénible.

La *cuve-matière*, ainsi que son nom l'indique, est
spécialement affectée au mélange des matières premières, à savoir le malt et l'eau. Elle se compose d'un
faux fond B (*fig.* 31 et 32), supporté soit par des traverses

Figure 32.

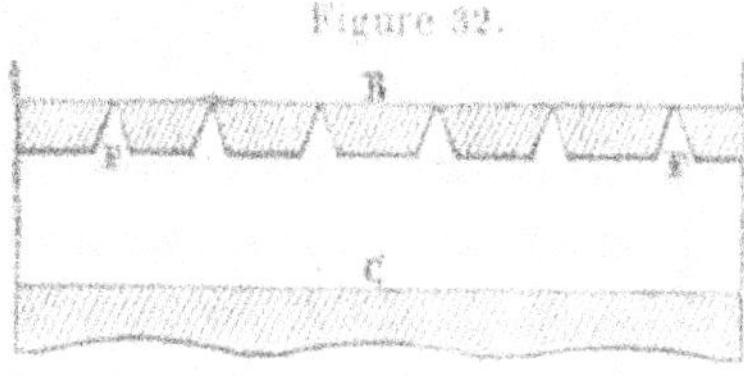

Figure 33.

mobiles C (*fig.* 33), soit par une espèce de corniche
circulaire D (*fig.* 31), ajustée contre la paroi interne de
la cuve, et qui emboîte l'épaisseur du *double fond* dans
tout le pourtour. Cependant on ménage ordinairement
du jeu entre le double fond et la corniche circulaire,
afin que la partie liquide trouve un écoulement facile, et en même temps afin que les mouvements de
contraction ou d'augmentation de volume du bois puissent s'opérer librement. Le *faux fond* est retenu dans
la cuve au moyen d'une traverse en fer plat, qui occupe
le plus grand diamètre de la cuve et qui y est fixée au
moyen d'une vis d'appel E.

La configuration conique des ouvertures F du *faux
fond* B (*fig.* 31 et 32) a pour but, d'une part, d'éviter que
quelques particules de malt viennent s'opposer à la libre

introduction de l'eau dans la cuve, et, de l'autre, de permettre aux *infusions* de s'écouler facilement.

L'introduction de l'eau entre le fond et le *double fond* de la cuve a lieu par un tuyau conique G (*fig.* 34), en cuivre, connu sous le nom de *cahotte*, dont l'extrémité inférieure s'engage dans l'épaisseur même du *double fond*, pour forcer l'eau à pénétrer dans l'intervalle qui sépare celui-ci du fond véritable.

La *cahotte* est desservie par un tuyau mobile H, qui entre à frottement dans cette dernière, et qui est en communication avec la chaudière contenant le liquide à introduire dans la cuve.

La plupart des *cuves-matière* sont cylindriques; quelquefois pourtant elles sont elliptiques ou ovoïdes; leur forme dépend des localités. La plupart n'ont pas de couvercle; nous pensons qu'il serait utile qu'elles en eussent toutes, afin d'éviter l'action des courants d'air, et par conséquent des déperditions de calorique assez notables.

La *cuve-matière* que nous venons d'examiner et qui est la plus en usage est fort éloignée de présenter des dispositions rationnelles. En effet, rien n'est changé, rien n'a été amélioré jusqu'ici dans la construction des ustensiles et appareils de brasserie; ils sont encore à cette heure ce qu'ils étaient à leur origine; et certes, nous n'aurons pas besoin de les calomnier pour justifier la nécessité d'une réforme partielle à l'égard des uns et la suppression totale des autres. Or, nous disons que dans les conditions que nous venons d'indiquer, la cuve-matière, et c'est la plus communément répandue, est fort vicieuse et nous allons le prouver.

Son principal défaut est de mettre le bois en présence de liquides sucrés qui tendent naturellement à se décomposer par le contact de l'air, et dont les éléments si peu stables peuvent, sous l'influence d'un ferment quelconque, subir les transformations, les décompositions que nous connaissons déjà.

La nature éminemment poreuse du bois, et surtout du bois de chêne, auquel on accorde la préférence pour les constructions de la nature de celle-ci, n'est pas étrangère aux altérations qui se produisent dans les *infusions* (trempes) et dans les *moûts* à l'époque des chaleurs; en effet, ceux-ci pénètrent dans l'intérieur du bois et en remplissent tous les pores; sous l'empire d'une température élevée et en présence de l'eau, ils entrent promptement en fermentation, s'acidifient avec une égale vitesse, et produisent bientôt de véritables ferments, comme le ferait la bière elle-même au moment de la fermentation. Alors l'altération d'un atome de sucre se communique rapidement à l'atome voisin, et l'action désorganisatrice, en s'étendant de proche en proche, peut envelopper en peu de temps la masse entière dans son immense réseau.

Qu'on le sache bien, si minime que soit la quantité de matières attaquées par la fermentation, l'altération est capable de reproduire les mêmes phénomènes dans des quantités indéterminées de matières non altérées, et il en est de même pour tous les corps susceptibles d'éprouver la fermentation alcoolique ou la fermentation putride. C'est ainsi que les jus de raisin, de betterave, et la pâte de farine en fermentation, peuvent, comme le lait aigri, la chair ou le sang putréfiés, occasionner les mêmes accidents sur des quantités indéterminées de matières de même nature, quel que soit l'état sain dans lequel elles se trouvaient primitivement. Citons des exemples.

Qui ne sait en effet avec quelle effrayante rapidité se communique, par la circulation du sang, un principe morbifique ou vénéneux, comme la morve, l'hydrophobie ou le virus du vaccin, par exemple? Mais pour nous rapprocher de la question qui nous occupe, que penser du *levain du boulanger*, qui agit sur un volume de pâte vingt fois, trente fois plus considérable que lui? que conclure de l'action de quelques gouttes de lait aigri, ou plutôt de la manière dont se comporte, à l'égard du lait sain, la plus minime quantité de *présure*, quand on lui voit opérer d'un seul coup la coagulation d'un volume de lait qui dépasse de deux cents fois, de cinq cents fois même son propre volume? Or, nous avons affaire à des produits non moins mobiles, à un ferment bien plus énergique, en un mot au *levain du brasseur*, qui peut déterminer la fermentation d'une masse de liquide égale à douze cents fois celle qu'il représente. Le danger serait beaucoup moins grave s'il existait un moyen de circonscrire cette action dans des limites étroites et de faire, comme dans un incendie, la part du feu; mais dans le cas qui nous occupe, l'action désorganisatrice n'a aucune espèce de bornes, et par conséquent elle peut s'étendre d'une manière absolue, indéfinie.

ce que nous n'avons pas encore démontré d'une

manière irrécusable que *le bois s'imprègne des infusions de malt*, que celles-ci y fermentent, et que plus tard elles se comportent exactement comme le ferait un véritable ferment, il ne faut pas en conclure que le fait n'existe pas ; cette preuve trouvera sa place quand nous traiterons des refroidissoirs, et nous mettrons nos lecteurs à même de s'en convaincre par un moyen qui, pour être bien simple, n'en sera pas moins rigoureusement, mathématiquement exact.

Qu'on ne s'imagine pas davantage que nous examinons les choses de trop près et que nous nous plaisons à grossir les dangers. Notre rôle d'historien, et d'historien fidèle, nous oblige à tenir compte de toutes les *causes d'insuccès ;* si elles étaient en petit nombre, nous pourrions n'y pas prendre garde, ou du moins ne pas nous y arrêter de manière à appeler toute l'attention de nos lecteurs. Ce qui nous frappe le plus, ce n'est donc pas le caractère qu'elles revêtent lorsqu'on les prend isolément, mais leur nombre nous effraie, nous sommes inquiet de les voir s'entasser, se grouper autour de toutes les opérations, de les voir se constituer sur des bases qui en font dans l'application une puissance dangereuse, insaisissable, lorsqu'on ne les a pas suffisamment étudiées ensemble et séparément. Les conséquences qui en résultent sont trop graves pour que nous ne regardions pas comme un devoir de prémunir contre elles ceux dont nous avons partagé les travaux et les déboires.

Un pas a été fait pourtant, c'est aux Allemands que nous en sommes redevables. Les Anglais nous ont envoyé le *calorifère* ; triste cadeau ! Quant à nous.... rien. Cela tient à ce que les Allemands sont rationnellement méthodistes, les Anglais simplement spéculateurs, tandis que nous ne sommes ni l'un ni l'autre.

Les Allemands, qui ont mieux compris que nous tout ce qu'il y avait de vicieux dans l'emploi du *double fond*, et comme système et comme matériaux employés, l'ont complétement réformé, et nous les en félicitons, d'autant plus que nous avons été témoin du succès qui a couronné leur entreprise. La *cuve-matière* a été ramenée à sa plus simple expression, comme on peut le voir par le plan et la coupe que nous en donnons (*fig.* 34 et 35).

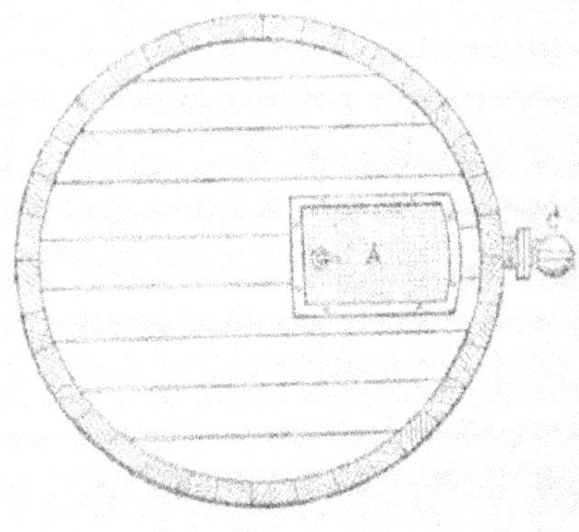

Figure 34.

Figure 35.

Le *faux fond* B (*fig.* 52) a disparu ; il est remplacé ici par une forte feuille de cuivre A (*fig.* 54), percée de petits trous pour permettre l'écoulement des liquides hors de la cuve, en passant par le tuyau B et le robinet C (*fig.* 55). Cette disposition exige que les madriers employés à la confection du fond de la cuve soient plus épais que ceux que l'on emploie dans les cuves à double fond, puisque la feuille de cuivre est ajustée dans l'épaisseur même du fond, et qu'il est en outre nécessaire d'y ménager une petite cavité D de $0^m,015$ à $0^m,020$ de profondeur. La *cahotte* se place toujours de même, c'est-à-dire de manière à arriver à quelques centimètres du fond de la cuve.

Nous souhaitons que cette modification si simple, si facile à réaliser, se propage rapidement ; car elle ne se borne pas à faire disparaître tous les inconvénients du *faux fond* ; elle diminue encore les difficultés du lavage, qui, s'il n'est pas pratiqué avec un soin minutieux, vient ajouter une nouvelle cause d'altération à celles déjà trop nombreuses que l'on a sans cesse à combattre.

Toutefois cette amélioration nous paraît bien insuffisante quand nous considérons l'immense surface que présentent les *cuves-matière*, et par conséquent les nombreuses chances d'absorption des liquides sucrés par les pores du bois, et, par suite, de fermentation des divers liquides avec lesquels ils sont en contact. Cet inconvénient, que présentent toutes les autres cuves, est plus grave encore dans celle-ci ; c'est ce qui nous fait vivement désirer que toutes soient garnies intérieurement, tant dans tout leur pourtour que sur le fond lui-même, d'une feuille de cuivre laminé.

Ce n'est pas dans la porosité du bois seulement qu'il

faut chercher les causes d'une réprobation que nous croyons avoir suffisamment justifiée et que de nouveaux faits viendront confirmer à leur tour ; il faut voir dans la nature même du bois une cause de perturbation qui n'est pas moins puissante que celles que nous venons de signaler. Nous avons dit précédemment avec M. Liebig : « *Tous les corps pourrissants sont capables de provoquer la fermentation dans d'autres corps, de la même manière que des matières fermentescentes peuvent le faire.* » Quel est, parmi tous les corps pourrissants, celui qui possède cette propriété au plus haut degré, si ce n'est le bois lui-même, et surtout dans les conditions où il se trouve dans la cuve-matière, soumise constamment et tour à tour à l'action de l'eau à une température élevée et au contact de l'air ? Dans quels cas les chances de *pourriture* ou de *combustion lente* pourraient-elles être plus nombreuses et par conséquent plus énergiques, quand à chacune de ces causes, d'ailleurs bien suffisantes, viennent s'ajouter des liquides que le bois retient, et qui, par leur nature, entrent nécessairement tôt ou tard en fermentation ?

Non, il n'existe pas de plus détestables conditions que celles dans lesquelles se trouve la *cuve-matière* PARTOUT, car nous n'en exceptons pas une seule brasserie.

Quittons un moment la brasserie pour nous transporter dans une fabrique de sucre, dont les opérations offrent une frappante analogie avec une grande partie de celles que nécessite la fabrication de la bière[1]. Ici,

______

[1] L'auteur a fait, en 1837-1838, une école d'application pratique dans l'une des plus importantes fabriques de sucre de la Picardie.

certes, nous ne trouverons dans tous les lieux où l'on traite les jus, dont la densité est la même que celle des *infusions*, que des outils, des ustensiles, des appareils dans lesquels on a substitué le métal au bois; depuis la râpe jusqu'à la chaudière à cuire, *tous* les vaisseaux qui doivent contenir des liquides sucrés sont, sans exception aucune, garnis intérieurement de métal. Dans la brasserie, au contraire, tout est en bois, depuis la cuve mouilloire jusqu'aux baquets d'entonnerie. C'est que le fabricant de sucre a compris que le moindre atome de ferment produit par l'altération des jus suffit pour faire descendre en quelques jours un rendement de 10 pour 100, par exemple, à 6 et même 5 pour 100. De plus, l'expérience lui a prouvé qu'à la diminution des produits il fallait ajouter l'altération de leur qualité et par conséquent la dépréciation de leur valeur. Instruit à ses dépens, il a pris pour combattre la fermentation, cet ennemi qui vous est commun, le seul moyen efficace, tandis qu'avec les appareils dont la brasserie s'obstine à faire usage, il ne faut espérer que des résultats incertains et irréguliers, des tribulations de toute espèce et des sacrifices illimités, surtout dans les moments difficiles.

Ce n'est donc pas sans motif sérieux que nous insistons sur la réforme d'appareils dont l'existence, dans les conditions actuelles, entraîne des causes de perturbation et d'insuccès bien autrement redoutables dans les brasseries que dans les fabriques de sucre. Dans ces dernières, en effet, on ne développe la fermentation dans aucun cas; on n'est pas entouré, comme dans la brasserie, des agents fermentescibles les plus énergiques ; et cependant, chose étrange ! c'est dans celles-ci qu'on s'est appliqué à éloigner toutes les causes qui peuvent entretenir la fermentation, tandis que l'autre n'a rien fait, elle est restée là dans l'ornière, avec son bagage d'appareils et d'ustensiles surannés.

§ 6. Des pompes.

Il y a deux espèces de pompes : l'une aspirante seulement, c'est la *pompe à sonnette* (*fig.* 36) ; l'autre aspirante et foulante, qu'on désigne assez ordinairement dans les arts sous le nom de *pompe à chapiteau* (*fig.* 37) ; toutes deux rendent de grands services, puisqu'elles permettent d'élever les liquides à diverses hauteurs. Il n'y a entre elles d'autres différences que celles-ci : la *pompe à sonnette*, ou plutôt la *pompe aspirante*, ne peut élever le liquide au-dessus de son sommet, tandis que la *pompe aspirante et foulante* permet, par la disposition de ses soupapes A, B (*fig.* 37), de le porter à environ 10 mètres au-dessus de la soupape B. C'est en raison de ces avantages que l'on donne dans les brasseries la préférence à cette dernière ; avec elle, on peut tout à la fois

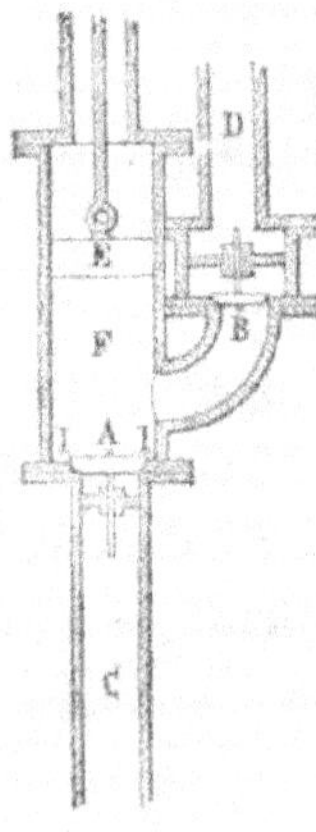

Figure 36.   Figure 37.

amener le produit des infusions dans les chaudières, en le prenant dans les reverdoirs par le tuyau d'aspiration C, et les élever de là sur les refroidissoirs par le tuyau d'ascension D, selon la disposition des usines.

Quoi qu'il en soit des avantages que présente chacun de ces systèmes, nous ne pouvons nous empêcher de trouver à toutes les pompes à bière en général des inconvénients que nous allons signaler. Le premier, l'un de ceux qui nous font le plus vivement souhaiter leur prompte réforme, c'est la difficulté que présente un nettoyage complet. Cette opération ne peut ordinairement se pratiquer avec succès qu'en démontant la pompe, parties par parties. Aujourd'hui le seul moyen auquel on ait recours, quand on y pense, c'est d'y faire passer de l'eau très chaude, aspirée du reverdoir par l'action du balancier et le jeu du piston E. On croit assez généralement que cette mesure, fort sage en elle-même, est suffisante pour opérer un nettoyage rigoureux ; il n'en est rien pourtant. Pour vous en convaincre, dévissez le chapiteau de la pompe, afin de pouvoir enlever la tige du piston et le piston E lui-même ; démontez les clapets et les soupapes, et dites-nous si l'odeur aigrelette qui se manifeste n'est pas un indice certain qu'il existe dans toute la pompe des matières en fermentation. Passez aussi votre main dans le pourtour et frottez en tous sens avec votre doigt chacun de ces objets, mais principalement les cavités circulaires qui environnent les soupapes et celles que le plombier ou le chaudronnier inintelligent a laissées exister entre sa soudure et l'extrémité inférieure I du corps de pompe F ; n'oubliez pas le tuyau d'aspiration C et le tuyau d'ascension D, et examinez-les dans toute leur hauteur.

Veuillez nous dire maintenant quelle est cette matière, onctueuse et grasse au toucher, d'un jaune sale, et qui glisse entre vos doigts presque à la manière du savon, qui en séchant répand l'infection autour d'elle, que l'eau ne peut dissoudre ni à chaud ni à froid, et que l'alcool ne dissout que faiblement. Vous l'ignorez sans doute, puisque vous n'en aviez jamais soupçonné l'existence. Si vous voulez savoir quelle action elle exerce sur le sucre, mélangez-la dans des proportions égales à celles d'un levain, avec le produit de vos infusions, et bientôt vous verrez celles-ci éprouver tous les symptômes de la fermentation.

Cependant vous venez de chasser un malheureux ouvrier qui s'est permis, malgré votre défense, de manger au-dessus de vos chaudières et de votre cuve-matière ; ou bien, par excès de précaution, vous refuserez de l'ouvrage à un pauvre diable sous le prétexte qu'il est *roux* [1], et que vous ne voulez pas qu'il vous fasse *tourner un brassin*, comme vous dites. Mais vous ne craignez pas d'introduire au milieu de vos produits des hectogrammes de matières fermentescibles qui peuvent y jeter une perturbation générale ; car, en fin de compte, ce sont vos *infusions* qui font le service de balai dans vos

---

(1) Nous reviendrons sur ce fait, car il est important de savoir à quoi s'en tenir sur les prétendues influences délétères exercées par la transpiration cutanée et pulmonaire des individus à chevelure rousse.

tuyaux de toute sorte, dans vos pompes de toute espèce, et vos chaudières ne sont autre chose que les réservoirs où vont aboutir toutes ces impuretés.

Si encore on ne se plaisait pas à multiplier ces causes! Mais devons-nous le dire? nous connaissons plusieurs brasseries dans lesquelles le propriétaire explique, avec une certaine satisfaction, que, pour desservir sa cuve, sa pompe et sa chaudière, il a eu l'heureuse idée de faire sceller dans les murailles 100 mètres de tuyaux de cuivre exclusivement affectés à charrier tous les liquides sucrés destinés à la fabrication. Et le visiteur bénévole, qui se croit en sûreté par cela même qu'il est dans une brasserie, n'en est pas moins exposé aux dangers d'une machine infernale, car cet immense serpentin fera explosion, soyez-en certains, lorsque la fermeture des robinets viendra s'opposer au libre écoulement des flots de gaz putrides qui s'en dégagent.

Le lavage intérieur des pompes et de leurs accessoires par une aspiration d'eau chaude est donc insuffisant, puisqu'il est incapable d'enlever la matière qui s'est fixée obstinément sur toutes les parois internes. D'ailleurs, les ouvriers oublieront certainement d'échauder, le patron l'oubliera lui-même, sous l'empire des préoccupations qui l'assiègent; mais cette précaution fût-elle prise, il n'en est pas moins exact qu'on introduit dans les chaudières des produits que la fermentation a déjà attaqués, et qui portent par conséquent en eux le germe le plus puissant de la désorganisation.

Un autre vice inhérent à tous les systèmes de pompe est l'impossibilité d'une marche régulière, lorsqu'un corps quelconque vient s'interposer entre les points de jonction d'une soupape et la partie raudée dans laquelle elle s'emboîte; dans ce cas, en effet, le corps de pompe F (*fig*. 57) et le tuyau d'aspiration C se vident complétement, si c'est, par exemple, le jeu de la soupape A qui est entravé.

Ce qui nous fait regarder aussi la *pompe* comme un appareil incomplet, fort gênant dans toutes les usines en général, mais particulièrement dans les brasseries où les travaux doivent être exécutés à heures fixes, c'est la difficulté qui se présente lorsqu'il faut aspirer des liquides à une température élevée; quand on dépasse une température de $+ 75°$ à $80°$, le vide produit par le piston pour élever le liquide n'amène plus que de la vapeur, et dès lors la pompe fonctionne mal, ou même elle ne fonctionne plus.

Nous n'avons énuméré que quelques-uns des inconvénients de la pompe, ceux qui portent en général sur la qualité des produits; ceux qu'il nous reste à signaler, bien que d'une autre nature, sont aussi graves au point de vue économique, puisqu'il s'agit des pertes de temps qui résultent de l'adoption de ce système, pertes qui viennent augmenter d'autant le prix de la main-d'œuvre.

Il n'est pas rare de voir, dans les brasseries de quelque importance, un homme attelé, c'est le mot, pendant six ou huit heures après le balancier d'une pompe; ce sont six ou huit heures perdues, c'est-à-dire la moitié de la journée moyenne d'un brasseur; car le même travail peut s'exécuter seul et dix fois plus vite, à toute température, au moyen d'un appareil qui fonctionne depuis douze ou quinze ans dans un grand nombre d'usines et de manufactures, qui coûte moins cher que la pompe elle-même, qui n'a aucun de ses inconvénients, comme nous allons le voir, et qui opère d'une manière beaucoup plus efficace.

§ 7. Des monte-jus.

L'appareil dont nous voulons parler est connu dans les arts, et notamment dans les fabriques de sucre, sous la dénomination de *monte-jus*[1] ; sa construction est des plus simples, puisqu'il consiste en un cylindre de tôle rivée, fermé à chacune de ses extrémités par une calotte sphérique de même métal, dans lesquelles on a ménagé des ouvertures pour le passage des tuyaux et robinets qui constituent l'ensemble de l'appareil.

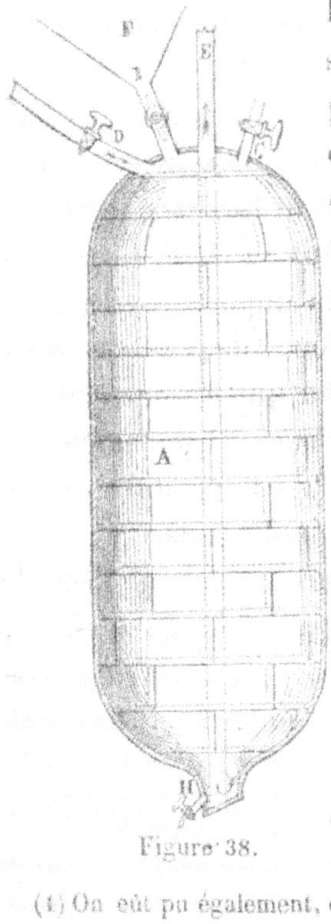

Sa forme peut être cubique ou ovoïde ; cependant cette dernière étant celle qui offre le plus de résistance, c'est la plus généralement adoptée.

Il y a deux espèces de *monte-jus* ; l'un (*fig.* 58) est destiné

Figure 38.

(1) On eût pu également, et avec beaucoup plus de raison, donner le nom d'*appareil hydro-pneumatique*, en raison des applications qu'on en peut faire et du système sur lequel il repose.

à porter des liquides chauds à de grandes hauteurs; l'autre (*fig.* 59) est appelé à aspirer des liquides froids. Le premier est celui qui convient le mieux au service des brasseries. Supposons, en effet, que la base de la cuve-matière soit au niveau du sommet des chaudières, comme dans le *projet de brasserie modèle* que nous avons ajouté à la fin de cet ouvrage; avec cette disposition il suffit, pour porter le produit des *infusions* dans les chaudières, de leur donner issue par le robinet C de la cuve-matière ; les infusions n'ont ainsi aucun contact avec des corps susceptibles de les altérer ; elles reçoivent à peine le contact de l'air, elles sont dès lors moins exposées aux chances de refroidissement, et l'écoulement des liquides sucrés ayant lieu sans intermittence, le travail est beaucoup plus accéléré. Cette dernière considération surtout a son importance dans les moments difficiles. Il ne reste donc, dans ce cas, qu'à amener dans la *cuve-matière* l'eau que contiennent les *chaudières* dont l'extrémité inférieure est située au-dessous du sommet de la cuve. C'est l'opération que le *monte-jus* va exécuter en quelques instants.

Pour cela il suffira, après avoir fait écouler l'eau de la chaudière dans le *monte-jus* qui est situé au-dessous, de fermer les robinets B, C (*fig.* 59), d'ouvrir le robinet D ; l'eau du monte-jus A sera portée instantanément dans la cuve-matière par le tuyau d'ascension E.

Expliquons le mécanisme si simple et si ingénieux de cet appareil, disons quelle est la force qui déplacera toute la quantité de liquide qu'il peut contenir : l'eau de la chaudière arrive dans le monte-jus par l'entonnoir F, lorsqu'on a préalablement ouvert le robinet B pour livrer passage à l'eau, et le robinet C pour donner issue au mélange d'air et de vapeur qui s'en échappe. Le monte-jus étant rempli de la quantité d'eau à élever, on referme ces deux robinets, et on ouvre celui qui se trouve en D, qui communique avec un générateur, ou, si l'on veut, avec la chaudière d'une machine à vapeur ; la pression existante dans l'intérieur de cette chaudière vient peser sur l'eau que renferme le monte-jus, et comme celle-ci ne saurait trouver d'autre issue que par le tuyau E, ouvert à chacune de ses extrémités et placé au centre de l'*appareil hydro-pneumatique*, il en résulte que la pression dont nous venons de parler détermine l'ascension de l'eau dans le tuyau E, par lequel elle est portée sans autre effort et sans mécanisme dans la cuve-matière.

S'il s'agit de porter la bière après sa cuisson sur les refroidissoirs, quelques minutes suffisent, ceux-ci fussent-ils au sommet de l'usine, c'est-à-dire à 16^m.66 au-dessus du monte-jus, car le mécanisme est le même que dans le premier cas et le résultat tout aussi certain.

De cette façon, la bière n'arrive jamais dans cet appareil que lorsqu'il a reçu plusieurs fois dans la journée le contact de l'eau chaude; d'ailleurs, lorsque le monte-jus s'est vidé, après avoir porté la bière dans les refroidissoirs, la vapeur s'introduit dans l'appareil et le balaie avec une violence dont on n'a pas l'idée si on n'a été à portée de l'observer ; aussi peut-on dire qu'après le balayage opéré par la vapeur l'appareil est dans un état de propreté absolu.

Le robinet H est destiné à faire écouler l'eau résultant du refroidissement de la vapeur, ou, pour parler scientifiquement, de sa condensation.

Ainsi tous les avantages sont incontestablement acquis au *monte-jus : sécurité, vitesse, économie.*

Sécurité d'abord, puisque, comme nous le verrons bientôt, l'une des principales causes de l'altération des produits est le contact de l'air et qu'on peut l'éviter en grande partie par ce moyen ; d'autre part, disparition des inconvénients qui résultent de l'emploi des *reverdoirs*, par suite de la porosité du bois et des défectuosités inhérentes à tous les systèmes de pompes; car l'appareil fonctionne toujours régulièrement, quelle que soit la température des liquides, tandis qu'avec les pompes il est difficile de les aspirer convenablement lorsque la température s'élève au delà de $+ 70$ à $75°$, et que le moindre corpuscule, la plus petite parcelle de malt suffit pour s'opposer au jeu régulier des soupapes.

Nous avons mentionné ensuite les conditions de *vitesse*, qu'on ne saurait trop apprécier à l'époque des temps chauds, car, ainsi que nous le verrons, le succès est souvent en raison directe de celle avec laquelle on opère; or, avec le monte-jus, on peut élever 50 hectolitres de bière, par exemple, en moins de 15 minutes, à une hauteur de $16^{m},66$, tandis qu'un seul homme ne mettrait pas moins de trois à quatre heures pour faire cette opération.

L'économie qui résulte de l'adoption de ce système nous paraît suffisamment justifiée par les raisons que nous venons de donner ; pourtant nous ne devons pas oublier qu'avec le monte-jus on évite encore le *refroidissement des infusions*, que les divers transvasements du système en usage rendent inévitable ; de plus, on est à l'abri de la déperdition occasionnée par le débordement des reverdoirs ou le mauvais état des soupapes.

Une autre considération non moins importante milite en faveur du système qui nous occupe, c'est qu'il permet de faire un plus utile emploi du temps et des forces que dépense un homme ; c'est qu'il cesse de l'assimiler à une machine, à une chose ; c'est qu'il cesse de faire de lui un instrument purement matériel, ou simplement le manche d'un outil ; c'est qu'il cesse de le placer en sous-ordre d'une mécanique dont il n'est plus que le moteur à articulations nerveuses. Ici, l'homme n'est pas même au service d'une idée, il est le vassal d'une chose ; et si la somme de force et d'activité qu'il dépense par jour égale 100 par exemple, il pourrait en utiliser 50 au profit de manipulations qui réclameraient plus impérieusement ses soins, si un appareil quelconque agissait à sa place. Mettre un homme, quel qu'il soit, au-dessus du niveau de l'instrument, de la machine, c'est le maintenir à la hauteur qui lui est propre ; c'est lui faire tenir la place qui lui a été assignée ici-bas, c'est réveiller en lui le sentiment de sa supériorité sur toutes les choses matérielles, c'est lui dire ce qu'il est, ce qu'il doit être à l'égard de tout ce qui l'environne. L'homme, débarrassé de son travail abrutissant, sent bientôt s'éveiller en lui des idées qui l'élèvent et font germer dans son esprit l'amour de l'émulation, et cette amélioration fût-elle la seule qui dût résulter de l'adoption d'un meilleur système, qu'il faudrait encore se hâter de l'introduire ; car les ouvriers intelligents contribuent plus puissamment qu'on ne peut l'imaginer au succès de toutes les exploitations, de quelque nature qu'elles puissent être.

Il ne nous reste plus qu'à examiner le prix de l'*appareil hydro-pneumatique* que nous souhaitons ardemment voir employer dans les brasseries, car nous sommes convaincu des immenses avantages que présente son application.

Un *monte-jus* en tôle, capable de supporter une pression de trois à quatre atmosphères et d'une contenance de 25 hectolitres, ne coûte pas plus de 500 francs, tandis qu'une pompe en cuivre, aspirante et foulante, de $0^m,16$ de diamètre, capable d'élever des liquides à 16 mètres, ne vaudrait pas moins de 5 à 400 francs. Le premier nous paraît inusable et ne nécessite aucune réparation, tandis que la seconde se détériore assez vite et exige en outre des frais d'entretien assez considérables.

Le *monte-jus* (*fig.* 59), dont nous avons parlé précédemment, agit par aspiration, à la manière de la pompe, sur les liquides froids ou au moins quand ils ne sont qu'à des températures peu élevées, comme $+$ 25 à 30° par exemple ; seulement c'est la vapeur qui produit ici le vide que fait le piston dans la pompe. Supposons qu'un foyer, représenté ici par le petit fourneau A, produise de la vapeur dans le récipient en cuivre B par l'ébullition de l'eau qu'il renferme. Si on ouvre les robinets C, D, la vapeur remplira bientôt tout l'appareil ; aussitôt qu'elle s'échappera abondamment

en D, ouvrez le robinet E, pour que la vapeur qui
se produit toujours puisse s'échapper librement, car
autrement elle ferait éclater le récipient; fermez
ensuite les robinets C, D, que vous avez ouverts pré-

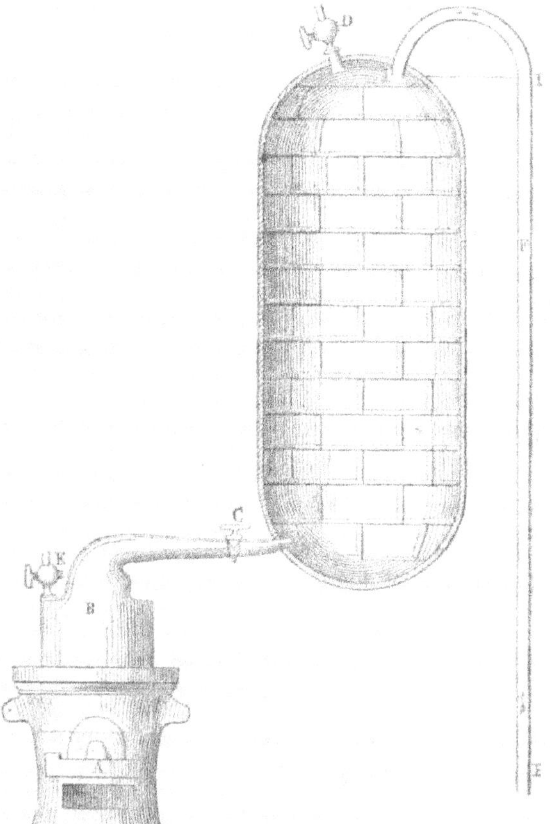

Figure 39.

cédemment; et si les deux extrémités du tuyau d'aspiration I ne sont pas à plus de 8^m,55 l'une de l'autre,
l'eau du puits ou du réservoir dans lequel baignera

le pied du tuyau arrivera avec une vitesse telle, au bout
de quelques instants, qu'il suffira de moins de cinq minutes pour emplir l'appareil, fût-il d'une contenance
de 25 hectolitres.

En effet, si l'appareil a été absolument rempli de vapeur, celle-ci n'a pas tardé à se refroidir, puis à se
liquéfier, c'est-à-dire à reprendre son état primitif; il
s'est donc formé un vide dans l'appareil, puisque la
vapeur a cessé de remplir l'espace qu'elle occupait, et
ce vide est représenté par la différence qu'il y a entre
1700 et 1, puisque 1 litre d'eau fournit 1700 litres
de vapeur; il s'ensuit qu'il y a, ou plutôt qu'il peut y
avoir aspiration de 1699 litres de liquide si on a vaporisé un litre d'eau, et 3398 litres si on a vaporisé 2
litres, et ainsi de suite.

Ainsi, sans le concours d'un générateur, et en employant un petit appareil comme celui que nous avons
figuré ici, en A, B, on peut, pour quelques centimes de
charbon de bois, faire aspirer en quelques instants près
de 40 hectolitres d'eau, mais toujours à la condition
que le tuyau d'aspiration n'aura pas plus de $8^m,33$ de
hauteur; cependant, en employant un appareil aussi
petit que celui que nous avons représenté, il ne faudrait
pas compter sur un résultat tel que nos chiffres l'indiquent; car la quantité de vapeur produite étant peu
considérable, il s'en condenserait nécessairement une
certaine quantité avant que l'appareil ait eu le temps
de s'en remplir complétement.

Les appareils dont nous venons de donner la description ne sont rien moins que nouveaux; il y a

longtemps déjà qu'ils ont été adoptés dans les fabriques de sucre. Voici ce que nous trouvons sur ce sujet dans le *Bulletin des Sucres français et étrangers*, journal institué pour la propagation des procédés usités dans la fabrication des sucres exotiques ou indigènes, ainsi que de tous les appareils qui y sont relatifs :

« *Appareils à élever les liquides.* »

« Ces appareils méritent d'être bien plus connus qu'ils ne le sont encore. Ils produisent l'ascension des liquides avec une rapidité très grande et une dépense peu considérable. Ils remplaceront les pompes avec avantage partout où il faudra monter une grande quantité de liquides, surtout lorsqu'on doit opérer sur des liquides bouillants. Dans ce cas, en effet, le vide produit dans la pompe par le piston aspirant se remplit de vapeur et non de liquide, et la pompe ne peut fonctionner ; quand cet effet a lieu à un moindre degré, la pompe fonctionne, mais fort mal. M. Manoury d'Ectot est le premier qui ait conçu l'idée de ce genre d'appareils ; il en a fait construire un à l'abattoir de Grenelle qui sert à élever toute l'eau nécessaire à cet établissement ; car un des grands avantages de cet appareil, c'est qu'il peut également servir à élever toute sorte de liquides. Pour des établissements publics comme les abattoirs, ou pour les manufactures et usines qui ont quelque similitude avec les fabriques de sucre, c'est l'appareil le plus simple, le plus sûr et le moins sujet à réparations. M. Aubineau, fabricant de sucre à Dallon, près Saint-Quentin, en a un qui fonctionne très régulièrement et n'exige presque aucun soin ni réparation. Les rédacteurs de *la Flandre agricole* sont également très satisfaits du service de celui qu'ils ont établi dans leur fabrique de sucre, etc., etc. » (N° du 1er mai 1857.)

L'appareil que représente notre figure 38 peut élever les liquides à toute hauteur, selon la pression à laquelle il fonctionne ; ainsi, si la pression est de deux atmosphères, le liquide s'élèvera au moins à $8^m,50$; il atteindra $16^m,65$ si la pression est de trois atmosphères, et ainsi de suite, toujours dans le même rapport.

Une des conditions les plus indispensables dans la construction de cet appareil, c'est qu'il soit fortement étamé intérieurement ; car, comme nous le verrons dans la suite, il faut éviter avec le plus grand soin de mettre les décoctions de houblon en contact avec le fer. Il serait préférable, sans doute, que ces appareils fussent en cuivre, mais leur prix en serait considérablement augmenté, et les résultats ne seraient pas meilleurs qu'avec la tôle étamée.

§ 8. Des chaudières et de la construction des foyers.

Nous n'entendons pas nous occuper ici de la forme des chaudières seulement : cette question viendra à son tour ; nous voulons indiquer les principes qui doivent présider à la disposition intérieure des foyers, cette partie si essentielle de toutes les usines, et à la construction de laquelle on apporte, la plupart du temps, une négligence dont les suites se traduisent en pertes considérables de combustible.

Toutes les fois qu'il s'agit d'établir la maçonnerie

d'une chaudière, quelle qu'en soit la forme ou la capacité, on se trouve dans la même incertitude, parce qu'on n'a aucune donnée précise à ce sujet, et qu'il faut, pour en finir, confier l'exécution de ce travail et ses intérêts les plus précieux à un homme totalement étranger aux lois de la physique, en un mot à un maçon. Aussi les résultats sont-ils invariablement les mêmes, c'est-à-dire que vous brûlez 100 kilogrammes de combustible, quelquefois même 150, pour produire tout l'effet utile que vous obtiendriez avec 75, en vous plaçant dans de bonnes conditions.

Nous parlons ici par expérience, car il nous est arrivé de consommer, à Reims, 7,500 kilogrammes de combustible, là où 6,000 au maximum, soit 20 pour 100 en moins, nous ont suffi dès que nous eûmes apporté à la disposition du foyer les modifications dont nous allons entretenir nos lecteurs.

Il ne suffit pas de provoquer un tirage actif, il faut encore que la quantité d'air introduite soit proportionnelle à la quantité et à la nature du combustible lui-même; car si l'air pénètre en excès, la combustion n'a pas d'autre effet que d'échauffer l'air froid aspiré par le foyer et de le jeter dans une cheminée qui va bientôt le répandre dans l'atmosphère. Or, tel n'est pas le résultat que l'on veut atteindre; on veut surtout que la plus grande somme possible de calorique puisse être utilisée au profit des liquides à échauffer. Il est donc indispensable que la fumée et tous les gaz combustibles se brûlent parfaitement, c'est-à-dire que la flamme, ainsi que l'air chaud et tous les gaz provenant de la combustion, parcourent le plus grand espace possible autour des chaudières avant de parvenir à la cheminée, et qu'ils n'arrivent à celle-ci que lorsqu'ils sont presque complétement refroidis. Voilà ou réside la difficulté, voilà les obstacles que doivent vaincre le talent et l'habileté du monteur.

Supposons qu'il s'agisse d'établir deux chaudières, l'une sur un foyer muni d'une cheminée ordinaire ou verticale, l'autre sur un foyer desservi par une cheminée souterraine horizontale, cas prévus par notre fi-

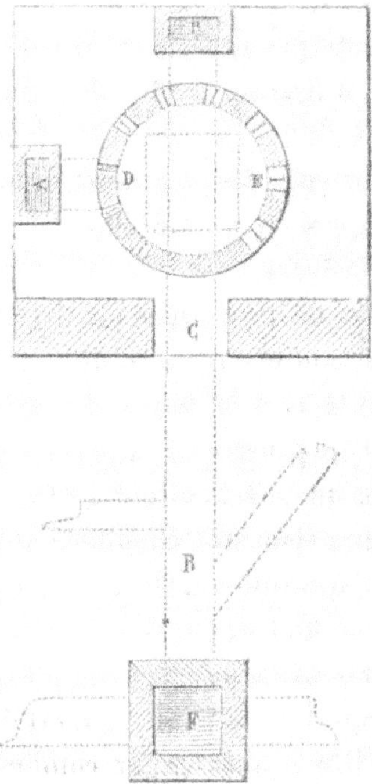

Figure 40.

gure 40, et voyons quelles dispositions il convient de

donner à chacun des foyers. Dans le premier cas la cheminée est en A : elle est en B dans le second ; pour toutes deux l'ouverture du foyer est en C. Si la cheminée est en A, chacune des ouvertures I, I, I, ménagées dans la maçonnerie du foyer, devra, ainsi que nous l'indiquons dans la figure 40, être d'autant plus large qu'elle s'éloignera davantage de la cheminée, et, par opposition, se rétrécir d'autant plus qu'elle en approchera davantage.

N'est-il pas évident, en effet, que si les neuf ouvertures I présentent toutes les mêmes dimensions, la fumée et la flamme choisiront pour s'échapper l'espace le moins long à parcourir, c'est-à-dire celui qui se rapprochera le plus de la cheminée? C'est ce qui arrive dans toutes les chaudières mal montées ; alors l'action du foyer, au lieu de porter sur toute la surface de chauffe que présente la chaudière, n'agit pour ainsi dire qu'en un seul point, ou bien les autres parties ne reçoivent le calorique que par rayonnement. Dans ce cas, l'ébullition a toujours lieu du côté le plus voisin de la cheminée, c'est-à-dire en D, tandis que la flamme n'arrive presque jamais en E. Dans ces conditions, le combustible est donc mal brûlé, puisqu'on n'utilise pas tout le calorique qu'il peut produire, et il en résulte une perte qui peut s'élever à 20 pour 100, ainsi que nous l'avons constaté directement, puisque personne autre que nous ne veillait à l'alimentation de nos foyers pendant la fabrication.

Plus tard, guidé par l'expérience, nous leur avons donné la disposition que présente notre figure 40 et nous avons obtenu l'économie mentionnée plus haut. Il est impossible qu'il n'en soit pas ainsi ; la flamme est attirée malgré elle vers les ouvertures les plus éloignées de la cheminée ; pour rejoindre celle-ci, elle circule autour de la chaudière, et elle abandonne, dans son parcours, au profit du liquide à échauffer, toute la portion de calorique que ce liquide peut lui enlever.

Il faut donc, dans une disposition de foyer analogue, que, dans la moitié de la circonférence opposée à la cheminée, la section totale des ouvertures I soit une fois plus grande que la section totale des ouvertures qui lui sont opposées. En d'autres termes, si nous coupons la circonférence représentée ici par la maçonnerie en deux parties égales, dans le sens de la cheminée horizontale B, nous aurons le côté D, qui est le plus voisin de la cheminée A, et le côté E qui en est le plus éloigné. Si les ouvertures ménagées dans la partie E présentent une surface de $0^m,40$, celles qui occupent la partie D ne devront avoir qu'un peu plus de moitié de cette même surface, soit $0^m,22$ ou $0^m,24$. Nous aurons donc pour la largeur de toutes les ouvertures comprises dans les côtés D, E, qui forment la circonférence entière, $0^m,62$ à $0^m,64$. Cette disposition est applicable à toutes les formes de chaudière. Il est bien entendu que nous ne pouvons indiquer expressément des chiffres pour toutes les chaudières, puisque leur capacité varie à l'infini, et que par conséquent les surfaces de chauffage suivent le même rapport. Nous n'avons donc posé qu'une règle générale et des principes fondamentaux.

Parmi les innombrables erreurs que le temps a laissées

debout au mileu des ruines du passé, il en est qui ont
dans l'esprit des masses des racines si vivaces et si
profondes, qu'une solide instruction seule, ce puissant
levier de la civilisation, pourra les déraciner et substituer les idées fausses aux idées vraies. Ainsi, aujour-
d'hui encore, la plupart des industriels s'imaginent
que les *cheminées verticales* sont les seules bonnes, et
que les *cheminées souterraines horizontales* sont toujours mauvaises; cependant c'est là un problème résolu
depuis longtemps, et depuis longtemps aussi appliqué
avec succès en Angleterre, puis en France, dans des
établissements manufacturiers de premier ordre, notamment les usines de teinture.

De toutes celles, en assez grand nombre, que nous
avons été admis à l'honneur de visiter, celle de M. Petit
aine, teinturier à Reims, doit figurer en première ligne;
nous y avons trouvé non-seulement une nouvelle preuve
de la possibilité de cette application, mais encore le
moyen d'apprécier les avantages qui résultent de l'emploi des cheminées horizontales. Ainsi nous avons compté
25 chaudières dont les cheminées, disposées horizontalement, sont toutes desservies par des canaux souterrains qui aboutissent à une seule cheminée verticale
placée dans un endroit perdu de l'usine.

Ce qui nous a également paru, dans ce bel établissement, capable de convaincre les plus incrédules, c'est
un calorifère dont la fumée, après s'être élevée à environ 12 mètres au-dessus du sol, redescend à 1 mètre
au-dessous du foyer, c'est-à-dire à $0^m,50$ ou $0^m,40$ au-
dessous du sol, et traverse encore une cheminée souter-

raine horizontale de 25 mètres de longueur, avant de s'échapper par la cheminée principale, qui n'a pas moins de 55m,55 d'élévation. C'est donc, au total, un parcours de 82 mètres effectué par la fumée et les divers gaz provenant de la combustion avant d'être portés au dehors.

Il ne faudrait pas croire que l'emploi des cheminées horizontales ne soit d'un bon usage que lorsqu'il s'agit de desservir un grand nombre de foyers; nous avons dû faire construire une cheminée horizontale pour éviter les dépenses auxquelles nous eût entraîné l'établissement d'une cheminée verticale très élevée, et bien qu'il n'y eût qu'un seul foyer, ce fut encore celle dans laquelle le tirage était le plus actif et la combustion la plus complète.

Nous avons déjà dit, en parlant de la *ventilation des germoirs*, quelques mots des avantages précieux que l'on peut retirer de l'application de ce système dans *l'hygiène des brasseries*; nous ne pouvons pas énumérer ici tous les autres; mais cette question est trop intéressante pour que nous n'y revenions pas chaque fois qu'une circonstance quelconque nous en présentera l'occasion. Pour le moment, nous nous bornerons à dire que, pendant cinq ans, nous avons tiré un parti très avantageux de l'emploi des cheminées horizontales, et nous engagerons ceux de nos lecteurs qui tiennent à se rendre compte de la valeur des applications utiles à en faire au moins l'essai.

En Angleterre, où l'on comprend mieux que chez nous les questions d'économie et où l'on sait mieux les appliquer, il n'y a, en général, dans les établissements industriels de quelque importance, qu'une seule et immense cheminée à laquelle aboutissent tous les foyers de l'établissement ; on aperçoit, au premier coup d'œil, l'économie qui résulte de la suppression de dix, vingt, trente cheminées remplacées par une seule ; de plus, le tirage de ces foyers est beaucoup plus actif, les opérations se font d'une manière plus prompte, et il y a par conséquent économie, puisque par cette disposition la combustion est plus normale et plus régulière.

Dans une construction de cette nature, c'est-à-dire en supposant la cheminée en B, les ouvertures I ne doivent plus être disposées comme nous l'avons représenté dans notre figure 40 ; c'est dans le voisinage du point C qu'elles doivent être le plus larges, pour se rétrécir à mesure qu'elles se rapprochent de la cheminée B, qui est elle-même en communication avec la cheminée centrale F, à laquelle viennent ordinairement aboutir toutes les autres.

Un point assez important, sur lequel nous devons appeler un moment l'attention de nos lecteurs, c'est le choix des matériaux qui doivent entrer dans la *construction des foyers*, et dont la détérioration est assez rapide lorsqu'on se sert de *briques ordinaires* : ces briques entrent en fusion à des températures peu élevées ; dans cet état, la silice qu'elles contiennent se vitrifie et forme, avec les scories provenant de la combustion des houilles, des corps très durs, des vitrifications nombreuses que l'on ne peut détacher que par des chocs violents. De là l'ébranlement de tout le foyer, la désagrégation des mortiers qui unissent les briques ou même la rupture de celles-ci, ce qui nécessite des réparations toujours dispendieuses, qu'on est quelquefois obligé de faire exécuter au moment où l'on a le plus grand besoin des chaudières.

On évite ces inconvénients avec les *briques réfractaires*, dont l'emploi n'augmente pas la dépense de plus de 5 pour 100 ; en effet, ces briques, étant infusibles aux températures que produisent nos foyers, résistent à l'action du feu et se conservent longtemps intactes ; aussi l'adhérence du mâchefer est bien moins à redouter, et lorsqu'il s'en forme, on peut facilement le séparer lorsque le foyer est refroidi. Nous n'avons pas besoin d'ajouter que nous n'entendons recommander spécialement l'emploi des briques réfractaires que dans la construction du foyer, et non pas dans les massifs.

Dans tout état de cause, et quelle que soit la forme des chaudières ou la disposition des foyers, il est nécessaire que l'ouverture du cendrier puisse se fermer exactement au moyen d'une porte mobile en fer battu.

Nous avons remarqué dans quelques usines importantes une disposition de cendrier qui diminue de beaucoup les chances d'adhérence du mâchefer aux barreaux ; on y a pratiqué, dans le fond du cendrier, une espèce de réservoir imperméable en maçonnerie, dans lequel on verse de l'eau, à la hauteur de $0^m,20$ ou $0^m,30$; cette eau, échauffée par la chaleur du foyer dont elle reçoit le rayonnement et par les particules de charbon qui passent au travers de la grille, produit constamment une vapeur dont l'action vient s'opposer à l'adhérence des scories dont nous avons parlé.

SECTION VIII. — DE L'EAU.

> « La science ne devient
> vraiment utile qu'en deve-
> nant vulgaire. »

§ 1. Considérations générales

L'*eau*, qu'Aristote et les anciens considéraient comme
l'un des quatre *éléments*, avait reçu d'eux le nom de
grand dissolvant de la nature. Ce fut vers 1785 que
l'illustre *Lavoisier* découvrit la composition chimique
de l'eau et qu'il en produisit de toutes pièces par la
combinaison de 1 volume de gaz *oxygène* et de 2 volumes de gaz *hydrogène*, proportions que lui avait indiquées l'analyse qu'il avait faite.

Voilà en peu de mots l'histoire et la composition de
l'eau.

Examinons d'une manière non moins rapide quelques-unes de ses propriétés physiques.

L'eau est transparente; elle n'a ni couleur, ni odeur,
ni saveur; elle est très peu compressible, élastique et
facilement dilatable par la chaleur; elle transmet les
sons plus facilement encore qu'elle ne transmet le calorique. A son maximum de densité, c'est-à-dire à +
4°,10, son poids est 784 fois plus grand que celui de
l'air atmosphérique.

Un litre d'eau représentant 1 décimètre cube pèse
1 kilogramme; c'est le centimètre cube d'eau, pesant
par conséquent 1 gramme, qui a servi de base à l'unité
de poids du système métrique.

L'eau peut se volatiliser à toute température, même

lorsqu'elle est à l'état solide ; sous la pression atmosphérique ordinaire, elle entre en ébullition à + 100° ; sous la même pression elle remplit, à l'état de vapeur, un espace 1700 fois plus considérable qu'à l'état liquide ; en d'autres termes, 1 *litre d'eau* peut fournir 1700 *litres de vapeur d'eau.* C'est au premier degré au-dessous de 0° de l'échelle thermométrique que commence sa solidification.

Dans la nature, on trouve toujours l'eau unie à l'air, qu'elle absorbe par son contact avec la couche atmosphérique. Un fait extraordinaire, et qui n'a pas été suffisamment expliqué à notre avis, c'est que l'air qu'elle renferme contient 52 parties d'oxygène, tandis que celui que nous respirons n'en contient que 24.

On peut dire qu'il n'existe pas d'*eau pure* dans le sens absolu du mot, c'est-à-dire chimiquement parlant ; celle-ci est toujours un produit de l'art, car l'*eau distillée* est la seule à laquelle on puisse donner ce nom.

Les eaux que l'on rencontre à la surface du sol, ou dans le sein de la terre à diverses profondeurs, peuvent être divisées en eaux *douces,* eaux *minérales* et eaux *salées.* Les premières comprennent les *eaux pluviales, de source, de rivière, de neige, de puits* ; les secondes, celles dont les propriétés médicinales les rendent propres à la thérapeutique, soit qu'on les emploie intérieurement ou extérieurement. Le nom d'eaux salées désigne particulièrement celles de l'Océan, et en général toutes les autres qui tiennent en dissolution de grandes quantités de chlorure de sodium (sel marin ou sel gemme). La plupart de celles qui sont comprises dans les trois catégories que nous venons d'établir peuvent aussi, selon les cas, être divisées en *eaux calcaires* [1], *salines, alcalines, acides, acidules, ferrugineuses, sulfureuses*. Toutes sont susceptibles de se convertir, dans un espace de temps plus ou moins rapproché, en *eaux putrides* ou *impotables*.

Nous allons examiner successivement toutes ces eaux; car la question est pour nous d'une haute importance; elle mène à des conséquences qui surprendront les praticiens qui ne se sont pas occupés des sciences chimiques, et auxquels nous espérons nous rendre intelligible en produisant le langage vulgaire à côté du langage scientifique. De toutes les questions qui nous occupent depuis longtemps, elle est l'une de celles qui ont fourni le plus de matières à nos incessantes observations, aux actives recherches qui devaient enfin nous faire découvrir la vérité.

Aucune des personnes auxquelles s'adresse notre travail ne songera à nous contester l'influence que peut exercer sur les produits la nature de l'eau employée à la fabrication de la bière; et dans un grand nombre de cas, les praticiens s'imaginent qu'il n'existe pas de données suffisantes pour apprécier facilement les qualités qui rendent une eau propre à tel ou tel mode de fabrication, ou les défauts qui les rendent absolument impropres dans toute espèce de cas. Ce n'est, à vrai dire, que quand des effets désastreux se sont produits, que l'on songe à s'assurer de la nature d'une eau

(1) On appelle également celles-ci : *eaux crues, eaux dures*.

qu'il eût été facile d'apprécier tout d'abord si l'on avait eu recours aux investigations que nous allons signaler. Notre tâche nous aurait paru incomplétement remplie si nous nous étions borné à signaler des effets; nous remonterons donc aux causes, nous les analyserons, et nous sommes intimement convaincu que cette manière de procéder, rendra infiniment plus facile l'application des moyens que nous indiquerons dans chacun des cas qui se présenteront à nous. Nous ferons concorder les données de la science avec les faits acquis, pour en tirer les inductions qui nous auront paru les plus rationnelles et les plus concluantes.

Parmi les rôles si multipliés que remplit l'eau dans les arts, l'un des plus importants pour nous est sans contredit celui de dissolvant. En effet, agent mécanique comme la chaleur, elle pénètre le malt, distend ses molécules, et lui fait subir en les gonflant une augmentation de volume. Ainsi préparé, celui-ci devient mou, flexible, facilement perméable à l'eau, à laquelle il cède toutes les parties solubles qu'il renferme. L'affinité du malt pour l'eau étant plus grande que la force de cohésion qui unit chacune de ses parties, il en résulte la dissolution des principes sucrés qui ont été développés dans la graine par la germination. On ne fait intervenir la chaleur qu'afin de rendre cette action plus énergique.

Mais il ne suffit pas de considérer l'eau comme un dissolvant, il faut encore voir en elle un agent chimique dont l'influence peut s'exercer, dans telles ou telles conditions, sur les produits développés par la germination, et principalement sur la fermentation comme sur l'action de la diastase.

Nous allons examiner d'une manière spéciale les eaux comprises sous la dénomination générique d'*eaux douces*, parce que ce sont celles que la brasserie emploie communément ; nous aurons soin d'indiquer les caractères principaux qui les distinguent.

§ 2. Eaux douces.

On nomme *eaux douces* toutes celles qui, employées d'une manière quelconque à l'alimentation de l'homme, ne peuvent déterminer aucun désordre dans l'économie animale ; on donne aussi à ces eaux la dénomination d'*eaux potables* ; elles sont en général vives, limpides, sans odeur et sans saveur désagréable.

Il n'y a pas de chimiste qui vaille autant que nos bonnes et intelligentes ménagères pour juger de la qualité de ces eaux ; il est peu d'expériences plus concluantes que celles qui consistent à opérer la cuisson des légumes avec succès et la dissolution du savon d'une manière uniforme ; c'est là un des caractères essentiels des *eaux potables*. Ce moyen d'analyse, tout trivial qu'il puisse paraître, n'en fournit pas moins des indications certaines quand il s'agit de la fabrication de la bière ; non pas, il est vrai, dans un sens absolu et rigoureux, mais au moins comme une première vérification, qui permet d'établir assez exactement le pouvoir dissolvant de l'eau à l'égard du malt.

On trouve dans l'application un autre indice qui,

pour être non moins innocent dans la forme, n'en est pas moins très concluant au fond ; nous voulons parler de la mousse savonneuse que forment, en tombant dans les chaudières, les *infusions* (trempes) qui y sont portées au moyen des pompes. Le même fait se reproduit au-dessus des *cuves guilloires*, et d'une manière d'autant plus prononcée, dans l'un et l'autre cas, que le liquide tombe d'une plus grande hauteur. Cette mousse fine et persistante rappelle celle que produisent ordinairement les savonnages fins des blanchisseuses, surtout lorsque pour ceux-ci on s'est servi des eaux pluviales.

Si les eaux employées ne possèdent pas au plus haut degré les propriétés dissolvantes qui caractérisent toujours les *eaux potables*, aucune de ces indications ne saurait se produire. Il faut alors les considérer, non pas comme absolument impropres à la fabrication de la bière, mais au moins comme ne présentant pas toutes les garanties suffisantes.

Pour compléter l'examen d'une eau avec quelque succès, on ne saurait se dispenser d'avoir recours aux moyens chimiques, les seuls propres à constater d'une manière positive l'état de pureté plus ou moins grand des *eaux douces*. Parmi ces moyens nous citerons spécialement l'emploi du *chlorure de barium*, de *l'azotate d'argent*, de *l'oxalate d'ammoniaque*, du *bichlorure de mercure*, du *tannin* [1] ; à l'aide de ces cinq réactifs, le

(1) Si ces substances sont autant d'agents précieux pour un praticien qui veut constater la qualité de ses eaux à diverses époques de l'année, il ne faut pas perdre de vue que toutes sont des *poisons très violents* et d'une énergie telle que quelques centigrammes peuvent donner la mort. Nous ne saurions donc recommander d'une manière

brasseur peut toujours constater dans ses eaux, ne con-
tinssent-elles en dissolution que la cent-millionième
partie de leur poids de ces substances : 1° la présence de
l'acide sulfurique (huile de vitriol) ; 2° celle du chlore ;
3° celle de la chaux, soit que ces corps y existent à l'état
libre ou à l'état de combinaison ; 4° enfin la présence
des matières animales.

Les *eaux douces* qui se rapprochent le plus de
l'état de pureté sont celles qui sont insensibles à
l'action de chacun de ces agents. Dans quelques
instants, nous indiquerons comment ceux-ci se comportent, quelles indications chacun d'eux peut fournir, et comment on doit opérer pour faire ces vérifications.

Nous avons dit plus haut que les eaux douces com-
prenaient les *eaux pluviales*, de *rivière*, de *neige*, de
puits ; nous allons étudier séparément chacune de ces
subdivisions, et nous terminerons par les *eaux putrides*

trop particulière d'apporter une attention scrupuleuse et sévère dans
l'emploi de ces réactifs.

La loi interdit aux pharmaciens la vente des substances vénéneuses,
à moins que celui qui en fait la demande ne soit porteur d'une ordon-
nance de médecin, ou d'une autorisation du juge de paix ou du com-
missaire de police. Nous pensons que ni l'un ni l'autre de ces officiers publics n'aurait le droit de refuser à un brasseur l'autorisation
nécessaire pour se procurer ces réactifs, quand l'exercice de sa profession suffit pour justifier l'emploi qu'il en peut faire.

Il serait peut-être encore plus convenable de prier un pharmacien
de procéder à l'analyse qualitative des eaux, comme nous l'indiquons plus loin ; ces messieurs ayant une grande habitude des manipulations chimiques, il y aurait plus d'exactitude dans les résultats
obtenus, et plus de sécurité pour tout le monde.

ou *impotables*, puis enfin par les *eaux salées*, qui appartiennent à la même catégorie [1].

§ 3. Eaux pluviales.

De toutes les eaux qui se trouvent à la surface de la terre, il n'en est pas de plus pures que celles qui proviennent de la condensation des nuages au sein de l'atmosphère et qui nous arrivent à l'état de pluie; elles absorbent, en traversant la couche atmosphérique, des quantités considérables d'air qui, joint à l'état de pureté relative dans lequel elles se trouvent, les rend très propres à l'*imbibition des grains*, c'est-à-dire à l'opération que nous avons désignée sous le nom de *mouillage*.

Quoi qu'il en soit de la pureté comparative des *eaux pluviales*, un grand nombre de savants distingués estiment qu'elles tiennent en dissolution divers corps dont ils ont déterminé la présence; ainsi M. Liebig, dans sa *Chimie appliquée à la Physiologie végétale et à l'Agriculture* (2ᵉ édition), après avoir expliqué théoriquement la formation de l'ammoniaque, conclut en ces termes : « Les *eaux pluviales* doivent donc toujours contenir de l'ammoniaque; en été, où les jours de pluie se succèdent à de plus grands intervalles, elles en renferment plus qu'en hiver et au printemps; la première pluie en contient plus que la seconde; et enfin, après

(1) On verra bientôt comment nous avons été amené par la force des circonstances à faire successivement usage de toutes ces eaux, et sur une assez grande échelle pour que nous ayons quelque droit à poser des conclusions sur l'emploi de chacune d'elles.

une grande sécheresse, les *pluies d'orage* ramènent nécessairement sur la terre la plus grande quantité d'ammoniaque[1]. »

Les opinions les plus logiques, les expériences les plus concluantes, justifient ce fait d'une manière irrécusable.

D'un autre côté, M. Raspail, convaincu de la présence de l'acide azotique (eau forte) dans les *eaux pluviales*, énonce les deux faits suivants dans son *Nouveau Système de Chimie organique*, t. II, page 84 : « Longchamp[2] a rendu plus que probable la formation de l'acide azotique aux dépens d'une combinaison des deux principes constituants de l'air atmosphérique ; un seul coup de tonnerre suffit pour en former dans les gouttes de pluie. » Il ajoute qu'un pharmacien distingué de Laon, M. Vaudin, a pu constater le même effet dans maintes circonstances[3].

Bien que les *eaux pluviales* soient les plus pures que l'on rencontre à la surface du globe, il ne faut pas se hâter d'en conclure qu'elles soient les plus avantageuses à la fabrication de la bière, principalement en ce qui concerne la fermentation. Nous nous contenterons de consigner ici un fait essentiel et que nous justifierons plus tard ; c'est qu'avec les *eaux pluviales*, en été principalement, alors qu'il est essentiel qu'elle soit calme et

(1) Le savant ouvrage auquel nous empruntons cette citation est du plus haut intérêt pour l'agriculture ; toutes les questions qui s'y rattachent y sont traitées avec une supériorité remarquable. Nous engageons ceux de nos lecteurs qui s'occupent d'agriculture à le consulter.

(2) *Annales des sciences d'observation*, t. III, pages 56 et 194.

(3) Laon est à 180^m,50 au-dessus du niveau de la mer.

modérée, la *fermentation* est beaucoup trop énergique, beaucoup trop active; elle est en un mot beaucoup plus intense que lorsqu'on emploie des *eaux de puits*. En hiver, l'inconvénient est moins grave, car la température ambiante est telle qu'il est toujours facile de tempérer l'action du *ferment* (levûre) par un courant d'air froid, ce qui est rarement nécessaire.

Il nous est impossible de donner, quant à présent, à cette thèse tous les développements qu'elle réclame; nous reviendrons sur cette question essentielle lorsque nous aurons suffisamment étudié les phénomènes de la fermentation et chacune de ses diverses périodes.

Il existe en France un grand nombre de localités dont le sol est à une hauteur considérable au-dessus du niveau de la mer; nous nous bornerons à citer :

	mètres.
Saint-Pons (Hérault), qui est situé à.	1,035,3
Saint-Flour (Cantal).	883,4
Yssengeaux (Haute-Loire).	860,3
Pontarlier (Doubs).	837,8
Mauriac (Cantal).	698,4
Le Puy (Haute-Loire).	685,8
Gex (Ain).	647,3
Ussel (Corrèze).	639,9
Rodez (Aveyron).	632,0
Aurillac (Cantal).	622,0
Château-Chinon (Nièvre).	551,8
Forcalquier (Basses-Alpes).	550,5
Saint-Étienne (Loire).	540,4
Beaume-les-Dames (Doubs).	531,9
Ambert (Puy-de-Dôme).	531,2

Dans ces localités, et dans une foule d'autres que nous

ne pouvons énumérer ici, on est obligé de recueillir les eaux pluviales dans de vastes citernes. Ces eaux, au lieu de conserver l'état de pureté qui les caractérisait dans le principe, sont presque aussi chargées de matières étrangères que les eaux des puits; en voici la raison. Lors des premières pluies, au moment des orages et des grands vents principalement, les matières suspendues dans l'atmosphère sont entraînées par l'eau qui vient retomber sur la terre; les ciments, les plâtres, les mortiers qui entrent dans la construction de nos édifices, lavés par les premières eaux, leur cèdent toutes les parties solubles qu'ils renferment, entre autres l'azotate de potasse (salpêtre) qu'ils produisent si abondamment, et qui est entraîné au fond des citernes à l'état de dissolution, ainsi que divers autres sels dont nous ne pouvons donner ici la nomenclature.

De plus, un bon nombre de ces citernes sont construites en mortiers solubles, ou plutôt formées d'éléments facilement décomposables, qui avec le temps produisent des quantités de sels de toute nature que l'eau dissout à mesure qu'ils se forment. Aussi les *eaux des citernes*, quoique renfermant moins de sels calcaires que les *eaux des puits*, en contiennent-elles encore assez pour exercer sur l'ensemble des phénomènes de la *fermentation* une influence favorable, c'est-à-dire pour tempérer un peu l'action du *ferment*.

Ces phénomènes de décomposition se produisent avec bien plus d'intensité dans les citernes construites en pierres calcaires, et principalement en pierres tendres et poreuses. Ils disparaissent en grande partie lorsqu'on a employé dans la construction des grès siliceux.

Mais à côté de cette petite faveur, car c'en est une, les citernes présentent de très graves inconvénients ; nous aurons soin, en les signalant, d'indiquer comment on peut y remédier avec quelque succès.

Non seulement les eaux de pluie entraînent avec elles les poussières suspendues dans l'atmosphère par l'action du vent, mais encore elles balaient une partie des miasmes au milieu desquels nous vivons et qui retombent sur la terre toutes les fois qu'il y a condensation, liquéfaction de ces masses de vapeur d'eau auxquelles on a donné le nom de nuages. Lorsque cette eau arrive sur nos toits, elle rencontre presque toujours des débris végétaux que les courants d'air transportent au loin, soit des fleurs, des feuilles, des graines, soit des détritus animaux en voie de décomposition ou des myriades de petits animalcules, en un mot des corpuscules de toute nature et des matières fermentescibles de toute espèce, capables de développer dans l'eau les phénomènes de la putridité, ce qui arrive en effet toujours après un temps plus ou moins long.

Nous avons fréquemment observé, surtout en hiver, que les eaux pluviales avaient une saveur bitumineuse et empyreumatique, même lorsqu'elles tombaient pendant six ou huit heures sans interruption, eût-il plu la veille pendant aussi longtemps. Ce fait, que nous n'avons trouvé consigné nulle part, n'a rien d'extraordinaire sans doute, quand on songe à l'immense quantité de liquides empyreumatiques que vomissent dans l'atmosphère, sous forme de vapeurs, les cheminées de nos habitations et celles des nombreux établissements industriels qui peuplent ordinairement les grands centres manufacturiers ; mais par cela même qu'aucun des savants qui ont analysé des *eaux pluviales* n'a signalé ce fait, nous aurions douté de notre propre expérience s'il ne nous fût maintes fois arrivé, à Reims, d'en rencontrer qui laissaient au palais, après la déglutition, une saveur de suie des plus insupportables.

Or, la présence des acides pyroligneux, et particulièrement celle des huiles empyreumatiques, suffit pour retarder la décomposition des *eaux pluviales* qu'on amasse dans les citernes ; tel est au moins le résultat des nombreuses expériences comparatives que nous avons faites sur ce sujet, résultat auquel nous nous attendions, par suite de la propriété que possèdent les huiles empyreumatiques de retarder la *fermentation putride*, et même de s'opposer complétement à son développement lorsqu'elles se trouvent en excès.

Ce fait est d'autant plus important que, comme nous le verrons bientôt, la plupart des essences et des huiles empyreumatiques ne peuvent entraver l'action de la *diastase* sur l'*amidon*, dans la transformation de ce dernier en sucre, au moment des infusions (trempes).

Mais, pour utiliser ces heureuses circonstances, il ne faudrait pas que la plupart des citernes fussent construites de manière à anéantir les chances de conservation et à multiplier les causes qui peuvent provoquer l'impureté des eaux pluviales. Y a-t-il un moyen plus sûr de développer la fermentation putride dans les citernes, surtout lorsqu'on n'a pris aucune mesure pour arrêter au passage les matières qui sont en suspension dans l'eau, que de les tenir constamment dans l'obscurité la plus complète et à l'abri du moindre courant d'air? Or, telle est précisément la condition dans laquelle se trouvent les neuf dixièmes de celles que possèdent les brasseurs obligés de faire des approvisionnements d'eaux pluviales.

La construction des citernes, aussi bien que celle des foyers, demande des connaissances physiques et chimiques dont sont dépourvus ceux qui sont ordinairement chargés de les établir ; il ne faut donc pas s'étonner si les unes et les autres donnent le plus souvent des résultats opposés à ceux que l'on voulait obtenir.

« Faites vider l'une de ces deux citernes (elles contenaient chacune environ 4,000 hectolitres d'eau), disais-je un jour à l'un de mes confrères, et je vous atteste que vous n'y trouverez pas moins de trois ou quatre mètres cubes de vase et d'impuretés de toute espèce au fond. » Une discussion s'engagea, un défi s'ensuivit, et, comme j'avais affaire à un galant homme, je le chargeai de me faire savoir, quand sa citerne serait vide, quelle quantité de mètres cubes de vase il y avait au fond. Quelque temps après, une lettre m'apprit qu'on en avait extrait $3^m,50$. En effet, l'une de ces deux citernes était recouverte d'une couche de conferves formant un immense réseau verdâtre, au-dessous duquel nous trouvâmes une eau très limpide, mais dont la saveur, pour un palais exercé, était légèrement nauséabonde ; la puissance de l'habitude est telle que notre confrère, habitué dès longtemps à ne pas boire d'autre eau, lui trouvait une saveur franche et très agréable.

Ce qui, du reste, nous avait mis sur la voie des faits que nous venons d'énoncer, c'est que nous avions précédemment employé les eaux pluviales, et nous avions souvent remarqué qu'à mesure qu'elles vieillissaient il se formait à leur surface, et au moment de l'ébullition, une mousse composée de grosses bulles d'air et de vapeur, qui en crevant laissaient pour résidu une matière onctueuse au toucher. L'ébullition développait en outre une vapeur fade dont l'odeur rappelait celle de moisi. Il nous était impossible de nous y méprendre et nous ne pouvions attribuer cette odeur qu'à l'emploi d'une eau qui avait subi un commencement de décomposition ; c'est ce que notre excursion souterraine vint confirmer de la manière la plus évidente. Aussi, quoique toutes les matières premières employées dans cette brasserie fussent en bon état, quoique les manipulations fussent dirigées avec habileté, les résultats n'en étaient pas moins fâcheux. Quand on eut purgé ce foyer d'infection, tous les accidens cessèrent.

Est-il besoin, en présence de pareils faits, d'énumérer toutes les *causes d'insuccès* qu'ils présentent?

Du sein de cette masse de liquide est sorti un nombre incalculable d'*animalcules*, d'*infusoires* de toute espèce, vivant là dans leur sphère, se reproduisant à l'infini, mourant par millions et laissant à une décomposition totale le soin de faire disparaître les traces de leur existence. Comment, dans de pareilles conditions, serait-il possible d'obtenir de bons résultats?

Mais, nous dit-on, le feu purifie tout. Non, le feu ne purifie pas tout; si vous opérez avec des eaux qui contiennent des débris animaux, ceux-ci se retrouveront toujours dans les produits que vous aurez fabriqués, et en présence d'un agent désorganisateur aussi énergique que le ferment, la *fermentation putride* se développera bientôt dans vos bières, et avec une intensité telle que vous serez impuissants à l'arrêter.

Nous avons dit précédemment qu'il s'opérait dans la nature une foule de réactions dont l'imperfection de nos sens ne nous permet pas de constater la réalité; c'est ce qui arrive en particulier dans la circonstance qui nous occupe; il est indispensable alors de recourir aux indications si riches et si positives de la science, et de mettre à profit les moyens d'investigation qu'elle nous fournit.

Donnez-moi cette eau si vive, si limpide, dont la saveur est si nulle pour votre palais, que vous buvez si volontiers et dont vous faites la base de toutes vos préparations alimentaires; laissez-moi y verser quelques gouttes de ce liquide aussi incolore, aussi transparent que l'eau que nous voulons examiner, et bientôt il vous sera facile de doser la quantité de matières animales qui sont renfermées dans ce nuage blanc, épais, qui est venu troubler la transparence des liquides dès qu'ils ont été en contact, et que la dissolution du *tannin* ou du *bichlorure de mercure,* que nous avons employée, vient de précipiter au fond du verre (*fig.* 44).

Or, il nous sera tout aussi facile de précipiter chacun des sels que nous avons nommés dans ce chapitre, et de constater ainsi la qualité des eaux que nous avons à examiner, et qui pour la plupart les tiennent en dissolution. Il est impossible que désormais, armés comme nous le sommes par les découvertes dont les sciences chimiques s'enrichissent chaque jour, nos sens fassent seuls les frais d'expertise dans des questions si délicates et si graves tout à la fois, puisque d'un examen plus ou moins approfondi de la qualité des eaux peut dépendre, à part toute autre considération, le succès ou la ruine d'un établissement.

Le cas que nous venons d'examiner ne se présente pas seulement dans les établissements où l'on est obligé d'avoir recours aux citernes pour conserver les eaux; il se présente dans toutes les brasseries, où l'on n'a que trop fréquemment à combattre les inconvénients des *eaux putrides* par suite de circonstances qu'il nous reste à considérer. Quant à la *construction des citernes*, il ne faut pas oublier qu'elles doivent être largement éclairées, et non pas plongées dans l'obscurité la plus complète; il est non moins indispensable d'y établir une ventilation constante, active; en un mot, il faut les placer dans des conditions diamétralement opposées à celles dans lesquelles elles sont placées pour la plupart. De plus, et c'est là une condition de la plus haute importance, il faut les faire nettoyer à fond le plus souvent et le plus complétement possible. Le système de ventilation que nous avons indiqué en parlant de celle des germoirs peut s'appliquer dans ce cas avec un égal succès.

Dans la crainte que quelques-uns de nos lecteurs

n'accordent pas à nos conseils toute l'autorité qu'ils méritent, même après les longues recherches dont ils sont le résultat, nous citerons encore à ce sujet l'opinion de deux savants chimistes, dont on ne contestera pas la supériorité : ce sont MM. Raspail et Thenard.

Le premier s'exprime ainsi, dans son *Nouveau Système de Chimie organique*, t. III, p. 568.

« Les substances végétales et animales qui cessent d'être placées dans des conditions favorables, soit pour s'organiser, soit pour fermenter alcooliquement et acétiquement, ne tardent pas à offrir les caractères de la fermentation putride, fermentation dont les produits, désormais nuisibles à l'organisation, varient à l'infini, en nombre, en proportions et en combinaisons, en raison de toutes les circonstances qui enveloppent la substance, etc., etc. »

Un peu plus loin, nous trouvons : « Toutes choses égales d'ailleurs, une eau agitée par les vents ou par le mouvement des machines est moins insalubre qu'une eau calme et dormante ; et les amas d'eaux dont le fond est une couche épaisse de gravier épais le sont moins que les amas d'eaux dont le fond est en glaise ou en calcaire.

« Les produits les plus morbides de la décomposition putride se décomposent en produits atmosphériques, sous l'influence des rayons lumineux ou de la flamme ; ils se combinent en produits inoffensifs en contact avec les produits acides, et surtout avec ceux de la combustion du bois. De là vient que la putréfaction, dans les caveaux humides, si peu sensible qu'elle soit à l'odorat, est pire que la putréfaction la plus fétide à la face du soleil.

« Les eaux stagnantes tiennent en dissolution tous les produits de la décomposition des substances animales et végétales; et l'abondance de ces produits est en raison de l'obscurité dans laquelle l'eau se trouve plongée. »

Écoutons maintenant M. Thénard. Après avoir signalé les réactions qui opèrent la *putridité des eaux pluviales* stagnantes, il termine en disant :

« Cette décomposition est produite par des matières végétales ou animales que les eaux tiennent en dissolution et qui se décomposent; alors elles sont fades et mauvaises à boire, quelquefois même elles sont féti-des. Telles sont surtout les eaux pluviales qu'on recueille en Hollande sur les toits, et qu'on conserve dans des citernes où l'air ne peut circuler. Mais si, avant de les y faire rendre, on les filtrait au travers d'une couche épaisse de sable, qui les priverait des matières qu'elles entraînent de dessus les toits ou qu'elles trouvent en suspension dans l'atmosphère, elles seraient toujours d'excellente qualité, pourvu d'ailleurs qu'on lavât bien les citernes et qu'on y entretînt sans cesse des courants d'air [1]. »

(1) « Les eaux des puits et, à plus forte raison, des rivières des pays maritimes, sont trop chargées de matières salines pour être potables. Celles des puits du sol de la Hollande sont surtout dans ce cas : de là la nécessité de recueillir les eaux pluviales. C'est principalement vers les mois de septembre que l'eau des citernes devient mauvaise en Hollande, parce qu'alors il ne pleut que rarement. Dans le cas où le procédé que nous venons d'indiquer ne suffirait pas complétement pour conserver les eaux à cette époque, il faudrait, avant de les boire,

Nous ne saurions trop insister sur la *filtration* complète et parfaite *des eaux pluviales*, en présence des obles passer à travers le charbon et les aérer. » *Traité de Chimie élémentaire, théorique et pratique,* t. 1, page 243 *.

(*) Sans doute, le procédé indiqué par M. Thenard peut rendre d'éminents services, mais il nous parait incomplet; pour nous exprimer ainsi, il ne faut rien moins que l'approbation donnée par M. Thenard lui-même au procédé de carbonisation employé dans l'intérieur des tonneaux affectés dans la marine au transport des eaux douces, et dans le but de conserver ces dernières. Il ne nous semblerait pas moins rationnel d'établir dans le fond des citernes une couche de 0^m,06 ou 0^m,08 d'épaisseur d'un mélange composé de cailloux ou pierres siliceuses, et de noir animal grossièrement broyé, après avoir préalablement lavé l'un et l'autre. Nous sommes convaincu que l'adoption de ce système rendrait les eaux pluviales d'une conservation plus longue et plus facile; cette précaution, bien entendu, ne dispenserait dans aucun cas de la *filtration*, comme M. Thenard l'a indiqué, ni de la ventilation, comme nous l'avons expliqué.

Puisque nous avons parlé de filtration, nos lecteurs nous permettront de leur dire quelques mots de cette opération sur laquelle on a généralement les idées les plus fausses.

La *filtration* est une opération essentiellement mécanique, qui a pour objet de débarrasser les liquides des matières qui y sont en suspension, et non pas d'en changer la composition chimique, comme le pensent un grand nombre de personnes. Prenons un exemple : si l'on projette des cendres de bois dans de l'eau distillée, non-seulement la transparence de celle-ci sera troublée, mais encore elle dissoudra la potasse que contiennent ces cendres; si maintenant on verse ce mélange sur un filtre quelconque, les matières tenues en suspension dans l'eau, celles qui troublent sa transparence, les cendres enfin, seront retenues, et l'eau qui s'écoulera du filtre sera aussi vive, aussi limpide que précédemment ; mais sa composition chimique n'en sera pas moins changée; la potasse qu'elle a pu dissoudre dans son contact avec les cendres l'aura rendue alcaline. Il en est de même pour tous les autres corps qui peuvent être en suspension dans l'eau, et pour toutes les matières qu'elle peut dissoudre ; ainsi, la filtration d'une dissolution de sel marin ou de sucre, se prolongeât-elle indéfiniment et fût-elle répétée des millions de fois, ne changerait en rien la nature des matières dissoutes, et le liquide n'en serait pas moins, à la dernière opération, comme à la première, toujours salé ou toujours sucré.

servations suivantes que nous trouvons consignées dans
l'*Annuaire de thérapeutique* de M. Bouchardat (1845),
page 255.

« Hallé et Vauquelin, qui firent un rapport sur les
propriétés désinfectantes des filtres de charbon, remar-
quèrent que des eaux putrides, qui avaient perdu complétement leur odeur et leur saveur en passant sur des
filtres de charbon et de sable, n'étaient point privées
pour cela de toutes les matières organiques qu'elles contenaient, et qu'elles se putréfiaient de nouveau après
quelques jours.

« J'ai fait, sur ce point important de la dépuration des
eaux fétides, des expériences et des observations que je
crois dignes d'être relatées.

« En 1859, j'ai recueilli, pour des recherches que
j'exécutais avec M. le docteur T. Ducommun, de l'eau
dans l'égout Saint-Jacques ; son odeur était infecte, sa
saveur détestable ; elle fut filtrée à travers un filtre ordinaire de sable et de charbon ; l'eau fut dégagée de
son odeur et de sa saveur putrides ; mais en l'examinant
avec soin, on apercevait encore quelques flocons de matière organique nageant dans cette eau. Après douze
heures, elle commença à se troubler ; après vingt-quatre
heures, elle avait repris en grande partie son odeur et
sa saveur. Dans une seconde expérience, l'eau infecte
fut dépurée par un filtre parfaitement monté, de près
d'un mètre de matières filtrantes ; elle fut privée de
toute odeur et de toute saveur putrides, et sa transparence était parfaite. Examinée après douze jours de
conservation dans un flacon bouché à l'émeri, à une

température variant entre 15 et 22 degrés centigrades, elle ne s'est pas troublée, et n'a pas repris son odeur et sa saveur primitives : cependant elle contenait encore en dissolution une grande quantité de matières organiques dont on pouvait facilement déceler la présence au moyen d'une dissolution de tannin ou de bichlorure de mercure.

« Je reviendrai bientôt sur cette eau, que j'ai observée avec soin depuis cinq ans ; mais je dois dès à présent insister sur un fait remarquable qui ressort de la comparaison de ces deux observations, et que mes recherches sur les ferments alcooliques ont montré être plus général.

« Dans les deux expériences que j'ai rapportées, j'agissais sur la même eau : dans les deux cas, toute odeur et toute saveur putrides avaient été enlevées par le filtre de charbon ; dans les deux cas, l'eau contenait encore en dissolution une quantité très notable de matières organiques azotées, et cependant une de ces eaux s'est corrompue très rapidement, et l'autre ne s'est point altérée. La seule différence, la voici : l'eau qui s'est bien conservée était d'une limpidité parfaite ; les matières inertes du filtre avaient retenu toutes les substances organiques en suspension. L'eau qui s'est putréfiée de nouveau retenait encore des flocons de matière organique en suspension, qui ont agi comme de véritables ferments putrides.

« Voici une expérience qui vient encore nous montrer l'influence des matières organiques insolubles :

« Je laissai se putréfier dans l'eau des matières animales ; quand cette eau eut acquis une odeur infecte et une saveur détestable, je la filtrai sur un filtre au charbon monté avec le plus grand soin ; je la séparai dans deux flacons : dans l'un, je ne mis rien, et l'eau resta sans se corrompre ; dans l'autre, j'ajoutai une dissolution de tannin, et après quarante-huit-heures, l'eau avait repris toute sa fétidité. Le tannin, en agissant sur les matières animales dissoutes, avait déterminé la formation d'un précipité qui s'est comporté comme un véritable ferment putride.

« Revenons actuellement à l'examen des divers échantillons d'eau que j'ai conservés dans des flacons de verre bouchés à l'émeri depuis le 8 octobre 1859. 1° J'avais, d'une part, de l'eau de l'égout de la rue Saint-Jacques, qui, avant la filtration sur les couches de sable et charbon, avait une saveur repoussante ; après cette opération, sa limpidité était absolue, et sa saveur n'avait rien de désagréable ; c'était de bonne eau potable, quoique retenant encore beaucoup de matières organiques en dissolution, qui resta plus d'un mois sans perdre sa limpidité. Peu à peu il apparut dans cette eau quelques flocons d'une matière verdâtre qui envahirent la plus grande partie du flacon, et qui se recouvrirent de bulles de gaz. J'ai reconnu depuis que ces flocons verdâtres étaient identiques avec ceux qui ont été examinés dans des conditions analogues par MM. Auguste et Charles Moren ; ils étaient formés par le *Chœmidonas pulvisculus* (Ehrenb.), par d'autres animalcules verts, et par des débris d'algues disposés symétriquement, sur lesquels ces animalcules reposaient. J'ai constaté que le gaz qui se développait dans cette eau contenait 52 p. 100 d'oxygène. Elle est aussi bonne aujourd'hui que le premier jour après sa filtration [1].

« 2° J'avais, d'autre part, de l'eau qui avait pris une odeur infecte par suite de la macération de viande putréfiée. Elle fut filtrée avec le plus grand soin sur le filtre de sable et de charbon ; sa limpidité était absolue, et sa saveur n'était pas désagréable ; pendant les six premiers mois elle resta limpide, quoiqu'elle contînt beaucoup de matière albumineuse en dissolution ; il se forma peu à peu à sa surface quelques flocons blanchâtres qui finirent par s'agglomérer en une membrane mucilagineuse demi-transparente, composée d'algues microscopiques, mélangées d'infusoires également microscopiques. Aujourd'hui, après cinq ans de conservation, la saveur de cette eau n'est pas désagréable.

« 3° Dans une dernière série d'expériences, j'avais fait macérer dans de l'eau de la chair putréfiée et des œufs. L'eau infectée qui en résulta fut parfaitement filtrée et dépurée sur un filtre sable et charbon ; sa limpidité était également absolue ; mais après deux mois de conservation elle se troubla, et il s'y forma peu à peu de fines

(1) Il faut bien se garder de croire que les eaux, dans cet état, soient propres à la fabrication de la bière, car, comme nous l'avons dit déjà, toutes ces matières animales, éprouvant plus tard la fermentation putride, s'opposeraient dès lors à la conservation de la bière.

En invoquant les opinions et les faits énoncés par M. Bouchardat, nous avons voulu montrer combien il était essentiel que la filtration fût complète pour augmenter les chances de conservation ; mais nous maintenons nos conclusions, c'est-à-dire que nous voulons l'exclusion absolue des matières animales, soit en suspension, soit en dissolution.

membranes d'une couleur brune. Cette eau prit et possède encore aujourd'hui une odeur extrêmement intense d'hydrogène sulfuré.

« Les observations que je viens de relater prouvent que, lorsque des eaux infectes ont été dépurées au travers de filtres de charbon, si la filtration n'est pas parfaite, s'il reste des matières en suspension en même temps que des substances organiques en dissolution, elles se corrompent de nouveau très rapidement. Si, au contraire, la filtration est parfaite, s'il n'existe aucune matière organique en suspension, les eaux peuvent, quoique retenant des matières organiques en dissolution, se conserver très longtemps.

« Les altérations que ces matières organiques éprouvent avec le temps pourront différer complétement de ce qu'elles étaient dans l'eau primitive; au lieu de ferment putride, il peut se développer, dans ces eaux, ces animalcules infusoires étudiés dans ces dernières années, qui, loin d'altérer l'eau, la purifient, parce qu'ils fournissent incessamment de l'oxygène qui, à l'état naissant, détruirait toutes les matières hydrogénées infectes.

« La conséquence naturelle de tout ceci, c'est que, lorsqu'on voudra conserver des eaux dépurées, il est indispensable que la filtration soit parfaite, et que ces eaux soient exemptes de toute matière organique en suspension. »

§ 4. Eaux de rivière.

Les *eaux de rivière*, par rapport à l'état de pureté dans lequel elles se trouvent ordinairement, peuvent tenir le milieu entre les eaux pluviales et les eaux de puits; en effet, la trop grande pureté de celles-là les rend fades comme l'eau distillée, tandis que celles-ci sont quelquefois tellement chargées de matières calcaires qu'elles ont une saveur dure.

Au contraire, certaines *eaux de rivière*, et c'est le plus grand nombre, ne présentent ni l'un ni l'autre de ces deux inconvénients. Cette considération les rend préférables, dans certains cas, pour nos usages domestiques et pour diverses applications industrielles, mais il n'en est pas toujours de même à l'égard de la fabrication de la bière.

Nous avons expliqué, en parlant du *mouillage*, pourquoi dans cette opération on devait leur accorder la préférence sur toutes les autres. Nous devons ajouter que leurs propriétés éminemment dissolvantes les rendent précieuses pour les infusions (trempes), en ce sens que les principes sucrés développés dans l'orge par la germination sont séparés plus facilement, d'où il suit naturellement que le malt en est mieux épuisé.

S'il était possible d'employer de l'*eau distillée*, c'est-à-dire de l'eau chimiquement pure, les résultats obtenus dans les infusions seraient encore bien plus satisfaisants, car on réunirait ainsi, par la grande pureté de l'eau, les conditions les plus favorables pour faire réagir la diastase sur l'amidon, et par conséquent pour opérer la conversion de celui-ci en sucre dans les circonstances les plus avantageuses.

Mais comme nous l'avons déjà dit, il y a loin de tous ces avantages aux immenses inconvénients qui en résultent pour la fermentation, car lorsqu'on emploie des eaux très pures, celle-ci est beaucoup trop active, et les produits obtenus, particulièrement lorsqu'il s'agit de bières de garde, en ressentent une atteinte profonde. Nous y reviendrons plus tard avec tous les détails possibles.

La composition chimique des *eaux de rivière* est très variable; il suffit, pour en juger, de jeter un coup d'œil sur ce tableau que nous empruntons au *Traité de Chimie élémentaire* de M. Thenard, t. 1, p. 255.

NOMS DES EAUX.	Quantité d'eau analysée.	Air contenu dans cette eau [1].	Acide carbonique contenu dans cette eau [1].	Résidu provenant de l'évaporation de cette eau [1].	Sulfate de chaux provenant de ce résidu.	Carbonate de chaux provenant de ce résidu.	Sel marin provenant de ce résidu.	Sels déliquescents provenant de ce résidu.
	litr.	centil.	centil.	gram	gram	gram.	gram.	gram
De Belleville et de Ménilmontant, au regard de Saint-Maur.	15	36,17	20,50	21,733	17,040	3,830	0,547	3,518
Des Prés-Saint-Gervais, fontaine du Chaudron.	15	40,78	32,67	17,284	6,665	3,540	0,459	6,647
De la Beuvronne, fontaine du Ponceau, à Paris.	15	37,94	23,17	10,090	6,728	2,856	0,000	1,885
De la Bièvre avant son entrée dans Paris.	15	35,80	19,89	9,824	3,738	2,047	0,169	4,638
De la Beuvronne.	15	34,22	32,44	8,280	3,030	3,855	0,000	12,75
D'Arcueil, fontaine du palais de l'Institut.	15	36,80	32,83	6,090	2,528	2,376	0,990	1,646
De la Thérouenne.	15	34,09	26,50	4,770	0,304	3,925	0,000	0,544
Du canal de l'Ourcq [2].	15	47,93	26,92	5,781	0,257	2,905	0,114	0,417
De la Collinance.	15	52,74	14,22	5,590	0,269	2,884	0,144	0,095
De la Gergogne.	15	34,72	23,78	5,276	0,224	2,705	0,129	0,223
De l'Ourcq.	15	35,89	16,83	2,887	0,204	2,562	0,115	0,208
De la Seine, sous Paris.	15	36,28	12,54	2,615	0,295	1,940	0,000	0,375
De la Seine, au-dessus de la Bièvre.	15	36,28	12,56	2,126	0,761	1,494	0,000	0,171

(1) « Comme les eaux ont été conservées dans des bouteilles jusqu'à ce qu'elles fussent devenues limpides, il serait possible que cette circonstance eût influé sur les quantités d'air et d'acide carbonique : ce qui tend à le faire croire, c'est que les quantités d'air, qui devraient être les mêmes probablement pour toutes les eaux, présentent des différences assez marquées. »

(2) « Formé par les eaux de l'Ourcq, de la Beuvronne, de la Thérouenne, de la Collinance et de la Gergogne. »

Il résulte du travail ci-dessus que les *eaux de la Seine* au-dessus de la Bièvre sont infiniment plus pures que toutes celles qui précèdent, et que les *eaux de Belleville* et de *Ménilmontant*, au regard de Saint-Maur, sont au contraire les plus impures. Avec les premières, on obtiendrait sans aucun doute plus facilement des *bières mousseuses* qu'avec les secondes, et avec les secondes des *bières de garde* d'une conservation plus longue, mais peut-être d'une digestion plus difficile.

Indépendamment des treize analyses que nous avons rapportées et qui ont offert des résultats si différents, nous croyons utile de reproduire encore le tableau suivant que nous trouvons dans le *Traité de Chimie élémentaire* de notre bien cher et très honoré maître, M. Bergouhnioux, professeur de chimie industrielle à Reims.

NOMS DES EAUX.	QUANTITÉ DE RÉSIDU PAR LITRE D'EAU.
	gr.
Eau de la Seine avant sa jonction avec la Marne.	0,1785
Id. dans Paris.	0,1826
Id. au sortir de Paris.	0,1810
Eau de la Marne avant sa jonction avec la Seine.	0,1801
Eau du canal de l'Ourcq, près Paris..	0,4521
Eau d'Arcueil, fontaine de l'Institut.	0,4060
Eau des fontaines ou sources de Rouen (par (J. Girardin).	de 0,2000 à 1,8000

M. Liebig, qui a constaté la présence du chlorure de sodium (sel marin ou sel gemme) dans les *eaux de rivière*, dit, dans son ouvrage, *Chimie appliquée à la*

Physiologie végétale et à l'Agriculture, page 166 :
« La composition de l'eau des rivières et des sources
nous fait voir qu'en fait de matières étrangères, on
n'y trouve guère que du sel marin, ce qui prouve aussi
que les matières portées à l'Océan par les fleuves et les
rivières sont ramenées à la terre par les vents marins
et les pluies [1]. »

Pour juger de l'état de pureté des *eaux de rivière*
comme de toutes les autres, il faut disposer quatre
verres à expériences (*figures* 41, 42, 43 et 44), et les

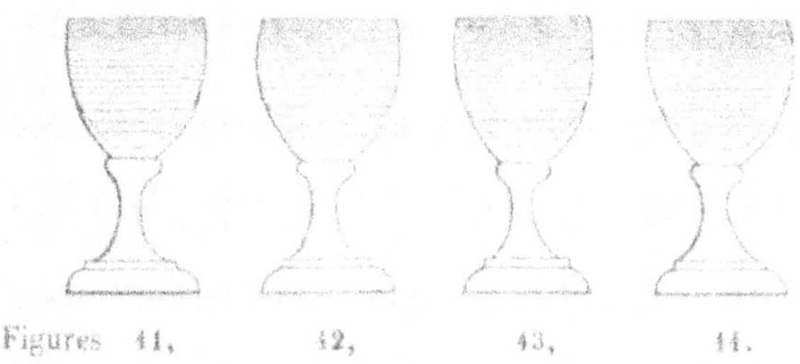

Figures 41, 42, 43, 44.

remplir de l'eau que l'on veut soumettre à *l'analyse
qualitative*, c'est-à-dire dont on veut constater la
qualité.

Dans le premier verre on verse quelques gouttes
d'une dissolution[2] de *chlorure de barium*; le dépôt blanc
qui se précipite au fond du vase indique la quantité de
sels formés par la combinaison de l'acide sulfurique avec

___

(1) Nous ne pensons pas que l'opinion émise par M. Liebig, sur les
causes de la présence du sel marin dans les eaux des rivières, ait jamais été sanctionnée par aucun autre savant.

(2) La dissolution doit toujours être préparée avec de *l'eau distillée*;
on en comprend aisément le motif.

les alcalis, comme, par exemple, la potasse, la chaux, combinaisons d'où résulte le sulfate de potasse ou le sulfate de chaux (plâtre). Ainsi, si l'on opère sur des *eaux séléniteuses*, c'est-à-dire contenant du sulfate de chaux en dissolution, le *chlorure de barium* indiquera sa présence (*fig.* 42).

On verse dans le second verre quelques gouttes d'une dissolution d'*oxalate d'ammoniaque;* le précipité blanc qui en résulte indique la présence de la chaux (*fig.* 43).

Dans le troisième verre, on ajoute quelques gouttes d'une dissolution d'*azotate d'argent ;* le précipité qu'il détermine indique la quantité de sels formés par la combinaison du chlore avec l'argent; de même aussi, si le chlore était uni à la potasse, ou plutôt à la soude avec laquelle il constitue le chlorure de sodium (sel marin ou sel gemme), *l'azotate d'argent* indiquerait dans les *eaux salées* la présence du sel marin (*fig.* 44), puisque le chlore du sel se combinerait avec l'argent et déterminerait ainsi un précipité blanc.

Dans le premier et le troisième de ces exemples, les réactifs signalent aussi la présence de l'acide sulfurique (huile de vitriol) et du chlore, lorsqu'ils sont unis à l'eau à l'état libre, et que celle-ci les tient en dissolution.

Enfin, on opère dans le quatrième verre comme nous l'avons expliqué en parlant des *eaux pluviales*, pour constater la présence des matières animales contenues dans l'eau (*fig.* 44).

Si en employant chacun de ces réactifs, mais particulièrement l'azotate d'argent et le tannin, ou le bichlorure de mercure, il se forme des précipités abondants, épais, il faut bien se garder d'employer les eaux qui ont donné ce résultat : elles imprimeraient à la fermentation une marche irrégulière, défectueuse, dont les produits se ressentiraient infailliblement. En outre, chacun des sels que contiennent ces eaux peut réagir sur la *diastase* au moment des infusions (trempes), et, en retardant ou affaiblissant l'action de celle-ci sur l'amidon, elle diminue par une conséquence nécessaire la proportion du sucre qu'elle est appelée à produire ; d'où résultent en dernière analyse des moûts moins riches en principes sucrés qu'ils ne l'eussent été avec des eaux d'une meilleure qualité. Le plus sûr moyen, lorsqu'on est forcé de se servir d'eaux chargése d'une grande quantité de sels calcaires, c'est de les mélanger par parties égales avec des *eaux de pluie* recueillies avec soin, et de composer ainsi ce que nous appellerions volontiers une *eau mixte*. Quant aux *eaux pluviales*, on peut, lorsque leur trop grande pureté détermine une fermentation trop active, les mélanger par parties égales avec des *eaux calcaires*, crues et dures; on en obtient alors de très bons effets, mais toujours à la condition que ni l'une ni l'autre ne tiendront en dissolution ni matières animales, ni sel marin.

Si, au contraire, l'eau soumise à l'analyse n'est que légèrement troublée par les réactifs, elle peut être employée utilement à la fabrication de la bière.

Ce dont il importe essentiellement de s'assurer quand il s'agit de faire choix d'une *eau de rivière*, c'est qu'elle ne roule pas sur des *terrains marécageux ;*

<table>
<tr><td>I.</td><td>16</td></tr>
</table>

quand elle traverse de semblables terrains, elle charrie inévitablement des débris végétaux et animaux en voie de décomposition, susceptibles de jouer le rôle d'un ferment. Or, c'est presque toujours la condition des eaux de rivière, et ce motif seul nous empêche de leur accorder la préférence sur certaines *eaux de puits*, que nous examinerons dans le paragraphe VI de ce chapitre.

En parlant des propriétés hygiéniques de l'eau, le *Dictionnaire des Sciences médicales*, rédigé par des hommes dont on ne saurait récuser la compétence, émet les opinions suivantes :

« Elles ne doivent pas contenir de matières animales ou végétales corrompues : ainsi, on ne doit pas les puiser dans le voisinage des marais ou dans des étangs, et moins encore dans ceux-ci mêmes. Ces eaux, lors même qu'elles ne recèlent que des quantités inappréciables de matières organiques en putréfaction et des produits gazeux de leur décomposition, ne sont jamais saines, et leurs effets nuisibles se manifestent à la longue : c'est ainsi qu'elles amènent peu à peu la débilitation des forces gastriques, la décoloration des tissus rouges, les fièvres intermittentes, les engorgements des viscères abdominaux, l'asthénie générale. »

Or, à l'exception d'un petit nombre de rivières qui roulent sur le gravier marneux ou sur des silex, toutes sont dans ce cas; elles renferment donc, en général, des débris végétaux et animaux qu'y amènent dans le voisinage des grandes villes soit l'infiltration des eaux ménagères au travers du sol et par les canaux souterrains des égouts, soit par les égouts eux-mêmes qui viennent s'y déverser, soit encore les tanneries, les grandes buanderies, les lavoirs publics, etc.

Nous repoussons donc, dans le plus grand nombre des cas, l'emploi des eaux de rivière, pour donner la préférence aux *eaux des puits forés*, préférence que nous allons justifier par des faits nombreux, après nous être occupé un instant des deux espèces d'eau qui suivent.

§ 5. Eaux d'orage, eaux de neige.

Ce que nous avons dit des *eaux pluviales* est applicable en grande partie aux *eaux d'orage* et de *neige;* mais les phénomènes qui se passent dans l'atmosphère lors de la formation de celle-ci sont d'un trop haut intérêt, leurs conséquences dans l'application nous touchent de trop près pour que nous n'en disions pas quelques mots.

On savait depuis longtemps que l'éclair, en fendant la nue, opérait entre les principes constituants de l'air une combinaison intime, de laquelle résultait la formation d'un acide des plus énergiques qu'on appelait autrefois *eau forte* en raison de ses propriétés éminemment corrosives, que plus tard on a nommé *acide nitrique*, mais que, depuis de nouvelles découvertes, on a désigné sous le nom beaucoup plus rationnel d'*acide azotique*.

Un illustre savant anglais, M. Cavendish, produisit ce phénomène de toute pièce, en faisant passer dans un appareil contenant de l'air et de la vapeur d'eau une suite non interrompue de décharges électriques. Tout portait donc à croire que l'éclair, la plus puissante de toutes les étincelles électriques, opérait la même réaction dans les régions élevées qu'il parcourt.

C'est dans le but d'éclairer cette question que M. Liebig se livra à Giessen (Allemagne), vers 1836, à une série d'expériences qui ne durèrent pas moins de deux ans et demi, et à la suite desquelles il publia un mémoire qui fut inséré dans les *Annales de Physique et de Chimie*, t. XXXV, p. 329, et duquel nous extrayons le passage suivant :

« Parmi mes soixante-dix-sept échantillons, il y en avait dix-sept qui provenaient des pluies d'orage; or, ces dix-sept contenaient tous de l'acide azotique, en quantités très différentes, combiné ou à la chaux, ou à l'ammoniaque. Parmi les autres, au nombre de soixante, je n'en trouvai que deux qui continssent des traces d'acide azotique.

« Il est clair, d'après cela, que la foudre, en traversant l'air, détermine la formation d'une grande quantité d'acide azotique. »

Nous pouvons et nous devons donc considérer désormais la présence de l'*acide azotique* dans les *eaux d'orage* comme un fait incontestable, puisqu'à mesure qu'il se produit il est forcé de graviter vers la terre, entraîné qu'il est par les gouttes d'eau qui le dissolvent et qui nous l'apportent avec elles.

Nous rappellerons à ce sujet que toutes les substances capables de s'opposer aux propriétés dissolvantes de l'eau sont encore un obstacle sérieux à l'action que la *diastase* doit opérer sur l'*amidon*, pour le transformer en sucre; or, les corps qui retardent l'action de la *diastase*, et même qui l'annihilent d'une manière absolue, sont extrêmement nombreux, et l'acide azotique est l'un des plus énergiques.

En ce qui concerne les *eaux de neige*, le fait que nous allons énoncer, quoique moins grave que le précédent, n'en a pas moins aussi une certaine importance.

Dans son ouvrage de *Chimie appliquée à la Physiologie végétale et à l'Agriculture*, M. Liebig dit, p. 65 : « L'ammoniaque se rencontre également dans les eaux de neige. Les flocons qui tombent au commencement, lorsqu'il neige, renferment un maximum d'ammoniaque; on en a même constaté d'une manière positive dans ceux qui n'étaient tombés qu'au bout de neuf heures. »

L'ammoniaque, quoique incapable de détruire l'action de la *diastase*, surtout lorsqu'elle est unie à une proportion d'eau aussi considérable, peut cependant la modifier dans un certain rapport; cette seule considération suffit pour que nous évitions sa présence, soit qu'elle se trouve dans l'eau à l'état libre, ou combinée avec les acides. Dans tous les cas, ce qui précède suffit pour démontrer que les eaux d'orage et de neige ne sauraient être propres aux besoins de la brasserie.

§ 6. Eaux de puits.

De toutes les eaux employées à la fabrication de la bière, il n'en est pas qui le soient autant que les *eaux de puits*; ce sont donc celles qui méritent le plus de fixer notre attention. Nous allons les étudier d'une manière spéciale, et nous entrerons à leur égard dans les développements que réclame une question aussi importante.

La nature chimique des *eaux de puits* est subordonnée à la nature des terrains qu'elles traversent ; c'est dire qu'elles varient autant que les terrains au travers desquels elles s'infiltrent. Leur température, le temps pendant lequel elles sont restées en contact avec les terres, sont autant de considérations qui influent sur l'état de pureté relatif dans lequel elles se trouvent. Ainsi, celles qui ont été en contact avec la craie, en renferment toujours ; celles qui avoisinent les mines de sel, les marais salants, les bords de la mer contiennent du sel.

Presque toutes cependant renferment du carbonate de chaux (craie), du sulfate de chaux (plâtre) ; des chlorures, souvent même des azotates de potasse (salpêtre) et de magnésie ; de la chaux ; enfin du gaz acide carbonique, qui, jouant le rôle d'un dissolvant à l'égard de la craie, tient celle-ci en dissolution. Toutes contiennent de l'air, comme nous l'avons dit, mais en proportions différentes.

Celles qui tiennent en dissolution un excès de ces substances prennent le nom d'*eaux calcaires* ; on les appelle *eaux crues, eaux dures*, quand elles en contiennent de très grandes quantités. Nous avons dit précédemment que celles qui ont pu dissoudre un excès de sulfate de chaux (plâtre) (autrefois sélénite), portaient le nom d'*eaux séléniteuses*.

Malgré le nombre et la nature de toutes ces substances, les *eaux de puits* n'en sont pas moins préférables à toutes celles que nous avons examinées jusqu'ici, principalement quand l'emploi des réactifs indiqués plus haut n'a pas déterminé des précipités trop abondants. On peut s'attendre à ce résultat en constatant d'abord leur propriété d'opérer facilement la cuisson des légumes et de dissoudre le savon sans le coaguler en un réseau cailleboteux qui nage à sa surface. Leur emploi dans ces circonstances est toujours accompagné des indications si simples, mais si évidentes, que nous avons signalées en parlant des effets produits par le moût ou la bière elle-même, lorsque l'un ou l'autre tombe dans les chaudières ou les cuves, ne fût-ce que de la hauteur d'un mètre.

Les *eaux de puits*, lorsqu'elles ne contiennent que des quantités minimes de sels calcaires, ne présentent aucun des inconvénients que nous ont offerts les eaux pluviales et les eaux de rivière; et même ces sels, lorsqu'ils s'y trouvent dans des proportions convenables, exercent sur la fermentation la plus heureuse influence en modérant l'action du ferment.

Si les eaux de puits ne sont pas toujours ce qu'elles pourraient et devraient être, cela tient à diverses circonstances que nous allons examiner.

Il n'est pas possible de nier que la nature des terrains traversés par les eaux influe puissamment sur leur composition chimique; on ne saurait nier davantage que la nature des matériaux employés à la construction des puits doive aussi jouer un certain rôle, principalement lorsqu'on s'est servi de pierres calcaires poreuses et tendres. Dans ce cas, comme nous l'avons déjà dit en parlant des citernes, il se forme au sein même des puits différents sels qui nuisent à la qualité de l'eau en lui faisant perdre une partie de ses propriétés dissolvantes.

La composition des mortiers n'est pas moins importante; soumis aux mêmes influences que la pierre, ils amènent les mêmes phénomènes, c'est-à-dire que dans certaines conditions, et sous les influences de l'air et de l'eau, ils se décomposent et forment des sels solubles que l'eau ne tarde pas à dissoudre; aussi n'est-il pas rare de trouver, dans le pourtour des puits, des pierres calcaires tellement rongées qu'on serait porté à attribuer leur détérioration et la disparition des mortiers à un frottement considérable prolongé pendant un laps de temps très long.

On dit alors que la source ne vaut rien, que l'eau est crue et dure; on invoque comme preuve l'état de détérioration des matériaux, et on s'imagine avoir trouvé la solution du problème; mais les meilleures eaux du monde, les plus pures, celles des terrains siliceux auxquelles on doit certainement accorder la préférence, ne sauraient, dans de semblables conditions, conserver longtemps les qualités qui les distinguent. Ici encore on prend l'effet pour la cause, on croit que c'est exclusivement l'eau qui corrode la pierre et les mortiers, tandis que ce sont ceux-ci qui se transforment au contact de l'air et qui viennent causer l'impureté de l'eau. Dans ce cas donc, ce sont les mortiers et la pierre qui ne valent rien.

On admet en général et avec raison que l'eau d'une pompe devient d'autant meilleure qu'on en tire davantage. Il ne saurait en être autrement, dans cette circonstance du moins, et cette opinion vient à l'appui de ce que nous avons avancé. En effet, les premières eaux enlevées par le piston, principalement lorsqu'on n'a pas pompé depuis longtempss, sont celles qui ont eu le temps de dissoudre la plus grande quantité des sels qui se sont formés, tandis que les dernières parties amenées par la pompe, n'ayant pas séjourné dans le puits, sont nécessairement plus pures, surtout si on extrait de grandes quantités d'eau ; c'est là, au surplus, un fait que nous avons pu constater plusieurs fois à l'aide des réactifs dont nous avons déjà parlé.

Il sera donc facile d'expliquer désormais chacune des nombreuses modifications qui changent la nature des *eaux de puits*, tant dans les circonstances que nous venons de signaler que dans celles qui vont suivre.

Dans la plupart des grandes villes, les causes les plus graves tendent de jour en jour et d'instant en instant à modifier la qualité des *eaux de puits*, au point de les rendre complétement insalubres. Ces causes sont : 1° l'infiltration des *eaux pluviales et ménagères* au travers du sol ; 2° la présence d'un nombre considérable de fosses d'aisance, dont la construction TOUJOURS DÉFECTUEUSE permet l'écoulement souterrain d'une grande quantité de matières animales en décomposition ; 3° les puits abandonnés, dans lesquels les eaux se putréfient tôt ou tard, surtout lorsqu'elles renferment, comme cela arrive ordinairement, des débris végétaux : 4° enfin, les *puisards* dans lesquels s'engouffrent toutes les eaux de décharge, que le propriétaire a soin de faire absorber par les terres environnantes afin qu'il ne reste à extraire que la vase la plus épaisse. Avec le concours de toutes ces circonstances et une foule d'autres que nous ne saurions énumérer, on peut facilement comprendre comment le sol de nos grands centres de population n'est qu'un immense foyer d'infection qui cache dans son sein les impuretés les plus immondes et vomit des miasmes pestilentiels, qui, si l'on n'y veille sérieusement, convertiront tôt ou tard chacune de ces belles et riches cités en autant de déserts [1].

Il n'y a pas à s'y méprendre, la plupart ou, pour mieux dire, tous les puits infectés ne doivent leur état anormal qu'à une ou plusieurs des causes que nous venons de signaler; ce qui le prouve, c'est que dans un assez grand nombre de cas on a signalé la présence du chlorure de sodium (sel de cuisine) dans les eaux des puits, alors que les terrains sur lesquels elles roulaient, aussi bien que ceux qui les environnaient, n'en contenaient pas la moindre trace; or, comment, dans l'état actuel de la science, expliquer la présence du sel de cuisine dans ces eaux, si ce n'est par l'infiltration des eaux ménagères, alors surtout qu'il est facile de voir celles-ci disparaître entre les interstices des pavés? D'une autre part, d'où proviennent ces matières animales, ces ls ammoniacaux qu'on trouve dans des proportions

[1] On comprend que dans un ouvrage de cette nature nous ne puissions entrer dans tous les développements qu'exige une question aussi délicate; néanmoins, si nous affirmons, c'est que nous sommes en mesure de prouver.

effrayantes dans certaines eaux de puits, sinon des milliers de réservoirs où nous déposons les résidus de notre alimentation et les déjections de nos animaux domestiques? Cette odeur d'œufs pourris qui signale toujours la présence du gaz acide sulfhydrique, n'est-elle pas le résultat de la fermentation continue qui s'opère avec une violence toujours croissante au milieu des puisards, absurde invention des temps anciens?

Si quelques-uns d'entre nos lecteurs refusaient d'admettre ces faits en s'appuyant sur l'impossibilité de la pénétration des liquides et des matières qu'ils peuvent tenir en dissolution à travers des épaisseurs de terrains considérables, nous les engagerions à faire l'expérience que nous allons leur indiquer. Prenez un fragment de craie et suspendez-le par un fil au-dessus d'un vase rempli d'eau, de manière à ce qu'il n'y touche que par un point. En une heure, le morceau eût-il $0^m,50$ de hauteur, l'eau sera élevée jusqu'à son sommet.

C'est ainsi qu'à l'égard des fosses d'aisances, les infiltrations sont moins à craindre pendant les premières années qui suivent leur construction; mais aussi chaque instant augmente le périmètre de leur action souterraine, et tel puits qui était hier à l'abri de leur invasion, peut demain, sans cause apparente, se trouver infecté et ne plus fournir que des eaux d'un usage dangereux. Dans les terrains de seconde formation, dans les terrains calcaires, la porosité de la craie de-

(1) La végétation si riche, si luxuriante des vignes en espalier qu'on rencontre dans les campagnes, le long des habitations, ne saurait être attribuée qu'aux causes que nous signalons ici.

termine cette force d'attraction, ce phénomène de capillarité qui vient de nous servir dans l'exemple précédent. Qu'on juge par comparaison de ce qui se passe dans les fosses d'aisances, lorsque les liquides s'infiltrent de haut en bas et que le poids des matières vient encore augmenter les chances d'infiltration.

Mais si toutes ces vérités sont graves au point de vue de l'hygiène et de la salubrité publiques, quelle sera donc leur importance lorsqu'il s'agira des accidents si nombreux qui peuvent en résulter dans les travaux de nos usines? Car ici nous ne devons pas nous arrêter à la surface des choses : aussi n'en avons-nous pas fini avec cette question.

L'infiltration des eaux au travers du sol est un fait incontestable; il doit avoir et a en effet pour les brasseries des conséquences que nous pouvons qualifier de désastreuses. On le comprendra facilement en songeant que, dans la plupart de ces établissements, les pompes et les puits se trouvent au milieu de l'usine, et que par la nature même du travail les infiltrations doivent être non-seulement plus faciles que dans aucun autre établissement industriel, mais encore qu'elles doivent avoir lieu presque sans intermittence.

En effet, si le sol de toutes les brasseries n'est pas partout et complétement perméable à l'eau, il n'en est pas moins constamment couvert de liquides sucrés et de levûre, qui trouvent toujours à séjourner dans les cavités que forment les inégalités de terrain ou dans les interstices des pavés. Au contact de l'air et en présence d'un excès de ferment, tous ces liquides passent promptement à l'état d'acide acétique (vinaigre), et l'action de celui-ci portant principalement sur la chaux des mortiers, il en résulte la formation d'un sel soluble dans l'eau, auquel on a donné le nom d'acétate de chaux, que les lavages indispensables dissolvent à mesure qu'il se forme, et dont la dissolution a pour résultat inévitable la dégradation constante des mortiers.

A cette cause permanente d'altération vient s'en joindre une autre non moins puissante : nous voulons parler de tous les autres résidus acides, dont on ne se débarrasse assez ordinairement qu'en les faisant couler au dehors. Voici alors ce qui se passe ; nous prions nos lecteurs de nous prêter un moment une sérieuse attention ; l'action multiple qui a lieu dans ces circonstances mérite d'être étudiée avec soin.

L'acide acétique, se trouvant toujours en excès, attaque les pierres les plus tendres et les corrode ; celles-ci, pour nous servir d'une expression consacrée, *se mangent* ; les intervalles qui existent entre les pavés s'élargissent petit à petit et peuvent, à mesure, contenir une plus grande quantité de liquides acides. Une fois développée, la fermentation ne saurait rester inactive ; elle dissout donc chaque jour de nouvelles quantités de mortiers. Bientôt les pavés se disjoignent tout à fait et l'infiltration commence ; les parties sucrées pénètrent dans le sol et la fermentation s'établit. Dès son début, il y a dégagement de gaz acide carbonique provenant de la décomposition du sucre ; ce gaz, qui tend à se frayer un passage pour se répandre dans l'atmosphère, soulève, sous l'effort d'une pression continue et toujours croissante,

les corps qui s'opposent à son libre développement, et
cette pression, que l'acide carbonique exerce dans chacune des petites cellules où il est retenu comme empri-
sonné, devient elle-même une puissance qui pèse sur
les liquides et les force à s'infiltrer plus avant dans
l'intérieur des terres. Alors mille canaux souterrains se
forment à la ronde, s'élargissent à mesure que les liquides s'acidifient davantage, et ils exercent de jour en jour
leur action dévastatrice avec une énergie nouvelle, jusqu'à ce qu'enfin ils rencontrent un réservoir capable
de les contenir ; or, ce réservoir, c'est assez ordinairement le puits.

Dans les premiers temps de ces infiltrations souterraines, il est difficile de s'en apercevoir par une simple inspection de l'eau, ou même par l'emploi qu'on peut en
faire dans la fabrication ; cependant, à mesure que l'invasion fait des progrès, les résultats se modifient, très
lentement il est vrai, et presque d'une manière imper-
ceptible, car il faut quelquefois un temps assez long
pour que l'effet se fasse vigoureusement sentir. Mais
une fois que l'invasion est complète, quand le mal s'est
implanté là, qu'il a fécondé de profondes racines, que
de soucis, que de poignantes inquiétudes ! Quel est donc
ce parasite qui menace de vivre aux dépens de tout succès, quel est ce mystère dont on ne peut pénétrer le secret et qui va compromettre, détruire peut-être l'avenir
d'un établissement ? On déguste l'eau dix fois, vingt
fois, cent fois ; rien n'indique qu'il se soit opéré en elle
aucune modification. Tout est mis en œuvre pour combattre l'invisible et redoutable fléau ; cependant les ré-

sultats sont de plus en plus déplorables, et il arrive un moment où l'emploi même d'un excédant de matières premières est impuissant à rendre aux produits les qualités qu'ils avaient dans le principe. Le mal étend sans cesse ses ravages jusqu'au moment où les eaux, malgré la puissance de l'habitude, accusent au palais une saveur étrangère que l'on n'avait pas encore soupçonnée.

Enfin tout se découvre, mais souvent trop tard ; et pendant ce temps, par quel nombre infini de tribulations n'a-t-il pas fallu passer, que de déceptions n'a-t-on pas rencontrées ! Quels sacrifices n'a-t-il pas fallu faire, et souvent, trop souvent hélas ! sans compensation pour l'avenir... si ce n'est pourtant dans les terribles leçons de l'expérience que laissent après un affreux désastre les cuisants souvenirs du passé[1].

(1) Il faut bien se garder de croire que nous faisons de l'amplification. Malheureusement nous ne parlons ici ni par supposition, ni par ouï dire ; nous parlons le langage de la vérité, en homme qui a trop souvent vu les faits se produire sous ses yeux, et qui a eu à supporter, au début de sa carrière, les résultats d'une négligence coupable qui n'était pas la sienne, mais dont il n'a pas moins eu à subir les conséquences désastreuses qui en sont tôt ou tard les résultats infaillibles.

Quelque répugnance que nous ayons à parler de nous, nous ne devons pas moins nous y déterminer dans cette circonstance, afin de lever toute espèce de doute dans l'esprit de nos lecteurs, et de justifier, autant qu'il est en notre pouvoir, les faits que nous venons d'analyser. Ce moyen de sanctionner la vérité par des faits qui nous sont personnels nous est pénible assurément, mais au-dessus des considérations qui nous touchent directement nous avons un devoir à remplir, et nous le remplirons, quoi qu'il nous coûte. D'ailleurs nous avons promis d'expliquer par quel concours de circonstances nous avons été amené à employer successivement chacune des eaux que nous venons d'étudier. Nous nous décidons donc, dans l'espérance que les faits que nous allons signaler demeureront comme un enseignement

C'est donc au milieu de ces déplorables circonstances que nous nous trouvions engagé, qu'il fallait soutenir la lutte et suivre une fabrication active, non interrompue, pour satisfaire à tous les besoins, et cela au milieu d'une température brésilienne (1842).

Depuis longtemps, c'est-à-dire bien avant nous, le pavage de l'usine était dans un état pitoyable; de nombreuses infiltrations s'étaient frayé des issues dans tous les sens et étaient venues aboutir au puits qui leur servait de réservoir commun[1]; celui-ci était situé au centre de l'usine, près des pavés qui recevaient toutes les eaux de décharge et dont la détérioration indiquait suffisamment l'état de désordre et de malpropreté dans lequel était la brasserie entière, conséquence inévitable d'une mauvaise et coupable administration ou d'un calcul inintelligent. A 8 ou 9 mètres environ de ce puits étaient situés une fosse d'aisances et un ancien puits abandonné qui cachait dans son sein des débris de toute espèce; un peu plus loin se trouvait un immense puisard; tout, en un mot, semblait arrangé de manière à ce que le puits principal fût placé dans les conditions les plus défavorables, dans celles qui devaient le perdre promptement et nous obliger à le condamner à toujours en le faisant combler.

C'est en effet ce qui arriva au bout de quelque temps,

précieux dans la mémoire de ceux qui sont intéressés à l'examen de cette question, et qu'ils les sauvegarderont dans l'avenir contre les luttes si pénibles que tous indistinctement sont exposés à engager au milieu de leur route.

(1) A cette heure encore, il en reste des traces que le temps n'effacera que difficilement si on ne lui vient en aide.

car s'il est impossible d'imaginer un pareil foyer de
corruption, il était impossible de le purger autrement.
On va le comprendre.

Indépendamment des circonstances que nous avons
rapportées plus haut, deux autres contribuèrent non
moins puissamment à faire de ce puits le refuge d'une
foule d'animalcules de toute espèce et à le rendre l'asile
de myriades d'animaux qu'on ne rencontre ordinairement qu'aux abords des charniers les plus dégoû-
tants.

L'ouverture du puits était située dans une entonnerie,
c'est-à-dire au centre de la partie de l'usine la plus dangereuse, celle qu'il convenait le moins d'employer à un
semblable usage, puisque c'est celle d'où s'écoulent
constamment des liquides en fermentation unis à de la
levûre. Le sol de l'entonnerie était dans un état semblable à celui des cours; et pour compléter autant qu'il
était possible des conditions aussi prospères, le couvercle du puits ne figurait guère que pour mémoire, de
telle sorte que par la projection des eaux de lavage, et
surtout par le frottement du balai, une partie des impuretés qui fermentaient sur le sol et la levûre elle-
même étaient précipitées dans le puits, ce qui d'ailleurs
n'empêchait nullement les infiltrations dont nous avons
parlé, mais surtout celles de l'entonnerie, d'y pénétrer
sans interruption pour faire cause commune avec celles
qui s'opéraient dans un rayon de quelques mètres autour de l'ouverture du puits.

Certes, il n'en fallait pas tant pour amener les plus
graves accidents, et on va juger avec quelle effrayante

progression le mal étendit ses ravages une fois qu'il se
fut franchement et nettement déclaré. Nous avons appris
plus tard que le même désordre régnait en souverain
depuis *plus d'un an*, sans qu'aucun accident grave se
soit manifesté.

Au mois de janvier, époque à laquelle nous entrâmes
en possession, et tant que dura l'hiver, nous ne nous
aperçûmes de rien, de rien au moins qui fût assez positif
pour faire présager l'étrange révolution qui allait s'opérer
quelques mois plus tard. Toutefois, à mesure que le
temps avançait, les résultats se modifiaient sensiblement; vers le mois de mai ils devinrent plus facilement
appréciables, quoiqu'à cette époque pourtant il nous
fût encore impossible d'en accuser la qualité de l'eau et
l'état du puits. En mai, nous constatâmes dans l'eau,
à l'aide du tannin et du bichlorure de mercure, la présence d'une quantité à peine appréciable de matières
animales ; mais, à mesure que la température ambiante
s'élevait davantage, la fermentation devenait de plus en
plus irrégulière, et les produits fabriqués de plus en
plus défectueux.

Deux mois après, il n'y avait plus de doute, plus d'é-
quivoque possible ; nous avions affaire désormais à une
eau putride ; car, par l'emploi des réactifs, elle déposait
des précipités albumineux très épais et très abondants.
La fermentation alcoolique se manifestait à peine, puis
retombait, sans qu'il fût possible de lui imprimer une
activité nouvelle, et en quelques jours la bière développait la *fermentation putride*. Il ne fut bientôt plus
permis d'espérer de bons résultats, même aux dépens

des plus grands sacrifices ; car quoique toutes les matières premières fussent convenablement préparées, quoique nous n'employassions que de l'orge, et dans la proportion de 33 kilogrammes par hectolitre de bière fabriquée, les produits restaient dans les conditions que nous avons signalées.

Les infusions (trempes) et les moûts eux-mêmes conservaient à la cuisson, malgré toutes les précautions employées, cet aspect sale et boueux qui présage ordinairement des résultats équivoques. Plus tard encore, les bières se refusaient à tout moyen de clarification ou conservaient cette teinte fauve et nébuleuse qu'accompagne toujours une saveur âcre et dure, et au bout de quelques jours on pouvait facilement reconnaître l'odeur que développent les matières animales en voie de décomposition.

A quelque temps de là, nous trouvâmes dans les réservoirs d'eau plusieurs de ces ignobles animaux, connus sous le nom d'*asticots*; en quelques jours la pompe en amena par centaines, et, pour que l'eau pût servir aux lavages seulement, il fallut faire adapter, à l'extrémité du tuyau qui amenait l'eau du puits dans les réservoirs, un énorme pommeau d'arrosoir qui pût les contenir par kilogrammes ; car c'est dans cette proportion qu'ils arrivaient lorsqu'on cessait de pomper pendant quelques heures.

C'est alors que nous fûmes amené à employer successivement les eaux pluviales, puis les eaux de rivière lorsque les premières furent épuisées, et enfin les eaux d'un *puits foré* qui, à la même époque, alimentait une autre brasserie dans laquelle des accidents moins graves s'étaient déclarés, par suite du voisinage de terrains marécageux, d'une tannerie et des infiltrations au travers du sol. Nous en obtînmes les plus heureux effets ; mais dans aucun cas les *eaux de rivière* et les *eaux pluviales* ne nous offrirent les mêmes avantages que celles du *puits foré*. Il y avait entre l'eau de ce dernier et les précédentes une différence de qualité vraiment incroyable.

Pendant ce temps des myriades d'animalcules et d'animaux de la famille de ceux que nous avons déjà nommés envahissaient le puits ; plus tard, ils abandonnèrent leur retraite et vinrent occuper toutes les autres parties de l'usine. Pour opposer un obstacle sérieux à leur envahissement, il fallut pratiquer partout de fréquents arrosages à l'eau de chaux, puisqu'ils s'introduisaient jusque dans les caves, les entonneries, les germoirs, le long des murailles, sous les cuves, dans notre habitation même, partout enfin.

A toutes les circonstances que nous venons de signaler, et dont une seule eût suffi pour jeter la perturbation dans la régularité du travail et le désordre dans les résultats, venait s'en ajouter une autre qui, prise isolément, pouvait amener une partie des inconvénients dont nous venons de parler, et qui a dû contribuer à leur développement dans un certain rapport. La pompe qui alimentait l'usine était en bois ; depuis longtemps une partie de la paroi extérieure, celle soumise tout à la fois au contact de l'air et de l'humidité, était dans un tel état de pourriture, qu'il avait fallu, les années précédentes, calfater et recouvrir de feuilles de plomb laminé les endroits où il se trouvait de l'aubier, puis clouer les extrémités de celles-ci dans les parties les moins endommagées. Malgré ces précautions, l'eau, après un temps plus ou moins long, finissait toujours par se frayer un passage au travers des ouvertures, et, en s'écoulant, elle livrait le bois aux chances de désorganisation les plus actives, puisqu'elle le mettait dans un contact incessant avec l'air et l'eau. Aussi la pompe était-elle enveloppée dans toute sa hauteur de ces *fongosités* épaisses et gluantes que l'on rencontre ordinairement sur toutes les pompes en bois et qui servent merveilleusement au développement des phénomènes de pourriture.

Or, nous l'avons déjà dit et nous revenons avec intention sur ce fait : tous les corps pourrissants sont capables de provoquer la fermentation dans d'autres corps, de la même manière que des matières fermentescibles peuvent le faire. La théorie de toutes les *causes d'insuccès* que l'on rencontre dans la brasserie sont fondées sur ce fait, toutes s'y rattachent essentiellement et d'une manière plus ou moins directe.

Nous repoussons donc de toutes nos forces, et sans réserve aucune, l'emploi de la *pompe en bois*, comme une chose dangereuse, puisque toute substance organique, dès qu'elle est en voie de décomposition, constitue un agent de fermentation tout aussi redoutable dans certains cas que le ferment lui-même.

Nous aurons encore occasion de revenir sur cette importante question en parlant des *refroidissoirs ;* nous citerons alors, à l'appui de ce que nous disons, des faits bien plus patents que ceux que nous venons d'énoncer et que chacun de nos lecteurs pourra vérifier avec la même facilité que nous.

Plus tard, la pompe en bois fut enlevée et elle fut remplacée par deux petites pompes en plomb; le puits fut comblé, et, au milieu de celui-ci, MM. Goulet-Collet père et fils, de Reims, vinrent pratiquer un sondage que l'on poussa jusqu'à 30 mètres au-dessous du fond de l'ancien puits.

L'opération dura quatre ou cinq jours, après lesquels nous obtînmes une eau dont nous allons parler dans quelques instants. Mais auparavant, pour bien faire comprendre ce que l'on entend par *puits forés* et pour démontrer toute leur utilité, nous allons en dire quelques mots, afin d'indiquer comment ce système présente toutes les garanties désirables, garanties qu'aucun autre ne peut offrir au même degré.

On pratique dans le sol, au moyen des outils et appareils employés au forage des puits artésiens, une ouverture d'environ $0^m,18$ de diamètre, et on la prolonge dans l'intérieur du sol aussi profondément qu'il est nécessaire pour rencontrer une nappe abondante et obtenir une eau de très bonne qualité; on comprend qu'il faut ici tenir compte de la nature du terrain, de la quantité d'eau à extraire par vingt-quatre heures, etc. Assez généralement, on obtient de très bons résultats en prolongeant le sondage jusqu'à 20 ou 30 mètres au-dessous du sol.

Dans l'intérieur de l'ouverture pratiquée au moyen

de la sonde, on descend des tubes en fer galvanisé[1] d'un diamètre égal à celui de l'ouverture même; ces tubes, que l'on fait entrer de vive force, pressent contre la paroi du trou, et non-seulement ils préservent le puits des éboulements, mais encore ils interceptent toute communication entre la nouvelle nappe d'eau et celle qui pourrait se trouver accidentellement au-dessus; on pourrait donc, par ce moyen, arriver à forer un puits au milieu d'une fosse d'aisances, par exemple, sans avoir jamais à redouter aucune infiltration.

Dans ces conditions, en effet, rien ne peut changer la nature chimique des eaux obtenues, puisqu'elles ne sont en contact avec aucune matière organique capable de modifier les bons résultats qu'on en obtient *toujours*; nous avons le droit de l'affirmer.

MM. Goulet-Collet père et fils, que des études sérieuses ont rendus familiers avec ces phénomènes de désorganisation et qui joignent à leurs connaissances géologiques une habileté que douze années d'expériences tendent à accroître sans cesse, ont parfaitement compris qu'il ne fallait employer dans la confection des tuyaux que des matières inorganiques, et principalement des corps métalliques inoxydables, si l'on voulait éviter, après une période de temps plus ou moins longue, l'altération des eaux des puits. Par l'heureuse application

(1) La galvanisation du fer a pour objet de soustraire ce métal aux nombreuses chances d'oxydation auxquelles il est soumis dans son état ordinaire; la conservation des tubes galvanisés est donc certaine, puisqu'ils sont ainsi soustraits à l'influence de toutes les causes qui pourraient amener leur détérioration.

qu'ils ont faite de ce principe dans le forage des puits, l'eau qui en provient ne saurait jamais se trouver en contact qu'avec les couches souterraines qui la tiennent emprisonnée et avec les terrains sur lesquels elle roule. C'est ce dont nous avons pu nous convaincre personnellement; car ayant soumis, il y a plusieurs années, l'eau de l'un de ces puits à l'analyse qualitative pour nous en rendre un compte parfaitement exact, et ayant renouvelé il y a peu de temps la même analyse sur la même eau, nous n'avons pu constater la plus minime différence.

Il y a donc, d'une part, toute espèce de sécurité dans l'adoption de ce procédé; de l'autre, il offre des avantages précieux dont nous allons mettre nos lecteurs à même de se convaincre.

Le puits dont nous avons parlé il y a quelques instants et qui en était arrivé à ne plus fournir qu'une *eau putride* nous donnait une *eau dure* qui dissolvait mal le savon, cuisait difficilement les légumes, et donnait par les réactifs que nous avons indiqués des précipités abondants; en un mot, elle renfermait des sels calcaires en excès, et la présence de ceux-ci occasionnait dans la fermentation des irrégularités dont nous déterminerons les caractères lorsque nous serons initiés à chacun des phénomènes qui opèrent la conversion du sucre en alcool.

Au contraire, avec les eaux que nous obtînmes du *puits foré*, la dissolution du savon et la cuisson des légumes s'opéraient parfaitement; elles déterminaient des précipités bien moins abondants de sels calcaires, mais

elles en contenaient cependant une quantité suffisante
pour tempérer l'action du ferment sur le sucre d'une
manière plus satisfaisante que ne le faisaient ordinairement les *eaux pluviales* et *de rivière*. Quelques jours après
la fin des travaux de forage, nous avions une eau tellement
vive et limpide qu'on eût pu croire qu'elle avait été filtrée plusieurs fois ; sa saveur franche et agréable lui
valut même, de la part d'un assez grand nombre de nos
amis, les honneurs de la table [1].

Pour démontrer quelle heureuse influence la qualité
de ces nouvelles eaux exerçait sur l'ensemble des phénomènes de la fermentation, il nous suffira de dire que
nous obtenions avec elles des résultats plus satisfaisants
qu'en employant précédemment 10 p. 100 de malt de
plus. En outre, toutes les opérations se faisaient mieux,
et on pouvait facilement, à chaque brassin, constater dans
les reverdoirs, les chaudières et jusque dans la cuve-
guilloire, cette mousse abondante, d'une blancheur analogue à celle de la neige, d'une consistance ferme, cette
mousse, en un mot, dont nous avons déjà parlé et qui
indique, de manière à ne laisser aucun doute, que
l'eau avec laquelle on opère est d'une qualité vraiment
supérieure [2].

(1) Les eaux de Reims sont généralement d'une qualité détestable,
voire les eaux des fontaines, qui ne peuvent soutenir la comparaison avec l'eau des 200 puits forés que l'on compte dans cette ville.

(2) L'établissement de brasserie dont nous avons parlé précédemment, celui de madame veuve Gonel aîné, qui, en 1842, avait à lutter
contre les mêmes accidents que nous, y a apporté le même remède
avec un égal succès. Nous pourrions multiplier les citations à l'infini;
nous nous contenterons de signaler quelques faits importants.

M. Kolb, auquel nous avons déjà emprunté quelques citations, dit en parlant des moûts, « qu'ils font beaucoup d'écume en tombant » et que ce fait indique suffisamment que les matières employées sont en bon état et les opérations bien exécutées. « Mais quand un moût produit une écume qui, au lieu de se maintenir ferme au-dessus du liquide jusqu'à la fin de l'opération, disparait presqu'au même moment, on peut déjà être assuré qu'il y a défaut capital. »

D'un autre côté, M. Le Pileur d'Appligny cite un auteur anonyme qui s'est occupé de la brasserie en Angleterre ; ce dernier s'exprime ainsi, en parlant de la qualité des eaux au point de vue de la fabrication : « Les cantons d'Angleterre, où l'on fait la meilleure bière, sont ceux qui sont situés au pied des montagnes abondantes en craie. » Nous expliquerons ce phénomène plus tard.

Nous appelons donc de tous nos vœux l'adoption générale des puits forés, convaincu que les brasseurs y trouveraient un intérêt réel et positif, et les consommateurs l'avantage d'obtenir une boisson beaucoup plus légère, par conséquent plus digestive, puisque les *eaux de ces puits* renferment des sels de chaux dans une proportion bien inférieure à celle des eaux des puits ordinaires.

L'abattoir de Reims et l'Hôtel-Dieu de Châlons-sur-Marne sont des exemples d'une authenticité incontestable. Dans ce dernier, l'eau du puits avait été rendue complétement insalubre par la présence de matières animales en voie de décomposition ; le forage entrepris par MM. Goulet-Collet père et fils amena les plus heureux résultats. L'eau du puits de l'abattoir de Reims était dans des conditions à peu près analogues; depuis le forage, jamais, dans les temps de sécheresse, le niveau de l'eau n'a baissé, et la qualité de celle-ci est d'une supériorité reconnue.

Un manufacturier de Reims, M. Anceaux, filateur, avait un puits qui ne pouvait pas suffire à l'alimentation de sa machine à vapeur; ce puits avait été recreusé à plusieurs reprises et toujours sans succès; on pratiqua dans le sol des galeries transversales qui aboutissaient toutes au puits principal, afin d'accumuler dans celui-ci une plus grande quantité d'eau; on pouvait, chaque matin, au moyen d'une sonde, constater une hauteur d'eau d'environ 8 mètres; mais après six heures de travail le puits et les galeries étaient complétement à sec, et dès lors la pompe ne fonctionnait plus. Un forage fut exécuté au fond du puits en 1844; depuis cette époque, quelle que soit la vitesse de la pompe et la quantité d'eau enlevée par un travail de jour et de nuit, le niveau de l'eau ne varie jamais; on y trouve constamment une colonne d'eau de 10 mètres de hauteur.

Ce qui n'est pas moins surprenant et ce qui nous autorise à dire que *les puits forés sont intarissables*, c'est que, depuis plusieurs années, ceux de MM. Bureau et Pradine de Reims fournissent jusqu'à 500,000 litres d'eau en douze heures.

Le prix du forage est de 9 fr. le mètre pour les 15 premiers mètres au-dessous du sol et pour une ouverture de 0^m,18 de diamètre. Ceux de 0^m,14 de diamètre ne coûtent que 7 fr. 50 c.

Au-dessous de 15 mètres le prix du mètre est de 12 fr. pour $0^m,18$ de diamètre, et de 9 fr. pour $0^m,14$.

Le cubage coûte 18 fr. le mètre pour les ouvertures de $0^m,18$ de diamètre; pour celles de $0^m,14$, le prix est de 15 fr.

Dans tous les terrains de seconde formation, c'est-à-dire dans ceux formés par les bancs de craie qui en en France s'étendent depuis Mézières jusque vers Bourges (Cher), en s'éloignant vers le nord et l'ouest, pour se représenter dans la Seine-Inférieure et dans plusieurs comtés est de l'Angleterre, dans tous ces terrains, disons-nous, les eaux tiennent en dissolution du carbonate de chaux (craie) dont la présence est due à l'excès de gaz acide carbonique qu'elles renferment.

On a souvent conseillé dans ce cas l'emploi du *carbonate de soude* pour précipiter les divers sels calcaires que l'eau tient en dissolution. Le moyen est fort rationnel sans doute lorsque les eaux sont destinées au dégraissage des laines par le savon et les bains de teinture, mais il n'en est pas de même lorsqu'elles doivent servir à la fabrication de la bière; car la plupart des alcalis (potasse, soude, chaux, etc.) et des carbonates alcalins (carbonate de potasse, carbonate de soude) ont la propriété d'anéantir l'action de la *diastase* du malt sur l'amidon que ce même malt renferme; or, comme nous l'avons dit précédemment, c'est la transformation de l'amidon par la diastase qui doit fournir aux infusions la plus grande partie de principes sucrés que celles-ci renferment ordinairement.

A l'époque où MM. Payen et Persoz découvrirent la

diastase, on ignorait cette propriété des carbonates alcalins ; mais on ne pense plus la leur contester, surtout depuis les savantes recherches de MM. Bouchardat et Sandras sur cette importante question.

Si la neutralisation, ou plutôt la *précipitation des sels de chaux par le carbonate de soude*, pouvait toujours être pratiquée par des personnes habituées aux manipulations de cette nature, on pourrait en conseiller l'emploi dans certaines occasions ; mais comme on pèche toujours par l'excès le plus compromettant pour les opérations qui suivent, c'est-à-dire en employant plus de carbonate de soude qu'il n'en faut ordinairement pour obtenir de bons résultats, nous croyons donner un sage conseil à nos lecteurs en les engageant à n'en user qu'avec une extrême réserve, et même à s'en abstenir absolument, car en des mains inhabiles le remède peut devenir plus dangereux que le mal lui-même.

Si, d'ailleurs, une pareille mesure peut être bonne pour les eaux des puits ordinaires, elle devient complétement inutile avec les eaux des puits forés ; car, comme nous le démontrerons dans la suite, la quantité de sels calcaires que renferment ordinairement celles-ci est nécessaire à la fermentation.

On a aussi quelquefois employé, et avec beaucoup trop d'empressement, dans le but de purifier les eaux, la potasse et l'alun ; les dangers que présente l'usage de ces substances étant non moins à craindre que ceux que détermine l'emploi du carbonate de soude, nous ne pouvons que les proscrire d'une manière aussi absolue que ce dernier. L'*alun* agit avec moins d'énergie que la potasse sur la *diastase* du malt, mais néanmoins il ralentit son action lors des infusions.

Il nous paraît beaucoup plus rationnel, dans ce cas, de n'employer l'eau qu'après l'avoir préalablement maintenue en ébullition pendant quelques instants. Nous avons dit que la dureté de l'eau tenait à ce que celle-ci renfermait un excès de gaz acide carbonique dont la présence avait déterminé la dissolution d'une quantité assez notable de carbonate de chaux (craie) ; or, par l'ébullition, le gaz acide carbonique se sépare de l'eau pour se répandre dans l'atmosphère, et dès lors le carbonate de chaux vient se déposer contre les parois internes des chaudières.

Cette manière d'opérer, qui a tous les avantages de la purification par les réactifs sans offrir aucun de ses inconvénients, est particulièrement utile en hiver lorsqu'on veut accélérer la marche de la fermentation ; en été, au contraire, où celle-ci est toujours trop active, on peut se dispenser de prolonger l'ébullition ; de cette manière on précipite une moins grande quantité de sels calcaires, et la marche de la fermentation éprouve un ralentissement dont nous avons signalé sommairement l'influence et sur laquelle nous avons promis de revenir.

Nous avons expliqué, en parlant des *eaux d'orages*, la présence de l'*acide azotique* (eau-forte) dans celles qui tombaient sur le sol aussitôt que l'éclair vient sillonner les nues ; nous devons ajouter ici que **M.** Longchamp, dont nous avons déjà cité le nom sous la garantie de **M.** Raspail, a aussi démontré la formation de ce même acidé par l'absorption, la condensation et la combinaison dans les pores de la craie des principes constituants de l'air. Mais ce fait, malgré tous les caractères de vraisemblance qu'il offre à l'esprit, ayant rencontré de nombreux contradicteurs, nous nous dispenserons jusqu'à plus ample preuve de le donner comme indubitable.

§ 7. Eaux salées.

Parmi les eaux qui couvrent la surface de la terre, les plus impropres à la fabrication de la bière, nous devrions dire les plus dangereuses, sont certainement celles qu'il nous reste à examiner. Comment agissent-elles ? C'est ce que nous démontrerons de la manière la plus complète en parlant du *ferment* et des principaux phénomènes de la *fermentation alcoolique*, chapitre qui résumera tout ce que nous avons dit et ce que nous avons encore à dire, et où nous résoudrons chacune des questions que, malgré nous, nous sommes obligé de suspendre jusque-là. Nous nous bornerons, quant à présent, à l'énonciation de quelques faits principaux.

En général, les bières fabriquées avec les eaux qui avoisinent l'Océan, ou les mines de sel gemme, ou les marais salants, sont inférieures à toutes les autres, en supposant, bien entendu, toutes conditions de fabrication étant égales, la même habileté, le même savoir chez ceux qui dirigent et exécutent les travaux.

Il est, en quelque sorte, de notoriété publique que, dans la plupart de nos ports de mer, les bières ne valent pas celles que l'on fabrique plus avant sur le territoire. Chaque brasseur en attribue la cause à diverses raisons qui, pour être fort simples, ne sont ni plus concluantes, ni mieux démontrées ; pour les uns, c'est le vent de mer ; ce sont les brouillards pour les autres, tandis que la seule, l'unique cause gît dans la présence du chlorure de sodium (sel marin), que renferment toujours en excès, d'abord les eaux de l'Océan elles-mêmes, et ensuite celles des brasseurs dont les usines sont situées près de ces rivages.

Heureusement des faits nombreux sont venus nous éclairer sur cette importante question, et ils nous permettront sans doute d'y répandre quelque lumière.

Mustapha et Alger (Afrique française) vont nous servir de point de comparaison ; dans chacune de ces deux villes, les brasseries sont situées non loin des bords de la mer, mais l'établissement de Mustapha est alimenté par une eau de source qui descend des montagnes du Sahel et qui ne contient pas de traces de sel marin ; la bière qu'on en obtient dans le faubourg Babazoun, à Alger, est assez bonne, et les habitants lui accordent ordinairement la préférence sur celles qui sont fabriquées avec des eaux voisines de la mer.

Nous n'oserions dire que le même phénomène se produit à Mézières (Meuse) ; cependant nous constaterons deux faits. Le premier, c'est qu'à une époque assez rapprochée, vers 1850 environ, un sondage fut entrepris dans cette ville, dans l'espérance d'y rencontrer des bancs houillers, ainsi que la nature du terrain semblait l'indiquer ; grande fut la surprise lorsque la sonde révéla l'existence d'une nappe souterraine d'*eau salée*, qui devait indubitablement son alimentation à une ou plusieurs mines de sel. Le second, qui ne nous paraît que la conséquence du premier, c'est la différence étonnante qui existe entre les produits de Mézières et ceux de Charleville, alors que les procédés de fabrication sont à peu près les mêmes.

Sans vouloir ôter à la bière de Charleville la réputation que certains consommateurs lui accordent par excès de tendresse patriotique (à notre avis, car nous ne partageons pas leur opinion), nous sommes néanmoins forcé de reconnaître l'infériorité patente des produits de Mézières comparés à ceux de Charleville; à Dieu ne plaise que nous prétendions que la brasserie de Mézières soit entre les mains d'hommes moins intelligents, de praticiens moins habiles que partout ailleurs; mais dans notre conviction le fait qui nous occupe *pourrait* bien n'avoir d'autre cause que la présence du *chlorure de sodium* (sel gemme) dans les eaux de Mézières.

Prenons un dernier exemple, le plus concluant et le plus triste de tous et qui ne devra laisser de doutes dans l'esprit de personne.

La ville de Dieuze (Meurthe) est le centre d'une immense fabrique de produits chimiques, qu'entretient une saline dont l'exploitation gigantesque fournit à une partie de la France tout le sel gemme qu'elle consomme pour son alimentation; les gisements de sel qui y existent ont une étendue et une épaisseur considérables. Depuis fort longtemps un assez grand nombre de brasseries y ont été organisées; des brasseurs intelligents les ont mises en activité ; cependant tous ont échoué, pas un seul n'a pu obtenir des résultats satisfaisants, et aucun, que nous sachions, n'a pu en expliquer la cause. A cette heure encore, Dieuze ne compte pas un seul brasseur dans ses murs et s'approvisionne de bière soit à Strasbourg, soit à Lunéville.

Il est probable qu'il en sera de même pendant longtemps, et nous le désirons sincèrement, afin que de cruelles leçons ne viennent pas frapper encore ceux qui voudraient tenter de nouveaux efforts. Quand nous aurons fait l'histoire du ferment, nous déterminerons le mode d'action des eaux salées dans la fabrication de la bière.

Croit-on que ces travailleurs laborieux, devenus de tristes victimes, auraient engagé là leur fortune et usé les plus belles années de leur vie en efforts désespérés et inutiles, s'ils avaient possédé les principes élémentaires d'une science qu'ils ignoraient et sans laquelle nous prétendons que les praticiens les plus habiles sont et seront toujours complétement impuissants en face d'un danger réel ? On ne songera pas sans doute à nous contester l'évidence de nos conclusions en présence des faits déplorables que nous venons de citer ; or, c'est là que conduira toujours cet obscur sentier de la routine, qui ne saurait avoir d'autre but que de circonscrire dans les plus étroites limites le cercle des connaissances humaines les plus indispensables à la grande famille des producteurs.

Nous en avons dit assez, ce nous semble, pour faire comprendre qu'en dehors de ce mot : *travail*, dans

lequel on résume trop exclusivement l'usage des forces
matérielles, il y a l'étude qui porte la vérité dans les
faits, élève la pensée et permet d'envisager d'une manière positive toutes les questions qui peuvent se présenter à nous, tous les obstacles qui viennent s'opposer
à la réalisation de nos espérances les plus chères.

Nous voudrions que ces tristes enseignements fussent
toujours présents à la mémoire des hommes qui re-
poussent systématiquement les lumières de la science.
ils leur montreraient ainsi à quels périls peuvent se
trouver exposés la fortune et l'avenir de celui qui, dé-
pourvu des connaissances les plus nécessaires à son
industrie, se lance dans l'avenir en remettant le succès
de son exploitation à la vigueur de ses membres, au
travail qu'il compte imposer à son corps. On réflé-
chirait davantage aux complications que peut enfanter une situation mal étudiée, ou acceptée inconsi-
dérément, toujours dans un but louable sans doute,
mais avec trop d'empressement. Le travail du corps est
un bon et noble exemple à offrir à des subordonnés ;
mais en dehors de cette vie de pénibles labeurs, il
y a d'autres devoirs à remplir pour l'industriel intelligent qui comprend l'importance de sa mission et
qui veut marcher d'un pas sûr dans la voie où il est
entré ; il y a le travail de l'esprit et ces études d'observation qui, tout en servant de délassement au corps,
permettent de substituer la conviction au doute, la réalité à la fiction, la lumière aux ténèbres, la vérité à
l'erreur.

C'est parce qu'il y a eu dans l'industrie qui fait

l'objet de nos études trop peu d'hommes qui se sont livrés aux travaux de l'intelligence, que la brasserie est restée dans l'immobilité que nous déplorons. Il est donc indispensable aujourd'hui, pour que les tristes leçons du passé portent leurs fruits, d'unir indissolublement la science aux faits pratiques, car en dehors de là il ne saurait y avoir que désordre et confusion.

FIN DU TOME PREMIER.

FIN DE LA TABLE DU PREMIER VOLUME.

PARIS. — IMP. SIMON RAÇON ET COMP., RUE D'ERFURTH, 1.

TRAITE THÉORIQUE ET PRATIQUE

DE LA FABRICATION

DE LA BIÈRE

PAR

F. ROHART

CHIMISTE MANUFACTURIER, ANCIEN BRASSEUR

Suivi d'un

PROJET DE BRASSERIE-MODÈLE

PAR A. RICHE

Ancien élève de l'École centrale des Arts et Manufactures

TOME PREMIER

PARIS

LIBRAIRIE AGRICOLE DE LA MAISON RUSTIQUE

RUE JACOB, 26

DE LA BIÈRE

PARIS. — IMP. SIMON RAÇON ET COMP., RUE D'ERFURTH, 1.

TRAITE THÉORIQUE ET PRATIQUE

DE LA FABRICATION

DE LA BIÈRE

PAR

F. ROHART

CHIMISTE MANUFACTURIER, ANCIEN BRASSEUR

Suivi d'un

PROJET DE BRASSERIE-MODÈLE

PAR A. RICHE

Ancien élève de l'École centrale des Arts et Manufactures

TOME SECOND

PARIS

LIBRAIRIE AGRICOLE DE LA MAISON RUSTIQUE
RUE JACOB, 26